NUEVO PARADIGMA EN FÍSICA

TOMO I

TEORÍA DE INTERACCIONES DINÁMICAS

Gabriel Barceló Rico-Avello
Dr. Ingeniero Industrial
Advanced Dynamics C.B., España
gestor@advanceddynamics.net

ISBN: 978-84-617-7496-8

$$\vec{v} = \vec{\vec{\Psi}}\ \vec{V}_0 .$$

En recuerdo de nuestro profesor Miguel A. Catalán Sañudo.

The contented man

El dibujo de la portada corresponde al autorretrato realizado por el propio autor, a los 11 años, publicado por varios periódicos y revistas americanas en 1953, y que Miguel A. Catalán le envió por correo al autor, con recortes de los periódicos, informándole de la noticia.

NUEVO PARADIGMA EN FÍSICA

TOMO I

TEORÍA DE INTERACCIONES DINÁMICAS

Gabriel Barceló Rico-Avello
Dr. Ingeniero Industrial
Advanced Dynamics C.B., España
gestor@advanceddynamics.net

$$\vec{v} = \vec{\vec{\Psi}} \; \vec{V}_0 .$$

Este libro se basa y utiliza conceptos y párrafos de otros textos del autor, relacionados en el Anejo II, e identificados a pie de página. No obstante, pudiera no estar debidamente referenciado algún párrafo.

NUEVO PARADIGMA ENFÍSICA

INDICE TOMO I

TEORÍA DE INTERACCIONES DINÁMICAS

INDICE TENTATIVO DEL TOMO II

NUEVO PARADIGMA ENFÍSICA

TOMO I

TEORÍA DE INTERACCIONES DINÁMICAS

PROLOGO

Inicio revisitado

La primera vez que supe de la existencia de la Teoría de Interacciones Dinámicas (TID) fue en el año 2001. Fue entonces cuando Gabriel Barceló me explicó el contenido de la Teoría y me invitó a formar parte de un grupo de trabajo para profundizar en su contenido, así como divulgar y promover sus aplicaciones.

Por aquella época, Internet acababa de llegar para quedarse. Era cuando todos nos esforzábamos por aprender los rudimentos del correo electrónico. En los mercados financieros, se gestaba el estallido de las valoraciones de la gran burbuja de la nueva tecnología, víctima de su propio éxito; como tantas veces ha ocurrido con el avenimiento de un gran avance científico y tecnológico.

La vuelta de siglo acababa de traer la insólita incógnita, vista desde ahora, de si la digitalización de las aplicaciones soportaría el cambio del año de cuatro cifras a un nuevo siglo. Durante décadas, se venían programando los años venideros con los dos últimos dígitos solamente; y se temió que hasta los ascensores podrían detenerse. El gobernador del principal Banco Central del mundo se preparó para inyectar mayor liquidez al sistema financiero en previsión de cualquier cataclismo informático. Nada de esto ocurrió finalmente. Pero se acababa de iniciar lo que iba a marcar el carácter del nuevo siglo: innovaciones tecnológicas omnipresentes.

El cambio de siglo parece desde ahora un lugar muy cercano y lejano al mismo tiempo. Como telón de fondo, también coincidió con el avenimiento del euro; y con el ataque terrorista a las Torres Gemelas de Nueva York, que daría el paso de lo que sería el devenir geopolítico del nuevo siglo, tal como lo conocemos hasta ahora.

Una nueva teoría

La TID venía a explicar, según G.B., el comportamiento de los cuerpos en rotación; el por qué cuando estos cuerpos son sometidos a nuevos estímulos que no comparten su propio eje de rotación, se genera un intrigante movimiento distinto y simultáneo; era un comportamiento no explicado con las leyes convencionales de la física conocidas hasta el momento.

El efecto se ilustraba — siguió diciendo G.B.— con el movimiento de la peonza y del boomerang; del guijarro que, lanzado dando vueltas sobre una superficie de agua, rebota varias veces con fuerza renovada; también lo demuestra el aro del *hula hoop* que no cae al suelo mientras esté dando vueltas en torno a la cintura del que baila. ¿Cómo no prestar atención a algo que también te evoca paradigmas casi ya olvidados de tu propia infancia?

Aquella conversación me suscitó una gran curiosidad intelectual.

Como supe después, existen en nuestro entorno múltiples ejemplos de la TID.

Aunque no pensemos en ello todo el tiempo, todos sabemos del movimiento de rotación y de translación en el que estamos inmersos por el mundo que nos rodea.

Los cuerpos celestes que rotan sobre sí mismos y orbitan, entran en el campo de aplicación de esta teoría; también se puede decir lo mismo de la estructura del átomo.

Y se podrían llegar a hacer predicciones muy útiles, se pensó entonces, si se lograba demostrar que las hipótesis, teoremas y leyes dimanantes de esta nueva teoría llegaban a ser una representación valida del mundo que nos rodea.

El proyecto consistía, en suma, en dar forma y poner las bases para desarrollar los primeros prototipos que dieran utilidad a estas averiguaciones. Así, se decidió crear una sociedad recurriendo en primera instancia a familiares, amigos y allegados, como muchas veces ocurre en las *start ups* de nuestros días.

La sociedad encargada de desarrollar esta empresa se llamaría Advanced Dynamics y fue constituida en 2002.

El presente volumen viene a repasar los primeros quince años recorridos desde entonces.

Quince años

Para muchos de nosotros ha sido muy gratificante haber formado parte de ese grupo desde el principio. Aunque como economista, mi aportación personal siempre ha sido más bien complementaria. El grupo promotor de Advanced Dynamics estaría formado principalmente por ingenieros, como corresponde a su principal cometido, que es científico y experimental. En mi caso, ha supuesto un esfuerzo a veces seguir la jerga científica de las conversaciones; pero he aprendido; y he aportado lo que he podido; y también he encontrado amistades duraderas en ese entorno.

¿Cómo resumir los quince años recorridos? En mi opinión, hay varios momentos que han sido como piedras millares del camino.

Una tarde de la primavera de 2.002 vi navegar por primera vez en el Parque Tierno Galván de Madrid el prototipo del submarino sin timón. Se le llamó submarino por su configuración fusiforme al objeto de evitar al máximo cualquier fricción accesoria; también daba vueltas sobre sí mismo y esa era la configuración óptima de una nave para que no pudiera hundirse ni escorar. El artilugio en realidad flotaba. El experimento se podría haber realizado en el aire pero realizarlo en el agua resultaba mucho más asequible. La nave, que ya disponía de su momento angular intrínseco y velocidad de traslación mediante una hélice autónoma, estaba teledirigida por un mando a distancia que cambiaba únicamente su centro de gravedad interno mediante la traslación de agua dentro de unos compartimentos estancos en el interior de su cuerpo. El cambio de su centro de gravedad actuaba como nuevo par real no coincidente y, en efecto, así se alteraba su rumbo. De esta manera, se gobernaba el rumbo de la nave sin el uso de un timón, cumpliendo lo previsto por la TID.

La TID se expuso públicamente por primera en el XXX Bienal de Física en Orense (España) en 2005. Pero el avance más inmediato tenía que venir después en el campo de las publicaciones. Las publicaciones han supuesto una gran labor realizada por parte de G.B. durante todos estos años. Cada publicación, sobre todo las primeras, suponía el alcance de un gran logro. El primer libro, *El vuelo del bumerán* (2.006), marcó el camino de otros cuatro más; y en uno de ellos, *Imago Universi* (2.013), se adoptó la forma de un tratado comprehensivo de historia de la ciencia y de las fuentes que sirvieron de inspiración para situar y explicar mejor la propia TID.

El otro campo de actuación fueron las revistas especializadas de reconocido prestigio. Es de resaltar el primer artículo en inglés, "Analysis of Dynamics Fields in Noninertial Systems" (2.012), publicado en el *World Journal of Mechanics* del grupo Scientific Research; le seguirían varios artículos más que desarrollarían la TID desde ámbitos tales como la mecánica celeste, los campos dinámicos, la fusión nuclear y diversas aplicaciones tecnológicas en general.

Los medios audiovisuales también han significado, finalmente, una importantísima aportación para ilustrar la TID con experimentos concretos; porque han permitido la visualización de la teoría y el comportamiento de prototipos. Algunas valiosas contribuciones han sido también aportadas por colaboradores que han surgido en el camino, inicialmente ajenos al entorno de GB y Advanced Dynamics, y que han añadido una visión ratificadora dentro de su habilidad o campo de actuación.

El mejor y sistemático acceso a todos estos materiales está en la propia web: www.advanceddynamics.net, cuya consulta recomiendo.

El siglo del algoritmo

Según la interpretación de la TID, la evolución de la ciencia física se ralentiza a partir de las teorías newtonianas en una vertiente tan significativa como la dinámica rotacional. Esto es, en la física de los cuerpos en rotación, que anima el universo entero como decía antes, ocurre de pronto una suerte de parón investigador en la ciencia ahora considerada clásica, designándose desde entonces algunas pautas del comportamiento de estos cuerpos en rotación como anómalos; o "paradójicos", como algún tratado científico tilda al giróscopo.

La evolución de la ciencia, de la civilización entera, no se produce en función continua. Existen rápidos avances, seguidos de detenciones; y se dan continuas travesías del desierto seguidas de estallidos exponenciales, como el que nos encontramos hoy día, con un acceso al conocimiento y a la información sin precedentes.

La entrada en escena de la TID se produce pues en los albores del siglo XXI y es una manifestación más, en mi opinión, del marcado carácter de este siglo.

El siglo XXI cede el paso de la economía industrial, a la economía del conocimiento, como es sabido, que está constantemente animada por la globalización, la información y la innovación; llega con la irrupción de Internet y un grado de intercomunicación jamás vista o imaginada para conseguir un proceso evolutivo exponencial en tantos y tantos ordenes de la vida cotidiana.

Hoy día están apareciendo continuamente nuevas industrias a las que se destinan ingentes inversiones en investigación en forma de ayudas oficiales, recursos de grandes empresas ya existentes y también una amplia presencia del capital riesgo. De estos nuevos proyectos industriales y destinos de la nueva inversión solo uno, la robótica, llama la atención por un cierto grado de "materialidad"; y el robot también irrumpe con el fin de reducir en lo posible, al fin y al cabo, la fuerza laboral, el tiempo empleado y el uso de materiales (también es de destacar que los robots se construyen cada vez más pequeños). Las restantes innovaciones están en mayor o menor medida vinculadas al aprovechamiento de un conocimiento virtual, siempre cambiante.

Muchas de las nuevas empresas, de vocación multinacional en su mayoría, son en esencia plataformas de programas de aprovechamiento de un manejo de datos. Y su objetivo es básicamente conseguir un abaratamiento en los costes de intermediación y una mayor rapidez en la consecución del producto o servicio final. En el siglo XXI, es en el capital intangible donde más crece la inversión.

Un frente originario de las nuevas inversiones, junto a las dedicadas a las aplicaciones médicas en el estudio del genoma humano y la biotecnología, es la *codificación* de sistemas con motivo de lograr una mayor exactitud en las operaciones; una codificación que permite obtener una mayor seguridad —notablemente *ciberseguridad*— y también para conseguir ante todo la mayor rapidez posible.

La digitalización fue una impronta del final del siglo XX; y la codificación de esa digitalización una empresa del siglo XXI. Los datos son la materia prima de nuestra época; de la misma manera que en otros tiempo fue la tierra, después el hierro.

Llama la atención ahora como, en un principio, toda economía era agrícola y luego, ya en el siglo XIX, en los albores de la revolución industrial, la impronta surgida en el noroeste de Inglaterra dimanaría de algo tan aparentemente primario visto ahora como el aprovechamiento del manejo y utilización del hierro; de ahí saldría la cadena, la polea, la máquina, el ferrocarril, la herramienta, la mecanización en suma.

Pero ahora, lo que más importa es que se están generando cantidades ingentes de datos en todo momento; y es la investigación y aprovechamiento de esos datos, *big data* a veces, un núcleo principal de la investigación y las inversiones.

El siglo actual se define, en suma, como el siglo de la investigación en algo inmaterial y en el uso inteligente de los datos. El aprovechamiento del conocimiento es posible cuando este se ha codificado y trasformado en un modelo con reglas generales, leyes y teoremas que suponen una representación valida del mundo que nos rodea; es decir, un *algoritmo* que digiere y utiliza ese conocimiento.

Para la TID, la fuente de datos se genera por todo objeto en rotación.

La TID evoluciona una vertiente de la teoría clásica de la ciencia física newtoniana no resuelta todavía, mediante reglas generales y su propio algoritmo:

$$\vec{v} = \vec{\vec{\Psi}}\ \vec{V}_0 .$$

Los fenómenos de dinámica rotacional que la TID describe no han sido todavía incorporados por la estructura racional de la física ortodoxa actual. La TID representa entonces un enfoque innovador, que permite un progreso científico y tecnológico en una parte importante del mundo que nos rodea.

La literatura científica, hasta el momento, no ha enunciado las conclusiones que la TID alcanza, cuando estudia los sistemas o cuerpos sólidos rígidos sometidos a acciones externas, que generen aceleraciones simultáneas no coincidentes espacialmente. La TID llega a unas conclusiones inéditas y que aun con la difusión alcanzada por esta teoría en los últimos años, no han sido, que se conozca, rebatidas científicamente por nadie.

Existen aplicaciones prácticas de la TID que ya han sido identificadas por G.B. y su entorno promotor; están recogidas en el capítulo 9 del libro. Algunas de ellas están materializadas en prototipos y patentes, como también se recoge en el libro. Pero existen tantas aplicaciones más como diferentes tipos de objetos en rotación existan en el mundo que nos rodea. Con el tiempo se podrá demostrar, sin duda, que existen muchas más.

Sobre el autor

Me voy a permitir describir, después de veinte años de un trato bastante continuado, cuales son los rasgos distintivos de G.B. que en mi opinión han hecho posible que con el tiempo haya dado forma a un cuerpo científico como el que en este volumen se recoge.

Primeramente, G.B. es un hombre con una visión. Todo empezó con una idea, con toda seguridad concebida en su juventud, bajo la fascinación por la investigación científica inspirada en el ejemplo de un profesor. La idea, tras años de reflexión, fue madurando y se materializó luego en la TID. Así, su particular investigación fue cobrando intensidad y tomando forma durante los últimos quince años, la etapa más reciente de la carrera de G.B. En un momento dado, G.B. ha materializado su teoría tras una dedicación muchas veces compartida con otras obligaciones (no olvidemos que G.B. ha desempeñado a lo largo de su vida numerosas tareas y para conseguir todo esto ha robado, por tanto, tiempo al tiempo). Los trabajos recogidos en este libro han supuesto un gran esfuerzo, sobre todo, para la generación de los artículos en inglés, *lingua franca* de la ciencia y la tecnología. Y entre tener una idea, comprobarla, y luego plasmarla y materializarla en un cuerpo legible y publicable, existe un muy largo trecho que muy pocos serían capaces de recorrer. Sobre todo si se realiza con escasos recursos y fuera de los circuitos oficiales o académicos de la investigación.

(Me atrevería a afirmar aquí que la investigación científica fuera de los circuitos oficiales, ortodoxos o académicos de investigación no es nada excepcional y está siendo, de hecho, una actividad creciente. Así lo apunta la cantidad de sorprendentes avances científicos y tecnológicos que se originan por modestas *start ups*; y en otro orden de cosas, a modo de ejemplo, por la dimensión alcanzada por la investigación llamada *moonshot* en Estados Unidos, que tiene un especial enfoque al estudio de enfermedades sin curación. En estas últimas investigaciones, doctores en el sentido convencional del término, trabajan lado a lado con expertos en IT que exploran técnicas de *big data* para identificar pautas en las mutaciones del cáncer; y también con expertos en ingeniería química, que aportan conocimientos en nanotecnología química a problemas de la biología celular.)

En mi opinión existen dos características que en todo momento animan a G.B. y le han hecho posible recorrer este camino. En primer lugar, una capacidad de trabajo excepcional (difícilmente igualada por nadie que yo haya conocido); y en segundo lugar, una constante, e indeleble admiración por el que fue su maestro y fuente de inspiración científica: el espectroscopísta español Profesor Miguel Catalán (1.894 – 1.957). Como tantas veces sucede, un maestro siempre ha tenido antes un maestro. Y existen muchos ejemplos que confirman e ilustran esta afirmación, desde los tiempos de Aristóteles a nuestros días.

Francisco J. Dalby, economista.

Advanced Dynamics C. B.

NUEVO PARADIGMA EN FÍSICA

TOMO I

TEORÍA DE INTERACCIONES DINÁMICAS

0- UNA FÍSICA OLVIDADA

Dinámica es la rama de la mecánica que trata del movimiento y del equilibrio de los sistemas bajo la acción de fuerzas, y describe la evolución en el tiempo de los sistemas físicos, en relación con las acciones que provocan sus cambios de estado. Es *la ciencia del movimiento.*[1]

Entendemos como *movimiento* cualquier cambio de situación de un cuerpo, en el tiempo, respecto de otra referencia.

En este ámbito, la mente humana ha concebido una estructura conceptual para el análisis de los sistema dinámicos inerciales, que se sustentaba inicialmente en las leyes enunciadas por Newton. Posteriormente, esta construcción conceptual se fue complementando y ampliando con otras investigaciones físico-matemáticas basadas en el razonamiento lógico y en la prueba experimental, generándose una disciplina científica asentada, que constituye uno de los pilares de la mecánica racional, y fundamento de numerosas aplicaciones tecnológicas, de probado resultado.

---

[1] Webster, A.G.: *The Dynamics of particles and of rigid, elastic and fluid bodies.* Worcester. Massachusetts, 1904.

No obstante, además de este modelo o paradigma del conocimiento humano, reconocido como *Mecánica Clásica*, se encuentran los sistemas dinámicos no inerciales, muy poco estudiados y de los que no disponemos todavía una estructura conceptual definida. Son los sistemas en movimiento, sometidos a acciones que generan variaciones de su velocidad, y que no cumplen, necesariamente, las leyes o regularidades de la Mecánica Clásica. Pertenecen a este ámbito los cuerpos sólidos rígidos sometidos a aceleraciones, y en especial, los cuerpos sometidos a acciones que generan distintas rotaciones simultáneas o sucesivas sobre ejes distintos. En estos casos, se generan en el seno del cuerpo en estudio distintos campos de aceleraciones simultáneas, no coincidentes espacialmente.

Es importante destacar la importancia de las *regularidades* en la física. Al observar la naturaleza podemos advertir patrones, o aparentes coincidencias repetitivas, indicios de relaciones de causa y efecto subyacentes. Tenemos que ser sensibles a esas regularidades que pueden observarse en nuestro entorno.

El reconocimiento de relaciones causa-efecto implica la aceptación de que existen patrones o leyes de comportamiento en la naturaleza. No obstante, el reconocimiento de dichas regularidades como leyes científicas exige, además de la simple observación, la especulación y la aplicación del método científico.

Al investigar las causas de la periodicidad de las propiedades químicas de los elementos químicos, descubierta por Mendeléiev en el siglo XIX, al desarrollar su Tabla Periódica, permitió un gran avance de nuevas ramas de la fisica. Es este un claro ejemplo de la incidencia de las regularidades en la evolución de la ciencia.

Nos proponemos definir un modelo físico y matemático para predecir el comportamiento de la naturaleza que nos rodea en supuestos no inerciales, y en particular, para determinar unas leyes más generalizadas del movimiento en el espacio.

Suponemos que el mundo físico es objetivo, de modo que todas las observaciones y mediciones realizadas en diferentes lugares, por diferentes investigadores, pueden ser comparadas y relacionadas.

Ha sido ampliamente discutido el comportamiento de sistemas materiales expuestos a acciones externas, la generación de rotaciones espaciales y las cantidades conservadas asociadas en tales supuestos, pero estimamos que este análisis todavía puede ser objeto de un nuevo desarrollo, científico y tecnológico, a partir de las nueva hipótesis que proponemos en este texto.[2]

A partir de determinadas presunciones dinámicas y basados en una nueva interpretación del comportamiento de los cuerpos en rotación, o sea, dotados de momento angular intrínseco, cuando son expuestos a sucesivos pares de fuerzas no coaxiales con su rotación intrínseca, hemos desarrollado nuevas hipótesis dinámicas, que nos permiten llegar a la conclusión de que se puede configurar un nuevo modelo matemático en la teoría dinámica de campos de rotación.

Este nuevo modelo nos permitiría justificar ciertos comportamientos que, hasta ahora, no se comprendían suficientemente. A través de este nuevo patrón conceptual, se obtienen resultados diferentes, para determinados supuestos, basándonos exclusivamente en una nueva reinterpretación de la composición o superposición de los movimientos originados por la actuación de acciones externas, por ejemplo, de los momentos de fuerzas.

Creemos que los resultados obtenidos nos permiten disponer de una nueva perspectiva de la dinámica, desconocida hasta la fecha, posibilitando convertir trayectorias consideradas hasta

---

[2] Barceló, G.: *Un mundo en rotación.* Epígrafe 14.3, página 409. Editorial: Marcombo Barcelona. 2008.
http://www.dinamicafundacion.com/

ahora como caóticas, en deterministas y modelables. Hemos llegado a la conclusión de que sigue existiendo un espacio científico, todavía no estructurado, en la dinámica y, específicamente, en el ámbito de cuerpos rígidos sometidos a múltiple rotaciones no coaxiales simultáneas.

Para este fin, es necesario analizar los campos de velocidades y aceleraciones que se generan en los cuerpos dotados con momento angular intrínseco, y ponderar nuevos criterios de acoplamiento de las magnitudes dinámicas. En este contexto, tienen lugar reacciones dinámicas y campos inerciales, que no pueden justificarse por medio de la Mecánica Clásica.

Es el objetivo de este texto informar de los sorprendentes resultados obtenidos, y atraer el interés hacia la investigación de esta nueva área de conocimiento, sobre dinámica rotacional, y de sus múltiples y notables aplicaciones científicas y tecnológicas.[3]

En cualquier caso, exponemos aquí nuestra visión de esos fenómenos de dinámica rotacional, pues entendemos que la física ortodoxa actual no los incorpora en su estructura racionalmente, y en el convencimiento de que nuestro enfoque innovador, permitiría un progreso científico y tecnológico, que podrá ser desarrollado y aprovechado por otras mentes.

Entendemos como ***fenómeno***, a cualquier manifestación física que puede constatarse por observación directa o medición indirecta. En mecánica, serán aquellas transformaciones en un cuerpo que no cambian su naturaleza, como pueden ser variaciones de sus magnitudes dinámicas. Suele reservarse el término para referirnos a sucesos aparentemente inusuales o que desafían la explicación habitual, o que incluso, desconciertan al observador.

---

[3] Barceló, G.: *Analysis of Dynamics Field Systems Accelerated by Rotation. Dynamics of non-inertial systems.* DeMSET-2011 Congress, Miami. USA.
http://dinamicafundacion.com/blogs/media/DeMSET_2011_GBarcelo.pdf

No hemos visto previamente, en la literatura científica de los siglos XX o XXI, ningún otro análisis o estudio semejante al de este texto, sobre los fenómenos dinámicos que se suscitan en sistemas o en cuerpos sólidos rígidos sometidos a acciones externas, que generen aceleraciones simultaneas no coincidentes espacialmente, por lo que entendemos que nuestra obra es inédita, y las conclusiones que proponemos no habían sido enunciadas hasta la fecha.

Vamos a expresar en este texto, unas nuevas hipótesis dinámicas para sistemas acelerados, que entendemos desconocidas hasta ahora, pero como ya expuso Seneca (4 a. C- 65 d. C.): *Vendrá un tiempo en que se asombrará la posteridad de que hayamos podido ignorar cosas tan evidentes, y lo que hoy nos parece tan oscuro, parecerá claro en un gran día por el transcurso de los siglos y la industria de vuestros descendientes.*[4]

0.0- Naturaleza en rotación

Aunque apenas lo percibimos, vivimos en un mundo físico donde todo gira, un mundo físico con movimiento intrínseco sobre ejes de simetría.

Es ciertamente contradictorio que, en este universo caracterizado por su comportamiento conforme a la dinámica rotacional, el pensamiento científico humano ha desarrollado principalmente una dinámica basada en la traslación lineal que, en nuestra opinión, no siempre es aplicable a los cuerpos dotados con momento angular.

---

[4] Séneca, Lucio Anneo: *Las Cuestiones Naturales*, Libro VII. Ed. Gredos, 2013. Nacido en Córdoba (España) en el año 4; falleció en Roma (Italia), año 65 d. C.

Aunque tradicionalmente la mente humana haya creído que estando sobre la tierra, se encontraba sobre un disco plano, y que el mar era también una superficie plana, y que en ese ámbito estaba sometido exclusivamente a traslaciones dinámicas lineales, realmente hoy sabemos claramente que nos encontramos en un escenario constituido por cuerpos en constante rotación y orbitación: Rota la Tierra mientras orbita, pero también el Sol rota mientras se desplaza en su trayectoria, y rota nuestra galaxia.

Es la intención del presente estudio comprender mejor las verdaderas *correlaciones* y *regularidades* de este escenario, analizando el comportamiento de los cuerpos con aceleraciones y rotación intrínseca, para mejor comprender porque vivimos en un mundo con noches y mañanas, con crepúsculos y amaneceres.

No podemos inferir necesariamente que dos o más eventos estén conectados causalmente simplemente porque coincidan temporalmente o se den juntos. Sería una falacia hacer esa suposición, consiste en inferir que existe obligatoriamente una relación causal entre dos o más eventos por haber observado una correlación estadística entre ellos.

No obstante, en fisica tiene gran importancia analizar esas aparentes coincidencias. Por ello, podría parecer extraño que en la naturaleza se puedan encontrar fácilmente los referidos movimientos simultáneos de rotación intrínseca y orbitación, cuando hasta ahora no ha existido ningún modelo físico o matemático que estableciese una correlación científica entre ambos movimientos. Pero insistimos, es habitual observarlos de forma simultánea en nuestro universo. También es digno de mención la existencia de una coincidencia constante de la simultaneidad de órbita y *espín* en la física atómica.

Según Einstein: *Entre las cosas más importantes de la vida se encuentra tener una idea clara de las correlaciones*[5]. No obstante, no había sido encontrada hasta ahora, una correlación física, en las leyes mecánicas, que relacionase los movimientos de orbitación y de rotación, ni ninguna expresión matemática que lo justificase. Tampoco una correlación presupone la existencia de una regularidad o ley física, ni determina necesariamente una causalidad, pero para un científico, es un indicio que incita a la exploración y comprobación.

0.1- Aporía

No ha sido planteada, hasta la fecha, en las leyes mecánicas, una expresión matemática para definir esa posible correlación física, entre orbitación y movimientos de rotación intrínseca. Sin embargo, puede ser intuitivamente propuesta la aporía de que podría existir tal relación físico-matemática entre ambos movimientos.

Además, podemos preguntarnos si las leyes actualmente conocidas de la dinámica, para definir el comportamiento de los cuerpos en el espacio son suficientemente precisas o si, por el contrario, no describen con total precisión todos los supuestos posibles de la realidad física de nuestro mundo.

Tampoco tenemos conocimiento de ningún tipo de análisis o estudio sobre ambos fenómenos simultáneos, que pudiera determinar posibles inferencias de un fenómeno sobre el otro. Pero el hecho observable es que en el universo, todo cuerpo celeste que orbita, tiene giro intrínseco.

---

[5] Einstein, A., a Hedwig Born, 31 de agosto de 1919. CPAE, vol. 9, doc. 97, según refiere Alice Calaprice en: *Albert Einstein: el libro definitivo de citas.* Ed. Plataforma. 2014.

Figura 0.0 Miguel A. Catalán Sañudo. Espectroscopísta (Zaragoza 1894- Madrid 1957) Fuente de inspiración científica

Por esta razón, me propuse investigar si pudiera existir una correlación nomológica[6] física entre ambos movimientos, y en caso afirmativo, determinar su expresión matemática.

En tal caso, las leyes de la dinámica aceptadas hasta la fecha para determinar el comportamiento de los cuerpos que giran, resultarían insuficientes para describir con exactitud la verdadera realidad física de los movimientos de rotación de los cuerpos.

En nuestro estudio, se investigaron sistemas inerciales y no inerciales para comprender mejor la respuesta de los cuerpos rígidos sometidos a rotaciones no coaxiales simultáneas. Entendemos como *Sistemas Inerciales* a aquellos cuyos marcos

---

[6] *Nomológica: Relativa a la nomología,*
Nomología: Ciencia de las leyes y de su interpretación.
Tratado sobre el modo de establecer reglas, preceptos o principios.
Estas definiciones no se encuentran actualmente en el Diccionario de la Lengua Española de la Real Academia Española.

de referencia no están sometidos a aceleraciones, y en los que se cumplen las leyes del movimiento enunciadas por Newton. En ellos, por tanto, la variación del momento lineal es igual a las fuerzas reales que han actuado sobre el sistema.

En consecuencia, los *Sistemas No Inerciales* serán aquellos otros que están sometidos a variaciones en su velocidad. Esta aceleración puede deberse a distintas causas:

> **Un cambio en el módulo de la velocidad de traslación** (aceleración lineal).
>
> **Un cambio en la dirección de la velocidad de traslación** (traslación uniforme no rectilínea).
>
> **Un movimiento de rotación intrínseco.**
>
> **Una combinación de algunos de los anteriores.**

Por tanto, serán *Sistemas No Inerciales* los que se mueven con aceleración, como, por ejemplo, los sometidos a cambios de su velocidad, como un movimiento circular o a rotaciones. Un móvil estará en condiciones no inerciales cuando, estando sometido a una resultante de fuerzas externas nula, no obstante, su movimiento sea no uniforme.

En ellos no se cumplirán las regularidades del movimiento enunciadas por Newton, por lo que en la Mecánica Clásica, además de las fuerzas reales, se introducen en estos casos fuerzas ficticias, para poder justificar el comportamiento real observado. Esta aparente discrepancia entre la realidad y la teoría dinámica entendemos que es difícil de aceptar.

Como resultado de este análisis, he propuesto nuevas hipótesis dinámicas que exigen extender estos estudios a la teoría de campos, a fin de explicar el comportamiento real observado en esos cuerpos.

Figura 0.1 Presentación de la biografía de Miguel A. Catalán[7] *en el CSIC, en Madrid. De izquierda a derecha: Doctor Javier Muguerza, catedrático de filosofía y autor del prólogo, Doctora Alicia Pons, Directora del Centro de Tecnologías Físicas "Leonardo Torres Quevedo" (CETEF-CSIC); Doctor Antonio Corrons, Investigador del CSIC y autor del epílogo y el autor de la biografía, Doctor Gabriel Barceló.*

Junto a la aporía de la orbitación y la rotación, la observación del universo nos generaba otras nuevas dudas: su **secular equilibrio dinámico** no parecía conciliarse con una física newtoniana en la que las fuerzas generan movimientos de traslación contantemente acelerados. El equilibrio del universo, y su dinámica, no parecía compadecerse con esa estructura conceptual de la Mecánica Clásica.

7 Barceló, G.: *Miguel A. Catalán Sañudo. Memoria Viva.* Editorial Arpegio. Barcelona, 2012.

A) No existen interacciones:

Traslación en cualquier dirección

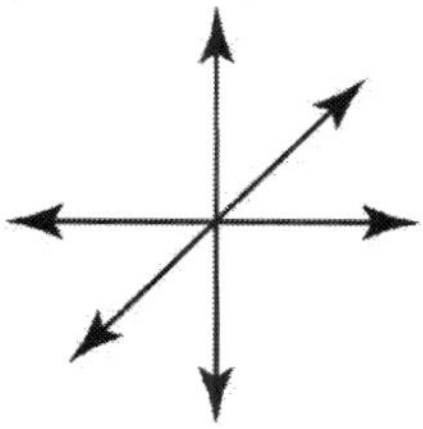

Otra rotación alrededor de su propio eje de rotación

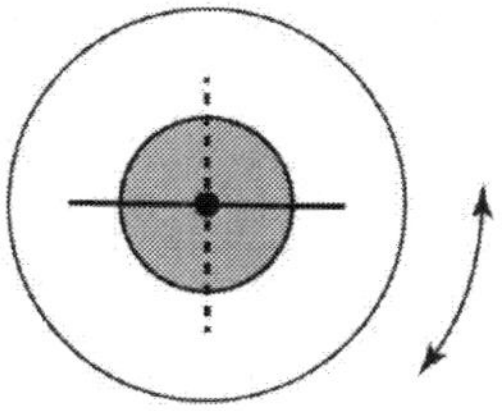

Figura 0.2A Conjeturas de Miguel A. Catalán Sañudo.

En otro caso:

B) Aparece una resistencia inercial:

Rotación sobre su eje X o Y

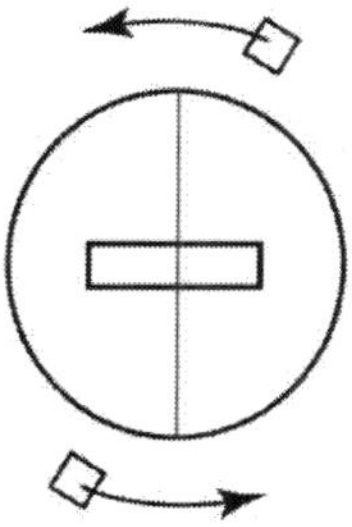

Rotación sobre ambos ejes X e Y al mismo tiempo

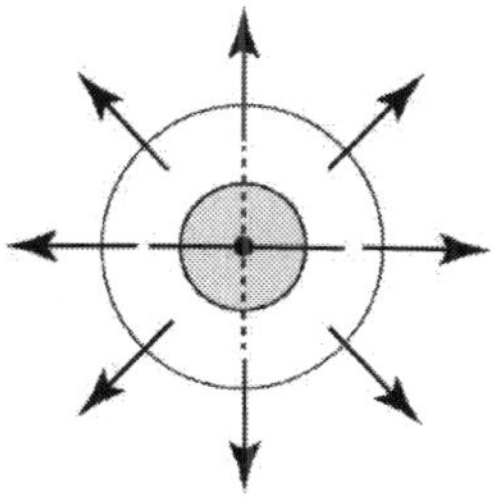

Figura 0.2B Conjeturas de Miguel A. Catalán Sañudo.

Por otro lado, el análisis de la superposición o composición de movimientos simultáneos había sido ya iniciado por Galileo Galilei (1564-1642) para explicar la trayectoria de una bala de cañón[8].

[8] Appell, P.: *Traité de Mécanique Rationnelle*, Gauthier- Villars, Paris, 1909.

Llegamos también a la conclusión que la comprensión o correcta interpretación de la superposición de los campos de magnitudes dinámicas generadas por momentos o por pares de fuerzas, era crucial para analizar correctamente estos fenómenos. Nos vamos a referir en este texto a la superposición o composición de campos de magnitudes dinámicas[9] generados, con el término de "acoplamiento"[10].
Definiremos como:

Acoplamiento: Composición o superposición de los campos dinámicos que se suscitan en un móvil. Caso especial es el de los cuerpos sometidos a aceleraciones generadas por rotaciones no coáxicas.

Acoplamiento de movimientos: Característica dinámica por la cual, si varias acciones actúan sobre una masa, se genera un estado dinámico final, dando como resultado la composición o superposición de movimientos (véase también 2.2.3).

Acoplamiento de velocidades: Adición algebraica de los campos de vectores de velocidad, en el acoplamiento de movimientos. (Ver epígrafes 2.9.1 y 4.3.0).

En mis estudios he investigado el movimiento de los objetos sometidos a múltiples rotaciones, como el trompo, el boomerang, el aro, y otros varios objetos cuyo peculiar comportamiento ha sido tradicionalmente intrigante para la mente humana. Creo que las conclusiones que expongo en esta obra modifican las bases de la dinámica racional, e incorporan nuevos criterios de gran impacto y significación en dinámica rotacional.

---

9 Barceló, G.: *Analysis of dynamics fields systems accelerated by rotation. Dynamics of non-inertial systems.* DeMSET-2011 Congress, Miami. USA.
http://dinamicafundacion.com/blogs/media/DeMSET_2011_GBarcelo.pdf

10 Goldstein, C. y J. Safko Poole. *Classical Mechanics*, Addison-Wesley, tercera edición. 2000.

0.2- Conjeturas

Hacia 1956, el científico y profesor Miguel Catalán[11] (Ver figuras 0.2) nos propuso, a sus alumnos, ciertas conjeturas sobre dinámica rotacional, observando el comportamiento de un giróscopo y sus reacciones[12]. En sus libros de texto proponía una posible correlación entre la estructura del átomo y la dinámica rotacional clásica[13]. Estas conjeturas me generaron una verdadera preocupación científica durante muchos años.

A lo largo de este texto nos referiremos reiteradamente al comportamiento del giróscopo, que durante muchos años los físicos lo definían como paradójico. Precisamente, nos propuso Catalán que experimentáramos con un giróscopo, en el que estando el rotor en constante rotación alrededor de su eje Z, nos sugirió que tomáramos el dispositivo con una sola mano, y realizásemos los movimientos que se ilustran en las figuras 0.2.

El resultado de estas pruebas experimentales fue el siguiente:

0. **Traslación en cualquier dirección:** tomando un giróscopo en rotación con la mano, procedemos a moverlo en línea recta en diferentes direcciones, manteniendo siempre su eje paralelo al eje Z. No se produce ninguna reacción de interacción. (Ver Figura 0.2A)

---

[11] Miguel A. Catalán (1894-1957): Fue uno de los grandes espectroscopístas del siglo XX. Para recordarlo, su nombre fue dado a un cráter lunar de impacto, que se encuentra a lo largo de la extremidad sudoeste de la Luna. Ver figura 0.0.

[12] Barceló, G.: *El vuelo del bumerán.* Ed. Marcombo 2006, Barcelona. Página 256 y también en: G. Barceló, *Un Mundo en rotación,* Editorial Marcombo Barcelona. 2008. Página 56. http://www.dinamicafundacion.com/

[13] Catalán, M. A. y León, A: *La órbita de los átomos fundamentales*, en ASEFQ, 21, 162 y 165 de 1923, W. y en: *Física y Química* (séptimo curso), Madrid, 1945.

1. **Rotación adicional alrededor de su eje de rotación**: Si el dispositivo se gira también sobre su eje de rotación, en cualquiera de los dos sentidos, no se muestra ninguna interacción. (Ver Figura 0.2A)

2. **Rotación sobre otros ejes**: si el giróscopo es rotado sobre cualquier otro eje, se advierte en la mano que lo soporta una resistencia al movimiento. (Ver Figura 0.2B)

Tras estas observaciones nos explicó que, en aquel momento, la Mecánica Clásica no tenía respuesta para estos extraños fenómenos, en los que reconocíamos una fuerza que actuaba sobre nuestra mano. Esto había dado lugar a múltiples indagaciones y teorías dinámicas en los últimos siglos.

Comprobamos que cuando realizábamos un simple movimiento rotatorio sobre cualquier eje distinto al ya existente sobre el eje Z, se generaba una evidente resistencia al desplazamiento, que tendía a mover la mano que sostenía al giróscopo. En los libros de texto se hablaba de un *efecto giroscópico*, pero las razones de este comportamiento y las causas del referido fenómeno o efecto no se explicaban en esos libros.

Nuestras primeras especulaciones y conjeturas nacieron en aquellos años, intentando conocer el verdadero comportamiento dinámico de los cuerpos sólidos rígidos en sistemas no inerciales (Ver figura 0.3.):

- Comprender el equilibrio dinámico del universo.

- Justificar la coexistencia simultánea, en el universo, de fenómenos de orbitación coincidiendo con rotación intrínseca.

Por supuesto, deseábamos poder dar también respuesta a las conjeturas planteadas por el profesor Catalán.

Con todas estas cuestiones en mente, iniciamos años después, un exhaustivo estudio histórico de la dinámica rotacional clásica, para conocer sus antecedentes.

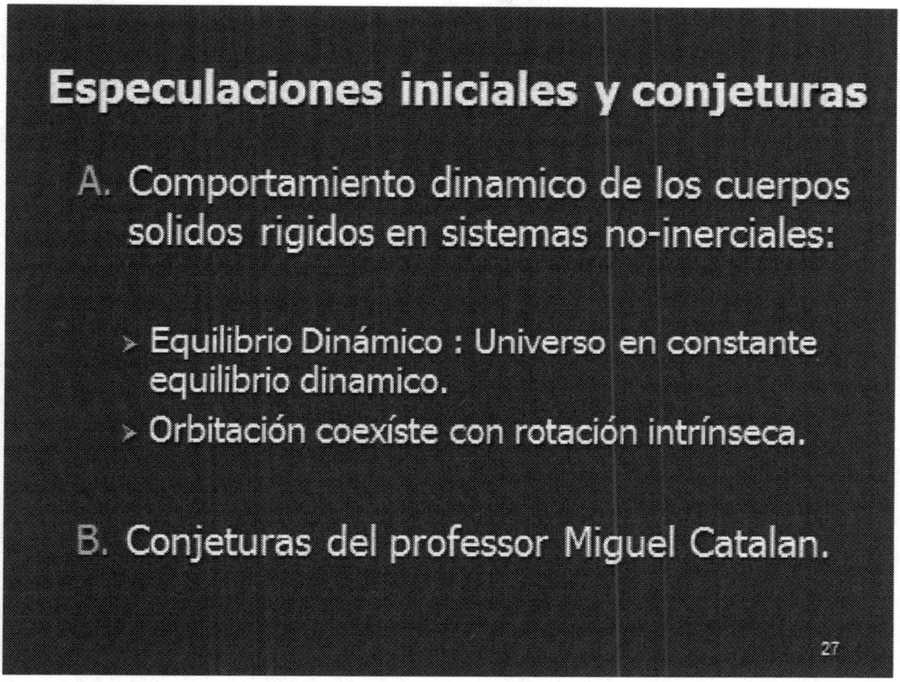

Figura 0.3. Primeras especulaciones y conjeturas

Pudimos comprobar como ciertos estudios iniciados en el siglo XIX, habían sido posteriormente olvidados. Esprit Jouffret (1837 - 1904)[14] ya había comenzado a analizar la dinámica de las reacciones causadas en una partícula de un cuerpo rígido, cuando es sometido a sucesivos pares no-coaxiales, y M. Hirn[15]

---

[14] Jouffret, E: *Théorie élémentaire des phénomènes que présentent le giróscopo, La toupie et le proyectil oblongo*, Revue d'Artillerie, Berger-Levrault et Gauthier-Villars, París, 1874. También P. Gilbert, *Problème de la rotación d'un corps solide autour d'un punto.* P. 316. Los Annales de la Société Scientifique de Bruxelles, 1876. Citado en G. Barceló, *Un mundo en rotación*, pág. 208. Marcombo, Barcelona, 2008.

[15] Hirn, M.: *Théorie analytique élémentaire du giroscopio*; en los Annales de l'Observatoire de París, t. IX, citado en Gilbert, P.: *Problème de la*

había llegado a la conclusión de que en tales situaciones, se generaban distribuciones no homogéneas de velocidades.

Como resultado de este estudio histórico, redacté un texto, compendio de los estudios realizados, y publique un libro resumen sobre la dinámica rotacional clásica.[16] En este texto se analizaban y comentaban los distintos trabajos publicados a lo largo de la historia de la física, referidos a los cuerpos en rotación.

0.3- Una nueva e increíble dinámica rotacional

A lo largo de los últimos treintaicinco años, hemos llevado a cabo un proceso de investigación metódico, con el fin de mejor comprender el comportamiento de los cuerpos sólidos rígidos que están sometidos simultáneamente a aceleraciones por rotaciones no coaxiales. Hemos participado en un largo y complejo procedimiento de indagación y exploración, mediante la aplicación del **método científico** para tratar de explicar nuestras observaciones, no coincidentes con el paradigma o patrón admitido.

En nuestras investigaciones hemos aplicado el mismo procedimiento que ha caracterizado al referido **método científico** en los últimos siglos, consiste en la observación sistemática, medición, experimentación, formulación, análisis y modificación de las hipótesis. Se sustenta también en la **reproducibilidad**, esto es, en la capacidad de repetir nuestras pruebas experimentales, en cualquier lugar y por cualquier persona, en la comunicación y publicidad de los resultados obtenidos y en la

---

rotación d'un corps solide autour d'un punto. Anales de la société scientifique de Bruxelles. 1876.

[16] Barceló, G.: *El vuelo del Bumerán.* Ed. Marcombo: Barcelona, 2006. http://www.dinamicafundacion.com/

refutabilidad, es decir, que nuestras proposiciones científicas pueden ser susceptibles de ser falsadas u objetadas

A lo largo de este texto, podrá comprobarse como ha sido realizado este proceso de confirmación de una intuición, convertida posteriormente en hipótesis sobre la realidad física, y posteriormente, en axiomas y leyes de comportamiento dinámico, para el caso concreto de cuerpos sometidos a múltiples acciones externas, que generan aceleraciones no coincidentes espacialmente.

Las intuiciones e hipótesis iniciales, fueron contrastadas con observaciones sistemáticas experimentales, mediciones y simulaciones matemáticas realizadas con computador. Estas pruebas experimentales, y otras equivalentes, fueron reproducidas posteriormente por investigadores independientes, obteniendo resultados análogos. Además de su *reproducibilidad*, los nuevos conocimientos obtenidos fueron divulgados en congresos, seminarios y en libros y artículos publicados en revistas en distintos idiomas.

No hemos conocido ningún trabajo o texto refutando o negando racionalmente los resultados obtenidos. Por lo que, aunque nuestra proposición científica puede ser susceptible de ser falsada o refutada, hasta la fecha, este hecho no se ha producido. Tampoco conocemos experimentos que pudieran permitir asegurar que nuestras hipótesis hayan sido puestas a prueba con resultado negativo.

Esta investigación experimental nos ha llevado a proponer nuevas hipótesis en materia de teoría de campos para explicar el comportamiento dinámico de los sistemas que están sometidos a aceleraciones no-coaxiales. Entendemos que se han recorrido sucesivas etapas, desde nuestra inicial aporía, siguiendo un método racional y sistemático de investigación experimental, hasta obtener un nuevo conocimiento del comportamiento dinámico de la materia.

El método científico aplicado nos permite estimar que los resultados obtenidos no son consecuencia de criterios de subjetividad o debidos a la influencia de ideas personales, carentes de racionalidad. A partir de la observación de los fenómenos rotacionales de la naturaleza, desarrollamos una etapa inductiva, que nos permitió inferir reiteraciones no regladas hasta la fecha, y proponer la aporía de la rotación/orbitación, junto con otras conjeturas, que tras una previa experimentación, nos permitieron definir hipótesis dinámicas concretas, una nueva formulación matemática, y hasta proponer la causalidad de esos fenómenos. Estas hipótesis fueron confirmadas mediante simulación y experimentación.

En este proceso de gestión del conocimiento, buscando los fundamentos de los fenómenos observados, usamos de forma constante e irrestricta, la capacidad crítica de la razón, obteniendo una estructura lógica plenamente congruente con los datos de la observación y la experimentación.

Tras esas etapas de trabajo, pudimos proponer una demostración causal de los fenómenos rotatorios, sin haber conocido, como ya hemos expresado, refutación o antítesis a nuestra argumentación. Esto nos permitió, a partir del enunciado de axiomas y principios, estructurar una tesis final, la **TEORÍA DE INTERACCIONES DINÁMICAS, (TID**), que exponemos en este texto.

0.3.0- Reacciones dinámicas

Entendemos como ***Interacción***, la *Acción que se ejerce recíprocamente entre dos o más objetos, agentes, fuerzas, funciones, etc.*

La materia, en todos sus procesos y manifestaciones, se expresa mediante acciones reciprocas. Este concepto tiene un carácter eminentemente dinámico, de tal forma que lo que realmente se observa, no son los fenómenos en sí mismos, sino sus diversos tipos de interacciones.

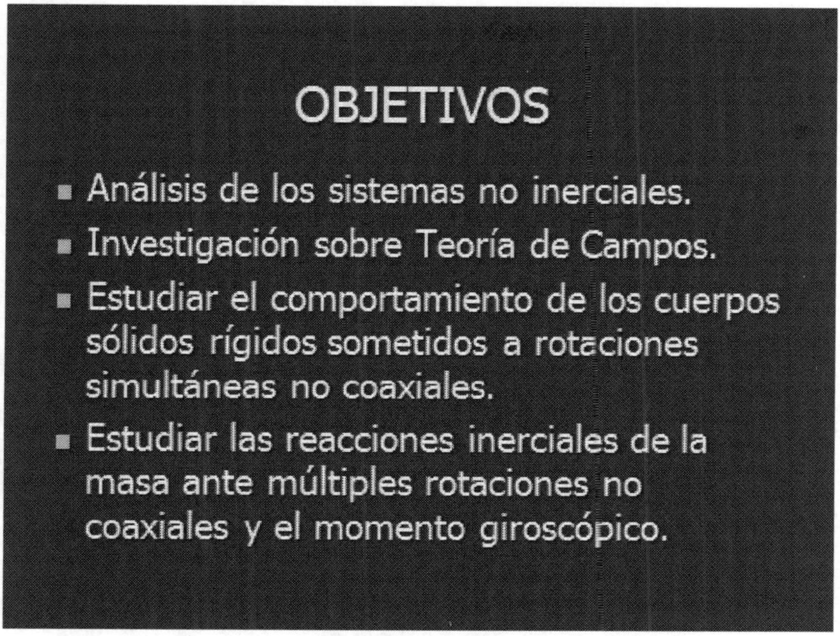

Figura 0.4. Objetivos

En nuestro caso, nos estamos refiriendo a la: *Acción recíproca y efecto resultante entre campos de magnitudes dinámicas.* En su momento propusimos la siguiente definición del concepto ***Interacción Dinámica: Acción recíproca y efecto resultante en los cuerpos en movimiento, debido a las reacciones dinámicas e inerciales de la masa.***[17]

Las *Interacciones dinámicas* son reacciones generadas en los cuerpos dotados de momento angular intrínseco, cuando son sometidos a nuevos momentos no-coaxiales. Se producen en sistemas en rotación libre en el espacio, cuando son provocados

[17] Barceló, G.: *El vuelo del Bumerán*. Pág.326. Ed. Marcombo: Barcelona, 2006.
http://www.dinamicafundacion.com/

por estímulos que producen un comportamiento característico y diferenciado, con respecto al de los cuerpos sin rotación intrínseca.

Nuestros objetivos iniciales en este proyecto fueron (ver figura 0.4):

- Análisis de los sistemas no inerciales.
- Investigación sobre la teoría de Campos.
- Estudiar el comportamiento de los cuerpos sólidos rígidos sometidos a rotaciones simultáneas no coaxiales.
- Estudiar las reacciones inerciales de la masa ante múltiples rotaciones no coaxiales y el momento giroscópico.

Es el objetivo principal del presente documento el exponer un análisis dinámico y cinemático de los cuerpos solidos rígidos con momento angular, que nos permita establecer las razones de su peculiar comportamiento, y formular brevemente una propuesta de nuevas hipótesis en dinámica rotacional.

0.3.1- Contenido

En nuestra línea experimental y lógica de argumentación, vamos a recordar en primer lugar el concepto de rotación en los estudios de Einstein y en las modernas teorías de la relatividad, y en un segundo capítulo, analizaremos los fundamentos de la Mecánica Clásica rotacional. Basados en sus axiomas, principios y teoremas, podemos proponer nuevas hipótesis específicas para los movimientos de los cuerpos con rotación intrínseca, simplemente reinterpretando, en un determinado momento de la argumentación lógica, la exacta justificación dinámica del peculiar comportamiento de los cuerpos dotados con momento angular.

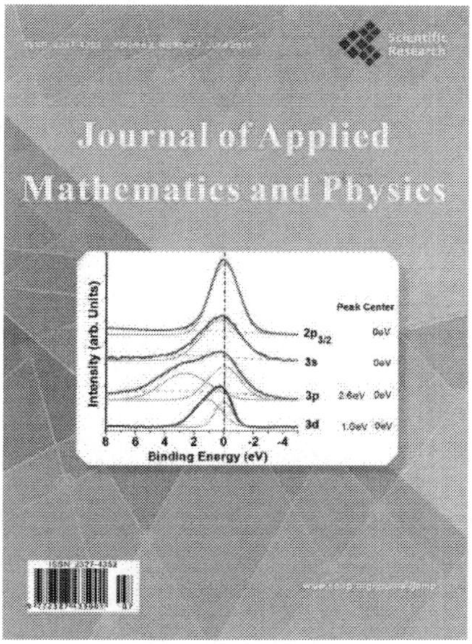

Figura 0.5 Portada de la revista Journal of Applied Mathematics and Physics, 2014, 2, que incorporaba el artículo: Theory of Dynamic Interactions: The Flight of the Boomerang

En nuestra opinión, existen en la naturaleza ciertas evidencias que nos permiten proponer hipótesis no planteadas por la Mecánica Clásica. Existen indicios para estimar que el modelo de la dinámica rotacional clásica, para los cuerpos sólidos rígidos no ha evolucionado, cuando la física del siglo XX ha cambiado sustancialmente. Es nuestro objetivo el definir con precisión estas nuevas hipótesis, y desarrollar las pruebas experimentales que permitan comprobarlas, con el fin de enunciar leyes de comportamiento idealizadas, y en base a estas, establecer un modelo matemático que nos permita desarrollar una simulación computarizada. Finalmente, y sobre la base de estas abstracciones teóricas, entendemos que es posible concebir aplicaciones prácticas, y desarrollar una tecnología específica.

Nuestro objetivo es aportar nuevos conocimientos, fundados en la deducción y la experimentación, que nos permitan proponer una nueva teoría sobre el comportamiento de la masa, cuando es sometida a excitaciones que generan variaciones de velocidad no coaxiales simultáneas. Esta teoría se ha desarrollado en el campo de la mecánica racional, pero con criterios marcadamente diferenciados.

Como ya hemos indicado, nuestra propuesta pretende ser coherente con la dinámica definida por la teoría de la relatividad, así que este texto comienza con una introducción a esta teoría, con la única intención de recordarla brevemente y exponer nuestra coherencia con la misma.

Como resultado de nuestra propuesta, en la segunda parte de esta obra, discutiremos ciertos criterios que, entendemos, podrían aplicarse también en una revisión de la teoría de la relatividad.

Las hipótesis y axiomas propuestos no sólo explican plenamente la duda o aporía inicial, inherente al hecho de que los cuerpos celestes, en el universo observable rotan y orbitan simultáneamente, no por razones de casualidad, sino atendiendo a un comportamiento lógico y reglado definido. Además, la estructura racional que se propone proporciona explicaciones sobre el comportamiento de los cuerpos celestes en general[18], por no mencionar también que nos permitirá justificar otros muchos fenómenos dinámicos poco entendibles hasta la fecha, como por ejemplo, el baile de la peonza[19] o el vuelo del bumerán (Ver figura 0.5)[20]/[21].

---

[18] Barceló, G.: *Proposal of New Criteria for Celestial Mechanics.* International Journal of Astronomy and Astrophysics, 3, 385-391. 2013. http://dx.doi/org/10.4236/ijaa.2013.34044

[19] Alvarez Martínez, Alejandro & Martín Gutiérrez, Almudena: *The Dance of the Spinning Top* Global Journal of Science frontier Research: A physics & space science. GJSFR A Volume 16 Issue 3 https://globaljournals.org/GJSFR_Volume16/E-Journal_GJSFR_(A)_Vol_16_Issue_3.pdf

[20] Barceló, G.: *Theory of Dynamic Interactions: The Flight of the Boomerang.* Journal of Applied Mathematics and Physics, 2014, 2, 569-580. Published online in June 2014 in SciRes.

Han sido creados vídeos para presentar esta teoría (ver anejos III y IV). Además, hemos realizado numerosos experimentos que la confirman, y también se han realizados videos de estos experimentos, que pueden también visionarse.[22] Basándonos en nuestros estudios, hemos editado libros y realizado publicaciones en revistas y congresos.

Como ya hemos indicado, otros experimentos han sido realizadas también por investigadores independientes (Ver figura 0.6)[23] que no estaban integrados en nuestro equipo. Estos otros experimentos también pueden verse en Internet.[24]

Este es el proceso de investigación llevado a cabo durante todos estos años, que pretendemos explicar brevemente en el presente documento, a fin de presentar una propuesta de la **TEORÍA DE INTERACCIONES DINÁMICAS, (TID).**

---

http://www.scirp.org/journal/jamp
http://dx.doi.org/10.4236/jamp.2014.27063

[21] Barceló, G.: *Theory of Dynamic Interactions: The Flight of the Boomerang II*. Journal of Applied Mathematics and Physics, 2015, 3, pp. 545-555. Published Online May 2015 in SciRes.
http://www.scirp.org/journal/jamp DOI: 10.4236/jamp.2015.35067.

[22] Bauluz, E.: *Nuevas hipótesis dinámicas*. Este video muestra los experimentos llevados a cabo por Advanced Dynamics S.A. para probar la teoría de interacciones dinámicas:
www.advanceddynamics.net. El video también está disponible en: http://vimeo.com/62601974 y en:
http://dl.dropbox.com/u/48524938/VTS_Ingles.mov;
http://www.youtube.com/watch?v=vSUkd4slHGQ&feature=c4-overview&list=UUgDHgaGi2I2rmZNoanNbVWQ

[23] Pérez. L. A.: *Nuevas evidencias sobre dinámica rotacional. World Journal of Mechanics*, Vol 3, nº 3, 2013, págs. 174-177.
Doi: 10.4236/wjm.2013.33016. http://www.scirp.org/journal/wjm
http://dx.doi.org/10.4236/wjm.2013.33016

[24] Pérez. L. A. *Reflejando nuevas evidencias sobre dinámica rotacional*, video, 2013. Español:
https://www.youtube.com/watch?time_continue=21&v=keFgx5hW7ig
Inglés: http://vimeo.com/68763196

Figura 0.6. Portada de la revista World Journal of Mechanics, que publicó el artículo: New Evidence on Rotational Dynamics.

Esta teoría científica ha sido concebida con el fin de poder comprender las observaciones, las evidencias y los datos empíricos que hemos acumulado sobre el comportamiento rotacional de la masa, y que no podían ser explicados con la ortodoxia científica aceptada hasta la fecha. Es una teoría inductiva, explicativa y predictiva, que incorpora un modelo concreto de la realidad, cuyas hipótesis han sido corroboradas por el método científico, y que nos permite explicar los fenómenos rotacionales, y hacer predicciones falsables respecto de ellos.

Es evidente que esta teoría puede y debe ser mejorada, pero en este texto presentamos su estructura actual, después de muchos años de elaboración y meditación. Entendemos que debería ser integrada en el consenso del conocimiento científico, y estimamos que también permitirá un gran desarrollo tecnológico.

Con este libro...*Deseamos recuperar ahora un debate posiblemente olvidado, pero cuyo contenido puede llegar a ser apasionante cuando se estudia y analiza. En nuestra opinión, existen indicios suficientes para suponer que determinados estudios sobre dinámica y rotación, iniciados en el siglo XIX, no fueron completamente desarrollados, siendo rápidamente olvidados, quizás a causa de las sorprendentes y novedosas teorías de Einstein y el drástico desarrollo de la física y de la tecnología en el primer cuarto del siglo XX.*

Sugerimos, pues, retomar el interés de esta cuestión y analizar detenidamente la evolución de la dinámica de los cuerpos en rotación, en concreto cuando son sometidos a sucesivas rotaciones no coaxiales, con el fin de determinar si realmente se alcanzó un estado estable de estos conocimientos o si, por el contrario, todavía hoy es posible un mayor desarrollo físico, matemático y tecnológico de la dinámica rotacional, que nos permita alcanzar nuevas cotas de conocimiento[25].

Precisamente, Penrose en su libro *El Camino a la realidad: Una guía completa a las leyes del universo,* intentaba ofrecer una metodología para determinar las leyes del cosmos, y en él incluía diversas obras y estudios en las que había incorporado sus ideas. El texto termina con el siguiente párrafo: *Tal vez lo que principalmente necesitemos es un* ***cambio sutil de perspectiva, algo que todos hemos olvidado...***[26]

---

[25] Barceló, G.: *El vuelo del Bumerán*. Pág.23. Ed. Marcombo: Barcelona, 2006.
http://www.dinamicafundacion.com/

[26] Penrose, R. R.: *The Road to Reality: A Complete Guide to the Laws of the Universe.* Vintage Books, Nueva Y 2004. Londres, 2.005. Ed. Debate, 2.006.

Conscientes de este planteamiento,...*podríamos preguntarnos si nuestra propuesta pudiera responder a esta pregunta de cambio de perspectiva planteada por Penrose, de una manera satisfactoria.*[27]

Y de esta forma disponer con la TID de una nueva herramienta con las posibles claves para mejor comprender el comportamiento de la naturaleza y de nuestro universo.

---

[27] Barceló. G.: *Imago Universi: una historia de la concepción humana del Cosmos*. Ed. Arpegio: Barcelona, 2013.
http://www.editorialarpegio.com/
http://imagouniversi.com/

1. TEORÍA DE LA RELATIVIDAD

Nuestro pensamiento se asienta en la Teoría de la Relatividad, de Albert Einstein, en sus dos versiones: *La Relatividad Especial*, aplicable a todos los fenómenos físicos, excepto la gravedad, y *la Relatividad General*, aplicable a los fenómenos de la gravedad, y su relación con otras fuerzas de la naturaleza.

Como todas las teorías científicas falsables, la relatividad hace predicciones que pueden ser probadas por la experiencia. Las predicciones de las relatividades restringida y general han sido confirmadas en numerosos ensayos, desde que Einstein publicó su primer artículo en 1905, y también permiten justificar los resultados de pruebas anteriores, como el experimento de Michelson-Morley.

Existe consenso científico generalizado respecto de las teorías de la relatividad de Einstein, y de la mecánica cuántica. Incluso la teoría de la relatividad especial y la mecánica cuántica pueden entenderse unificadas, en ese ámbito de consenso, en el marco de la teoría cuántica de campos (QFT, por *Quantum Field Theory*).

En la teoría de la relatividad, la ubicación espacial o temporal de eventos físicos, está condicionada por el estado dinámico del observador: la longitud de una masa en movimiento o el momento en que algo sucede, no son invariantes absolutos. Por lo tanto, diferentes observadores en movimiento relativo puede obtener diferentes observaciones, a diferencia de lo que se suponía en la mecánica newtoniana.

José Ortega y Gasset, al analizar su obra, y en concreto su teoría, escribió: *Esto es lo que significa la teoría de la relatividad. Frente al pasado racionalista de cuatro siglos se opone genialmente*

Einstein e invierte la relación inveterada que existía entre razón y observación. La razón deja de ser norma imperativa y se convierte en arsenal de instrumentos; la observación prueba éstos y decide sobre cuál es el oportuno. Resulta, pues, la ciencia de una mutua selección entre las ideas puras y los puros hechos.[28] Añadiendo que: *La teoría de la relatividad es el hecho intelectual de mayor nivel que se pueda concebir...*

1.0- La Relatividad especial

La relatividad especial de Einstein se basa en dos postulados:

- **Principio de la relatividad especial:** Las leyes de la física son las mismas para todos los observadores en movimiento uniforme relativo entre ellos: Las leyes por las que los cambios de los estados de los sistemas físicos se producen no se verán afectadas, si estos cambios de estado se refieren a dos sistemas en movimiento de traslación uniforme entre ellos.[29]

- **Principio de invariancia de la velocidad de la luz:** la velocidad de la luz en el vacío es la misma para todos los observadores, independientemente de su movimiento relativo o del movimiento de la fuente de luz: ... *La luz siempre se propaga en el espacio vacío con una velocidad*

[28] Ortega y Gasset, José: *El sentido histórico de la teoría de Einstein.* 1924, Volumen III Obras completas y como apéndice en: *El tema de nuestro tiempo.*

[29] Einstein, Albert: *Zur Elektrodynamik bewegter Körper*, Annalen der Physik 17: 891 (1905); traducción al inglés: *Sobre la electrodinámica de los cuerpos en movimiento,* por George Barker Jeffery

definida **c** *que es independiente del estado de movimiento del cuerpo que la emite.*[30]

El principio de la relatividad especial, o *covarianza de Lorentz,* se refiere a las ecuaciones físicas que representan el comportamiento del sistema, que no cambian en el curso de transformaciones de coordenadas de cualquier tipo. Por lo tanto, es una exigencia de la teoría especial de la relatividad: **las leyes de la física tienen que ser representadas de la misma forma en todos los marcos de referencia inercial.**

El propio Einstein expreso: *Los resultados de la anterior investigación, conducen a una conclusión muy interesante, que proponemos aquí para su deducción. He basado esa investigación en las ecuaciones de Maxwell-Hertz para el espacio vacío, junto con la expresión Maxwelliana para la energía electromagnética del espacio, y además el principio de que: Las leyes por las cuales se alteran los estados de los sistemas físicos, son independientes de los sistemas de coordenadas, en movimiento uniforme de* ***translación paralela relativamente uno al otro, a los que son referidos estas alteraciones del estado (principio de relatividad).***[31]

De acuerdo con la teoría de la relatividad, la energía cinética de un punto material de masa m, ya no está dada por la conocida expresión:

$$m\frac{v^2}{2}$$

[30] Einstein, Albert: *Zur Elektrodynamik bewegter Körper*, Annalen der Physik 17: 891 (1905); traducción al inglés: *Sobre la electrodinámica de los Cuerpos en Movimiento*, por George Barker Jeffery. Prefacio.

[31] Einstein, Albert: *¿La inercia de un cuerpo dependen de su contenido de energía?* traducción al inglés de su original en lengua alemana (publicada como: *Ist die Trägheit eines Körpers von seinem Energieinhalt abhängig?*, en Annalen der Physik. 18:639, 1905), que aparecieron en el libro: *El principio de la relatividad*, publicado en 1923 por Methuen and Company, Ltd., de Londres.

Pero sí por la fórmula:

$$\frac{mc^2}{\sqrt{1-\frac{v^2}{c^2}}}$$

Esta expresión se aproxima al infinito, cuando la velocidad v se aproxima a la velocidad de la luz ***c***. Por lo tanto, la velocidad debe permanecer siempre inferior a ***c***, sin embargo la energía necesaria para producir esa aceleración puede ser muy elevada. Si queremos desarrollar la expresión de la energía cinética en la forma de una serie, obtenemos:

$$mc^2 + m\frac{v^2}{2} + \frac{3}{8}m\frac{v^4}{c^2} + \ldots$$

Cuando $\frac{v^2}{c^2}$ es pequeño comparado con la unidad, el tercero de estos términos siempre es pequeño en comparación con el segundo, que es el considerado en Mecánica Clásica. El primer término mc^2 no contiene la velocidad de traslación, y no requiere ninguna consideración si estamos únicamente ante la pregunta de cómo la energía de un punto-masa depende de la velocidad[32].

1.1. La Relatividad general

La relatividad general es una teoría de la gravitación desarrollada por Einstein en los años 1907-1915, que generaliza la relatividad especial y la Ley de Gravedad Universal de Newton,

---

[32] Einstein, Albert: *Über die spezielle und allgemeine Relativitätstheorie.* Braunschweig F. Vieweg. (*La relatividad: teoría especial y general*, traducido por Robert William Lawson. Diciembre de 1916). https://en.wikisource.org/wiki/Relativity:_The_Special_and_General_Theory.

proporcionando una descripción unificada de la gravedad, como una propiedad geométrica del espacio-tiempo.

El desarrollo de la relatividad general comenzó con el enunciado del principio de equivalencia, en virtud del cual los estados de movimiento acelerado, y en reposo en un campo gravitacional, son físicamente idénticos.

Cuando Albert Einstein expuso: *nosotros (...) asumimos la total equivalencia física entre un campo gravitacional y la homóloga aceleración del sistema de referencia* [33], enunciaba el ***Principio de Equivalencia***, y expresaba los fundamentos de su Teoría General de la Relatividad, y los nuevos conceptos que introducía en la física, con respecto al movimiento y al espacio-tiempo.

Según el Principio de Equivalencia original, descrito por el propio Einstein, la caída libre de un cuerpo en el espacio, sujeto a un campo gravitacional es físicamente equivalente al movimiento inercial. Muchas otras conclusiones sobre el movimiento de los cuerpos y la masa pueden ser deducidas de este principio.

En efecto, numerosos experimentos y pruebas se han realizado para comprobar este Principio de Equivalencia, incluida la prueba de la equivalencia entre masa gravitacional y masa inercial.[34]

---

[33] Einstein, A.: über das Relativitätsprinzip und die aus demselben gezogene Folgerungen, Jahrbuch der Radioaktivitaet und Elektronik. Traducido como: [Sobre el principio de la relatividad y las conclusiones extraídas. Las ponencias recolectadas de Albert Einstein. Vol 2: Los años de Suiza: escritos, 1900-1909, Universidad de Princeton, Princeton, NJ, 1989.] (1907). Anna Beck traductor. Esta es la primera declaración de Einstein del principio de equivalencia.

[34] Barceló, G.: *On the Equivalence Principle.* AC-10-A.2.1.1. 61º Congreso Internacional de Astronáutica, Praga, CZ. Copyright ©2010 por Advanced Dynamics S.A. publicado por el Instituto Americano de Aeronáutica y Astronáutica, Inc. http://dinamicafundacion.com/blogs/media/ON_THE_EQUIVALENCE_PRINCIPLE.pdf

El resultado de ello es que, para Einstein, la caída libre es un movimiento inercial: un objeto en caída libre se encuentra en su estado dinámico natural, como cuando no existe ninguna fuerza que se ejerce sobre él, en lugar de entender que está influido por la fuerza de la gravedad, como se supone en la Mecánica Clásica.

En la Mecánica Clásica y en la relatividad especial, los objetos en movimiento inercial no pueden acelerar el uno respecto al otro, pero los objetos en caída libre si pueden hacerlo. Para resolver esta dificultad Einstein propuso por primera vez que el espacio-tiempo es curvo. En 1915, diseñó *las ecuaciones* de *campo de Einstein,* que relacionan la curvatura del espacio-tiempo con la masa, la energía y su momento.

Los principios en los que la Teoría de la Relatividad General se basa son los siguientes:

- **El Principio General de Covariancia:** las leyes de la física deben ser matemáticamente formulados de forma similar en todos los sistemas de coordenadas.

- **El Principio de Equivalencia** o de invariancia local de Lorentz: las leyes de la relatividad especial se aplican localmente para todos los observadores inerciales.

- **La Curvatura del espacio-tiempo:** en presencia de materia, la geometría del espacio-tiempo no es plana sino curvada, una partícula en movimiento libre inercial en un campo gravitacional, recorre una trayectoria geodésica.

A partir de estos principios, Einstein desarrolló su teoría y obtuvo sus ecuaciones de campo, determinando que lo que vemos como un campo gravitacional, debe entenderse que se trata de una distorsión del espacio-tiempo.

Las *ecuaciones de campo* de Einstein (EFE) pueden escribirse en la forma:[35]

$$R_{\mu\nu} - \frac{1}{2} g_{\mu\nu} R + g_{\mu\nu}\Lambda = \frac{8\pi G}{c^4} T_{\mu\nu}$$

Dónde:

$R_{\mu\nu}$ Es el tensor de curvatura de Ricci,

$g_{\mu\nu}$ Es el tensor métrico,

Λ Es la constante cosmológica,

G Es la constante gravitacional de Newton,

c Es la velocidad de la luz en el vacío,

R Es el escalar de curvatura de Ricci y

$T_{\mu\nu}$ Es el tensor de energía de estrés.

En la teoría general de la relatividad, el campo gravitacional se asocia con la curvatura del espacio-tiempo. Para Einstein, la gravitación es un atributo de la curvatura del espacio-tiempo, en lugar de ser debida a una fuerza propagada entre cuerpos. La energía y la masa distorsionan el espacio-tiempo en sus proximidades, y las restantes partículas se mueven en trayectorias determinadas por la geometría del espacio-tiempo.

En relatividad general, la fuerza gravitacional surge como una *fuerza ficticia* debido a la curvatura del espacio-tiempo, porque la

---

[35] Einstein, Albert: *The Foundation of the General Theory of Relativity.* Annalen der Physik 354 (7): 769. Bibcode: 1916 AnP.354.769E. doi:10.1002/yp.19163540702.

aparente aceleración gravitacional de un cuerpo en caída libre es debida a su *línea de universo*, que es una geodésica del espacio-tiempo.

El concepto *línea de universo* de un cuerpo en el espacio-tiempo 4-dimensional, es el historial de posiciones de su trayectoria en el espacio, para cada instante.

La noción de *fuerza ficticia* emerge, de este modo, en la relatividad general.[36] Todas las fuerzas ficticias son proporcionales a la masa del objeto sobre el que actúan, lo cual también es cierto para la gravedad. Esto llevó a Albert Einstein a preguntarse si la gravedad era también una fuerza ficticia[37]. Señaló que un observador en caída libre dentro de una caja cerrada no sería capaz de detectar la fuerza de la gravedad; por lo tanto deducía que los sistemas de referencia en caída libre, eran equivalentes a un marco de referencia inercial (principio de equivalencia).

Einstein propuso un conjunto de ecuaciones que describen cómo cuantitativamente la curvatura del espacio-tiempo, en un punto, está relacionada con la distribución de la materia en ese punto.

La *ecuaciones de campo* (EFE) conducen a la ley de Newton de la gravedad cuando el campo gravitacional es débil, y las velocidades son mucho menores que las de la luz. De hecho, la constante G aparece en las *ecuaciones de campo* (EFE) cuando se realizan esas dos aproximaciones.

En la teoría de la relatividad general ordinaria, la relación matemática se configura como una conexión lineal sin torsión, y

---

[36] Rohrlich, Fritz: *Classical charged particles.* Singapore: World Scientific. 2007, p. 40. ISBN 981-270-004-8.

[37] Stephani, Han: *Relativity: An Introduction to Special and General.* Cambridge UK: Cambridge University Press. 2004, pág. 105. ISBN 0-521-01069-1.

simétrica. En ese contexto, el tensor torsión es idénticamente nulo.

Con el fin de poder describir el momento angular intrínseco o el espín en el contexto de la física clásica, se incorporó a la formulación de Einstein un tensor de torsión diferente de cero, y un tensor de Ricci asimétrico, definiéndose esta opción como la *Teoría de Einstein-Cartan.*

La Teoría de Einstein-Cartan puede entenderse como una generalización, siendo la teoría de la relatividad general de Einstein, un caso particular de aquella, para el supuesto de que el tensor de torsión se anule. Esta teoría, es una proposición métrica en cuatro dimensiones, que permite explicar además de los hechos básicos de la relatividad general, el espín o momento angular intrínseco de las partículas, como propiedad geométrica asociada a la estructura del espacio-tiempo.

La nueva teoría trajo como consecuencia una modificación profunda de la física respecto de la concepción clásica. *Pero esta modificación afecta únicamente, en esencia, a las leyes para movimientos rápidos en los que las velocidades de la materia no sean demasiado pequeñas frente a la de la luz. Movimientos tan rápidos, nos lo muestra la experiencia, sólo se observan en electrones e iones; en otros movimientos las discrepancias respecto a las leyes de la Mecánica Clásica son demasiado pequeñas para ser detectables en la práctica.*[38]

La física Newtoniana permite aproximaciones numéricas semejantes en la mayor parte de los supuestos físicos de nuestro entorno cotidiano, en los que no es necesario recurrir a la relatividad general, y por tanto, a las ecuaciones de Einstein. La aproximación Newtoniana es válida si el campo gravitatorio es

[38] Albert Einstein: *Über die spezielle und allgemeine Relativitätstheorie.* Braunschweig F. Vieweg, *La relatividad: la teoría especial y general,* traducido por Robert William Lawson. Diciembre de 1916, pág. 42.

comparativamente débil, por ejemplo cuando la velocidad de escape sea mucho menor que la velocidad de la luz, es decir, si

$$\frac{2GM}{Rc^2} \ll 1 ,$$

Donde M es la masa del objeto que crea el campo gravitatorio, y R la distancia a su centro de masas. No obstante, esa aproximación numérica no significa una equivalencia conceptual, ya que ambas parten de criterios físicos claramente diferenciados.

La métrica de Kerr-Newman es una solución de las ecuaciones de Einstein-Maxwell de la relatividad general que describe la geometría del espacio-tiempo en la región que rodea a masas cargadas, en rotación. Esta solución no ha sido especialmente útil para describir fenómenos astrofísicos, porque los objetos astronómicos observados no poseen carga eléctrica neta apreciable.

La relatividad general es un exitoso modelo de gravitación y cosmología, que hasta ahora ha superado muchas pruebas experimentales y observacionales inequívocas. Sin embargo, existen fuertes indicios de que la teoría es incompleta.

1.2- Dinámica Rotacional

Como ya hemos expresado, la dinámica clásica se ha enfocado tradicionalmente al estudio de los movimientos de traslación rectilíneos. Transcurrieron muchos años desde que Newton realizase sus proposiciones, y hasta que Jean le Rond D´Alembert (1717 -1783) y Leonhard Euler[39] (1707 -1783)

---

[39] Calinger, R. S.: *Leonhard Euler.* Princenton University Press. 2016, 80 volúmenes.

concibiesen la dinámica de los cuerpos en movimiento de rotación.

Precisamente, tras un estudio analítico de este proceso de evolución de la dinámica rotacional clásica, publiqué el referido texto de análisis histórico, como antecedente de la teoría dinámica que aquí se propone.[40]

La teoría de la relatividad general inicial estaba concebida principalmente para cuerpos en movimiento de traslación rectilínea, por lo que no podía describir adecuadamente el intercambio entre el momento angular intrínseco (espín) y el momento angular orbital.

1.2.0- Rotación relativista

La rotación relativista, y la formalización de procesos de rotación en el contexto de la teoría especial de la relatividad de Einstein, generó inicialmente poco interés entre los físicos: *Desde la relatividad hemos hecho avances fundamentales en una dinámica de la acción a distancia; pero parece que no disponemos de un modelo preciso de lo que sucede en el caso de la cinemática de rotación.*[41]

Han sido pocos los artículos dedicados a la rotación en relatividad, o limitado su tratamiento en los libros de texto de física universitaria.

---

[40] Barceló, G.: *El vuelo del Bumerán*. Ed. Marcombo: Barcelona, 2006. http://www.dinamicafundacion.com/

[41] Leonard, C M L: *The relativistic classical increase of energy and angular momentum with rotation,* Am. J. Phys. 52, 527 (1984). p. 527: *Since relativity we have made fundamental progress away from action at a distance dynamics; but it seems that we no longer have a precise model for what happens in the case of rotational kinematics*

El profesor Luis Santaló (1911- 2001) expresaba: *...fue H. Minkowski (1864-1909; en Raum und Zeit, 1909), quien mostró cómo las transformaciones de Lorentz no son otra cosa que las rotaciones del sistema de referencia en el espacio-tiempo. Es decir, se mantiene el sentido intuitivo de que las ecuaciones de la física deben ser invariantes por cambios de coordenadas, pero se pasa del espacio tridimensional (intuitivo) al espacio-tiempo (no intuitivo). Con ello, según palabras de Minkowski, el espacio en sí y el tiempo en sí, se hunden por completo en las sombras y solo la unión de ambos conserva una existencia propia. Ante estas nuevas ideas, la geometría invade la física y se siente a sus anchas en ella, pues la homogeneidad es una de las características simplificadoras de su espacio.*[42]

No obstante, a principios del siglo XX, como ya hemos expresado, el matemático italiano G. Ricci, desarrolló una teoría matemática para la descripción de la geometría de los espacios con curvatura de Riemann. Incorporó el concepto de ***torsión*** para describir la expresión analítica de la rotación y, más tarde, R. Weitzenbock[43] también utilizó este concepto, atribuyendo los efectos gravitatorios a la presencia de torsión en un espacio concreto, denominado como *espacio de Weitzenbock*.

En 1922, el matemático francés Elie Cartan propuso una relación entre la torsión de Ricci y el momento angular de la materia. Elie Cartan[44] introdujo el concepto de *Espín* en la relatividad general de Einstein[45]. En la teoría de Einstein-Cartan, cada cuerpo

---

[42] Santaló, Luis: *Geometría y física*. Revista Física, Ciencia y Microcomputación, otoño de 1989.

[43] Weitzenböck, R.: *Invarianten Theorie*, Nordhoff, Groningen, 1923.

[44] Cartan, É.: *Sur les variétés à afín de conexión, et la théorie de la relativité généralisée (première partie) (Suite)*, Annales Scientifiques de l'École Normale Supérieure 41, (1924),

[45] Cartan, Élie: *Sur une généralisation de la noción de courbure de Riemann et les espaces à la torsión*. C. R. Acad. Sci. (París) 174, 593-595 (1922).

rotando produce ondas de torsión que puede identificarse y separarse en el espacio-tiempo.[46]

En resumen, la teoría de Einstein-Cartan, es una teoría relativista de la gravitación, similar a la relatividad general, pero con la incorporación del concepto de torsión, que puede combinarse con el momento angular intrínseco (espín) de la materia, en la misma forma en que la curvatura se acopla a la energía.

Mientras las interacciones polares se representan en el espacio métrico de traslaciones de Riemann, las interacciones de rotación están conectadas al sistema giratorio métrico de Killing-Cartan.

En relatividad general, la métrica de Kerr describe la geometría del espacio-tiempo alrededor de una masa[47] *m* girando con momento angular *J*.[48] La métrica de Kerr es una solución precisa de las ecuaciones de campo de la relatividad general de Einstein; pero estas ecuaciones son altamente complejas, lo cual hace muy difícil encontrar sus soluciones exactas.

Según esta métrica, tales cuerpos giratorios deberían incorporar el denominado fenómeno de *deriva de los sistemas de referencia* (o efecto Lense-Thirring); una inusual predicción de la relatividad general. La medición de este efecto de *arrastre de marco* fue el objetivo principal del positivo experimento de la Sonda *Gravity Probe B*.[49]

---

[46] Barceló, G.: *Un mundo en rotación*. Página 58. Editorial: Marcombo Barcelona. 2008.
http://www.dinamicafundacion.com/

[47] Kerr, RP: *Gravitational field of a spinning mass as an example of algebraically special metrics*. Physical Review Letters 11,237–238. (1963).

[48] Landau, LD y Lifshitz, EM: *The Classical Theory of Fields*. (curso de Física Teórica, Vol. 2), revisada la 4ª ed. en inglés, Nueva York: Pergamon Press, págs. 321-330. (1975). ISBN 978-0-08-018176-9.

[49] Will, Clifford and Al. *Classical and Quantum Gravity Journal (CQG)*. Institute of Physics (IOP), 19 November 2015. Volume #32, Issue #22.

1.2.1 - Gravity Probe B Relativity Experiment

El proyecto *Gravity Probe B Relativity Experiment*, tenía por objeto *comprobar la teoría de la relatividad de Einstein mediante la medición de la alteración gravitatoria del tiempo a causa de la masa de la Tierra. De esta forma se confirmarían dos predicciones de la teoría de la relatividad de Einstein: el efecto geodético y los efectos de deriva de los sistemas de referencia. (...)*

Estos dos efectos son ortogonales en la órbita circumpolar y, por lo tanto, medibles de forma independiente. El efecto geodético es consecuencia del movimiento del giróscopo en la distorsión espacio-tiempo generada por la masa de la Tierra, mientras que el efecto de deriva del sistema de referencia se debe a la atracción sobre éste generada por una masa como la Tierra.[50]

Según la relatividad general un objeto de gran masa --por ejemplo la Tierra-- provoca con su gravedad, que el espacio-tiempo se curve a su alrededor (efecto geodético) y también conforme rota, lo arrastra consigo (deriva de los sistemas de referencia o torsión por arrastre), es decir, el espacio-tiempo es arrastrado por tal objeto al girar sobre sí mismo.

En consecuencia, podemos asumir que la rotación de objetos cercanos másicos afecta a la rotación de otros objetos. Este es el *efecto Lense-Thirring*.

Lense y Thirring predijeron que la rotación de un objeto podría alterar el espacio y el tiempo, arrastrando los objetos cercanos fuera de posición, en comparación con las predicciones de la física newtoniana. Se ha comprobado que el efecto predicho es

---

[50] Barceló, G.: *El vuelo del bumerang*. Ed. Marcombo 2006, Barcelona. Páginas 233 y 234. http://www.dinamicafundacion.com/

increíblemente pequeño, aproximadamente una parte en unos pocos billones.

La torsión de arrastre (efecto Lense-Thirring) aparece ya en el principio general de la relatividad y en otras teorías similares, en las cercanías de objetos masivos en rotación. Bajo el efecto Lense-Thirring, el marco de referencia de un reloj, es más rápido, para un observador distante, cuando está girando alrededor de un objeto masivo. Esto también significa que la luz que viaja en la dirección de rotación del objeto, se mueve alrededor del objeto más rápida, que la luz que se propaga en dirección contraria a la rotación, para un observador distante. En la actualidad es un efecto perfectamente conocido, en parte gracias a los ensayos de la Gravity Probe B ya referidos.

1.2.2- Métrica rotacional

Moshe Carmeli (Universidad Ben Gurion, Israel) fue el primero en introducir la métrica rotacional en las coordenadas angulares, y sugerir la extensión del concepto de relatividad a los movimientos de giro, proponiendo una relatividad rotacional referida también a coordenadas no holónomas. En la teoría de Carmeli nuestro espacio se configura, no sólo por coordenadas de translación, pero también por coordenadas rotatorias. Así, en la teoría de Carmeli, el espacio-tiempo tiene siete dimensiones. Como resultados más notables de la teoría de Carmeli podemos destacar:

> *1. Las características de la inercia de una masa dependen de su velocidad angular de rotación.*
>
> *2. En el marco del espacio-tiempo debe ser aplicada una métrica rotacional, y no exclusivamente una métrica de traslaciones.*

Como experto en relatividad, en 1977 publicó un libro[51] *(...) en el que analizaba, además de la teoría matemática de grupos, el concepto de spinors en la relatividad general. Publicó también un libro sobre teoría clásica de campos.*[52] *En 1986 Carmeli creó la Teoría especial de la relatividad rotacional, conceptualmente en adición a la teoría especial de relatividad traslacional (o de traslaciones) de Einstein. Pero su enfoque puramente formal, sin tener en cuenta las ideas físicas ligadas a campos y fuerzas de inercia, no le permitieron completar con pleno éxito este programa de relatividad rotacional. Es necesario apuntar que Penrose y Carmelli han contribuido al desarrollo formal de técnicas para resolver las ecuaciones de Einstein, pero no modificaron el contenido conceptual de sus abstracciones físicas, ni añadieron a la teoría gravitatoria de Einstein contribuciones en cuanto a su significado físico.*[53]

Podría ser también recordada la contribución del físico ruso D. Blokhintsev, que observó que, en la teoría cuántica, basada en la teoría de Einstein de la relatividad especial, se suponía la existencia de partículas aisladas, sin realidad física. Esta fue una de las principales contradicciones graves de la teoría cuántica, que Einstein procuró resolver mediante el desarrollo de su teoría general de la relatividad. En el citado trabajo afirmaba: *De acuerdo con este punto de vista, las partículas son simplemente excitaciones del vacío, que permanece constante cuando no hay otras partículas; en el vacío fluctúan los campos electromagnéticos y la polarización eléctrica.*[54]

---

[51] Carmeli, M: *Group Theory and General Relativity*. Mac Graw-Hill Int. 1977

[52] Carmeli, M: *Classical fields: general relativity and gauge theory.* New York: Wiley J.1982.

[53] Barceló. G.: *Un mundo en rotación*. Página 397. Editorial: Marcombo Barcelona. 2008. http://www.dinamicafundacion.com/

[54] Blokhintsev, D.: *Philosophical considerations of modern physics.* Ed. Mir, 1952. Pág. 395.

Es fundamental insistir en la distinción entre dinámica rotacional y traslacional, aceptando que, a pesar de que parten de los mismos principios, son reguladas de manera diferente. Las magnitudes que describen la rotación infinitesimal del marco de referencia tridimensional, se definen conforme a la métrica tridimensional de Killing-Cartan, que se especifica sobre un grupo de rotaciones tridimensionales O(3) aplicadas a las coordenadas φ_1, φ_2, φ_3, correspondientes a los desplazamientos angulares unitarios. Se obtiene una relación local entre las diferenciales de las coordenadas del espacio base y las diferenciales del espacio afín tangencial, que se definen como *coeficientes de rotación de Ricci*. En Mecánica Clásica, se utilizan diferentes grados de libertad para la traslación y la rotación.

En un marco de referencia tridimensional acelerado arbitrariamente, un espacio de sucesos tiene dos métricas: la métrica de Killing-Cartan y la de Riemann. Estas métricas reflejan el hecho de que existen relatividades de tipo rotacional y traslacional, respectivamente, para las ecuaciones de movimiento. En el análisis de los fenómenos rotacionales se puede deducir una correlación entre la torsión de Ricci y la generación de campos de inercia.

No obstante J. Wheeler, alumno de Einstein, pensó que era imposible deducir el concepto de *campo espinorial* a partir de los principios clásicos. En una conferencia en la Fermi International Physics School en 1960, expresaba: *la idea de obtener el concepto de espín exclusivamente de la geometría clásica parece tan imposible como la esperanza inútil de algunos investigadores años atrás de deducir la mecánica cuántica de la teoría de la relatividad.* [55] Precisamente este criterio conceptual se generalizó en el consenso científico, a partir de esas fechas.

Sin embargo, Roger Penrose (Universidad de Oxford, Inglaterra), buscando un modelo físico-matemático para las partículas

---

[55] Wheeler, J.: *Neutrinos, Gravitation and Geometry.* Bolonia 1960.

atómicas dotadas de momento angular, planteaba esta cuestión: *¿Qué es un espinor*[56]*? En esencia, es un objeto que se trasforma en su negativo cuando sufre una rotación completa de 2π.* [57]

A partir de este concepto, construía su espacio clásico, con valores discretos del momento angular de un conjunto de partículas que interaccionan entre sí, y que no se encuentran colocadas en ningún espacio: *mi modelo es funcional con objetos y sus relaciones mutuas. Un objeto está colocado, en dirección o en posición, en términos de sus relaciones con otros objetos. Uno no necesita un espacio para comenzar. El concepto de espacio aparece al final como una conveniencia.* Concibe así una red de partículas con momento angular, formando una red, que define como *spin network*.

El modelo del spin network es no-relativista y estacionario. Las partículas intercambian los espines pero no se mueven. Con el fin de evitar estas limitaciones, deduce la existencia de campos de twistores, relacionados con los campos espinoriales[58] *y que otros autores han asociado posteriormente a campos de torsión, campos de axión, o campos de espín.*

Penrose, con su Teoría de Twistores,[59] *continuó los estudios de Heisenberg, considerando a las partículas como objetos en rotación. Expreso una teoría matemática para determinar la*

---

[56] En teoría cuántica de campos las partículas materiales son tratadas como un campo. Los bosones pueden ser descritos mediante campos vectoriales o tensoriales, mientras que los fermiones sólo pueden ser descritos mediante campos espinoriales. La teoría inicial de los espinores de Paul Dirac describía el espín de las partículas en el ámbito de la teoría de la relatividad y de la mecánica cuántica.

[57] Penrose, R.: *The Road to Reality: A Complete Guide to the Laws of the Universe*. Londres, Alfred A. Knopf, 2005.

[58] Un campo espinorial es aquel que toma valores sobre un espacio vectorial, en el que se ha definido una representación del álgebra de Lie, del grupo de Lorentz.

[59] Penrose, R. y Rindler, W.: *Spinors and space-time*, Vol. 1, Cambridge University Press, 1984.

geometría de los objetos en un espacio-tiempo de cuatro dimensiones en el que las coordenadas son los llamados Twistores, definiendo las propiedades topológicas y geométricas de ese espacio-tiempo.

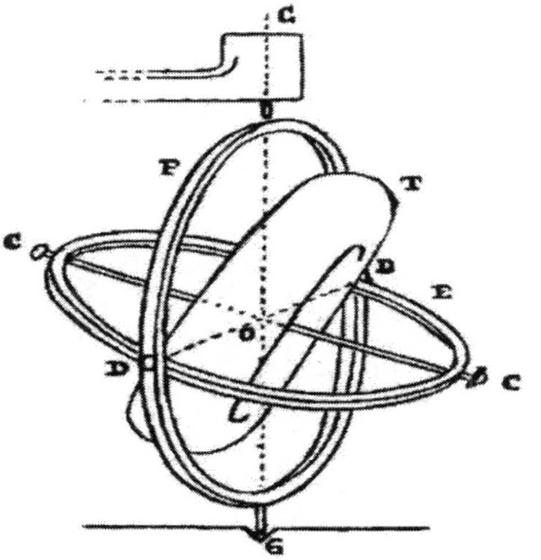

Fig. 1.0. Máquina de Bohnenberger o primer giróscopo

Los twistores son vectores de cuatro componentes complejas, que se pueden hacer corresponder con las ocho componentes reales del vector posición y con el vector momento, de tal forma que el momento angular, o el lineal, de una partícula se puede escribir en función de ciertas combinaciones de twistores de igual naturaleza. De este modo los twistores son objetos matemáticos de cuatro componentes complejas, que constituyen la base para describir la mecánica cuántica con soporte en la relatividad especial y, sobre todo, en la relatividad general. Este modelo se ha aplicado con éxito a la clasificación de las partículas elementales y a la formulación de la relatividad general. [60]

---

[60] Barceló, G.: *Un mundo en rotación.* Página 57-59. Editorial: Marcombo Barcelona. 2008. http://www.dinamicafundacion.com/

Los twistores son una generalización de la teoría de los espínores de Paul Dirac. Son estructuras matemáticas para definir el movimiento y el espín de las partículas. Propuesta inicialmente esta teoría por Roger Penrose en 1967, en la actualidad, se considera obsoleta, por no corresponder fielmente a la realidad.

1.2.3- Efectos asociados a la rotación del espacio

El primer aparato históricamente conocido que intenta describir la rotación del espacio es el de Bohnenberger (1765 - 1831), en el cual...*la propiedad de un eje de rotación rápida de resistir la acción de la gravedad es utilizada para describir los fenómenos astronómicos*[61].

Este aparato podemos considerar que es la primera referencia que se conoce del giróscopo, aunque este nombre le fue asignado posteriormente por León Foucault en 1852. Consta de un mecanismo cardán, con primer anillo P que puede girar libremente alrededor de su diámetro GG. Un segundo anillo E, interior al primero y que puede girar libremente alrededor del diámetro DD, perpendicular respecto al GG. Además éste segundo tiene en su interior un diámetro perpendicular a DD, CC en el cual puede girar libremente un disco, toro o un esferoide cualquiera.

El centro de gravedad del disco está situado en el punto de intersección de los tres ejes: O. Con esta combinación de ejes, el cuerpo en cuestión tiene una movilidad total respecto al centro de gravedad que, en función de la perfección del aparato, permanece fijo. Si imprimimos una gran velocidad al disco alrededor de su eje CC y lo abandonamos al reposo, éste puede permanecer inmóvil, pero si sobre el eje CC se ha introducido una

---

[61] Bohnenberger, Johann Gottlieb Friedrich von: *Tübinger Blütter für Naturwissenschaft und Arzneikunde*, t-III, 1817.

masa tendente a desplazar el centro de gravedad de O, provocando así el vuelco del anillo E alrededor de DD; veremos que el anillo F gira alrededor de la vertical GG llevando consigo todo el aparato y manteniendo el eje CC una inclinación constante en relación a la vertical. Este movimiento de precesión, llamado así por su similitud con el de la Tierra alrededor de su centro de gravedad, cambia según la posición relativa de la masa añadida en relación a O y según el sentido de giro del disco.

Estos fenómenos no habían pasado desapercibido previamente. Euler[62] había tratado el problema de la peonza y Poisson[63] (1781-1840) analiza el caso planteado por la máquina de Bohnenberger. Sin embargo según Gilbert (1832-1892): *...no me parece que incluso ahora la ciencia haya concedido a los efectos de la rotación acelerada de un cuerpo alrededor de un eje libre toda la atención que merece*[64].

Las experiencias de León Foucault y de M. Sire en 1852 sirvieron para llamar la atención a matemáticos y físicos sobre el problema, y fueron el punto de partida de una multitud de aparatos y de ensayos varios para intentar explicar, sin leyes específicas de la dinámica, esos fenómenos dinámicos, entonces paradójicos.

En la misma sesión del 27 de Septiembre de 1852 en la Academia de Ciencias de París, M. Person[65] y M. Sire[66]

---

[62] Euler, L: *Theoria motus corporum solidorum*. P. 377, 538, Edition de Greifswald

[63] Poisson, Siméon Denis: *Mémoire sur un cas particulier du mouvement de rotation des corps solides*. Journal de l`Ecole polytechnique, 16 eme cahier, p.247.

[64] Gilbert, P.: *Problème de la rotation d`un corps solide autour d`un point solide*, Annales de la societé scientifiques de Bruxelles, 1878, p.296.

[65] Person, M.: *L´appareil de Bonhnenberger pour la précession des équinoxes peut servir à constater la rotation de la terre*. Comptes rendus des séances de l`Académie des Sciences, t.XXXV, p.417.

comunican ideas análogas, generándose una cierta confrontación entre todos ellos sobre la primacía de esta innovación científica.

No obstante, el profesor Yu. V. Nachalov[67] sugiere que el primer investigador que detectó experimentalmente los efectos asociados a la rotación del espacio fue probablemente el profesor de la sociedad fisicoquímica rusa, N. P. Myshkin, que en el siglo XIX desarrollo una serie de experimentos, repetidos con éxito en los años sesenta por los profesores N. A. Kozyrev y V. V. Nasonov y más adelante por V. S. Belyaev, S. P. Mikhailov, A. G. Parkhomov y otros.

En los años cuarenta, el astrofísico soviético N. A. Kozyrev propuso que la rotación de las estrellas estaba relacionada con sus emisiones de energía. Para verificar su teoría, Kozyrev realizó una serie de experimentos con giroscopios, y estimo que el peso del instrumento en rotación se modificaba levemente, dependiendo de la velocidad angular y de la dirección de la rotación. El efecto que infería no era grande, pero la naturaleza de las fuerzas que se deducían no se podía explicar con las teorías existentes. Otros investigadores coincidieron en estas experiencias heterodoxas. Kozyrev quiso explicar el efecto observado como la manifestación de algunas...*características físicas del tiempo.* [68]

En los años setenta del siglo XX, las investigaciones de Kozyrev fueron reiteradas por el profesor A. I. Veinik de Bielorrusia. Aunque confirmó el efecto, quiso explicar los resultados observados mediante una peculiar teoría. En cuanto a la

---

[66] Sire, M.: *Note sur un appereil pouvant servir à démontrer la rotation de la terre.* Comptes rendus des séances de l`Académie des Sciences, t.XXXV, p.431.

[67] Yu Nachalov V.: *Theoretical Basics of Experimental Phenomena.* http://amasci.com/freenrg/tors/tors3.html

[68] Kozyrev, N.A.: *Possibility of experimental investigation of the characteristics of the time*, Time in science and philosophy, Praga, 1971, pág. 111-132

observación de la variación del peso del giróscopo, fueron reiteradas en varias ocasiones y en distintos países por otros científicos, podemos recordar los trabajos de H. Hayasaka y S. Takeuchi[69], y de E. R. Laithwaite.[70]

Eric Roberts Laithwaite (1921 -1997) fue un ingeniero eléctrico inglés que desarrolló el motor de inducción lineal y el sistema de transporte ferroviario magnético Maglev. Afirmaba que los giróscopos pesan menos cuando rotan y, para demostrarlo, mostraba en conferencias ante el público, que podía levantar un giróscopo en rotación, montado en el extremo de una varilla, fácilmente con una sola mano, pero no podía hacerlo cuando el giróscopo no estaba girando.[71]

Laithwaite sugirió, coincidiendo con nuestro profesor Miguel A. Catalán, que las leyes de movimiento de Newton no podían explicar el comportamiento del giróscopo, e incluso que podían ser utilizados como medio de propulsión. Publicó también: *El ingeniero a través del espejo.*[72]

Laithwaite protagonizó un apasionante drama humano, incapaz de explicar con suficiente claridad sus percepciones personales acerca del giróscopo.[73]

En nuestra opinión, estas propuestas de una supuesta variación del peso del giróscopo en rotación, constituían una errónea

---

[69] Hayasaka, H. y Takeuchi, S.: *Anomalous weight reduction on a gyroscope's right rotation around the vertical axis of the Earth.* (Phys. rev. lett., 1989, Nº 63, pág. 2701-2704

[70] Laithwaite, E. R.: *The continuing story of gyroscopic magic.* Elec. rev., 1975, Nº 197, pág. 675-678.

[71] Eric Laithwaite Video: http://www.ovguide.com/eric-laithwaite-9202a8c04000641f800000000025dc71

[72] Laithwaite, E. R.: *Engineer Through The Looking-Glass.* Royal Institution of Great Britain. Christmas lectures, 1974/75, 1980.

[73] http://wwwf.imperial.ac.uk/blog/videoarchive/2009/12/09/eric-laithwaite/

interpretación del fenómeno dinámico detectado, como demostraremos más adelante.

Volviendo a nuestro análisis previo, en 1992 fueron repetidos con éxito experimentos sobre cuerpos en rotación, por el grupo de A. E. Akimov, en el observatorio astronómico principal de la academia de ciencias de Ucrania (Kiev). Los resultados obtenidos fueron interpretados como una manifestación del momento angular.

En un texto anterior exponíamos: *La investigación de la relación entre fenómenos anómalos de torsión y los campos electromagnéticos, posiblemente fue iniciada por Nikola Tesla en EE.UU. En Rusia, experimentos similares fueron realizados por S. V. Avramenko. También es de destacar las investigaciones habidas en los últimos cincuenta años sobre el comportamiento anómalo de partículas dotadas de momento angular. Por ejemplo, los grupos de V. G. Baryshevsky y de M. I. Podgoretsky en la URSS, el grupo de A. D. Krisch*[74] *en E.E.U.U observó en varias ocasiones anomalías producidas por protones, o también C. Lhuiller*[75] *en Francia. En 1977, A. C. Tam y W. Happer descubrieron experimentalmente que dos rayos laser polarizados paralelos y con rotación se atraían o rechazaban dependiendo de la orientación mutua de su polarización circular. En 1966 el grupo de K. N. Perebeynos propuso un sistema de comunicación experimental en el cual el transmisor y el receptor estaban constituidos por masas que rotaban. V. M. Yurovitsky, y posteriormente V. V. Bobyr realizaron experimentos con imanes en rotación, determinando una posible relación entre campos magnéticos y rotación. Todos estos experimentos peculiares estaban relacionados con cuerpos en rotación o dotados de*

---

[74] Krisch A. D.: *The spin of proton.* Scientific American, may, 1979

[75] Lhuiller, C.: *Transport properties in a spin polarized gas*, III. J. Phys. (Fr.) 1983, v. 44, nº 1, p.1

momento angular, existiendo en Rusia, en la actualidad múltiples ejemplos y patentes de generadores de campos de torsión. [76]

Las teorías de Einstein sobre la relatividad general y la relatividad especial, y la relatividad de Galileo-Newton, son teorías basadas principalmente en la dinámica traslacional. Esas teorías consideran las transformaciones de coordenadas holónomas traslacionales, en consecuencia, cuando describen movimientos de rotación, la transformación de coordenadas angulares (o de rotación), debe añadirse a las transformaciones de coordenadas de traslación. Una descripción completa de la dinámica debería requerir, en consecuencia, que la teoría de la relatividad fuese ampliada con la incorporación de una *teoría de la relatividad de rotación* más amplia y completa.

1.3- Masas inerte y gravitatoria

Para Einstein la equivalencia entre las masas inerte y gravitatoria constituía una explicación nueva y fundamental para la comprensión más profunda de la naturaleza. Esta fue*, en efecto, una de las claves más importantes a partir de las que se desarrolló la teoría general de la relatividad*. Así lo expreso el propio Einstein en su libro: *La evolución de la física*[77], en el que plantea las cuestiones que iniciaron sus inquietudes iniciales, y que extendió a otros campos de la física.

Newton no había estableció ninguna diferencia entre masa inercial y masa gravitatoria. No obstante, podía cuestionarse que ambas magnitudes, masas inercial y gravitatorias no pudiesen ser

[76] Barceló, G.: *Un mundo en rotación.* Página 49. Editorial: Marcombo Barcelona. 2008.
http://www.dinamicafundacion.com/

[77] Einstein, A. & Infeld, Leopald: *La evolución de la física*. Salvat Editores S.A. Pág. 27.

identificadas separadamente en la materia: si un cuerpo tenía doble masa inercial que uno patrón, también le correspondía doble masa gravitatoria que al patrón. Esta correspondencia permitía manejar una única magnitud masa, y una sola unidad. Es con posterioridad, cuando se intuye que la magnitud que mide la resistencia a los cambios de velocidad (inercia) no tiene porqué ser intrínsecamente la misma que la magnitud que mide la causa de las fuerzas de atracción gravitatoria. De la misma forma que hasta la fecha no se ha identificado ninguna relación intrínseca entre la masa inercial y la magnitud que mide la causa de las fuerzas electrostáticas (carga eléctrica).

No obstante, cuando Einstein desarrolla su teoría de la Relatividad General, establece una equivalencia entre el campo gravitatorio local y el sistema de referencia acelerado, que conduce ineludiblemente a establecer la equivalencia de la masa inercial y gravitatoria, pues en última instancia, la masa es la causa del campo gravitatorio y simultáneamente se ve afectada por las fuerzas inerciales.

Esta equivalencia entre campo gravitatorio y sistema no inercial, es sólo en ámbito local; ya que si el experimento realizado es muy extenso, aparecen fuerzas de marea que ponen en evidencia la diferencia entre ambos conceptos. Por ejemplo, si nos situamos en un ascensor en el espacio exterior y colgamos un objeto del techo, no sabríamos decir si el objeto tensa la cuerda con la que está sujeto por acción de un campo gravitatorio o porque el ascensor está siendo acelerado hacia "arriba". Sin embargo si el ascensor fuese del tamaño de la tierra y colgásemos dos objetos muy separados entre sí, veríamos una inclinación apreciable del uno respecto al otro, ya que ambos apuntarían hacia el centro de la tierra, indicando así la existencia de un campo gravitatorio. Por todo ello, como conclusión, podemos afirmar que la masa es, al mismo tiempo, causa y efecto de una única realidad: la curvatura del espacio tiempo.

A partir del análisis de los conceptos de masa inercial y masa gravitatoria Einstein, en 1917, dedujo que, al igual que ningún experimento físico desarrollado en un sistema inercial nos permite saber si este sistema está en reposo o se mueve con velocidad constante, tampoco podremos distinguir a través de ningún experimento llevado a cabo en un determinado sistema, si este sistema se mueve con movimiento uniformemente acelerado o si es un sistema inercial (en reposo o movimiento uniforme) sometido a un campo gravitatorio homogéneo. Efectivamente, si nosotros, en un determinado sistema de referencia, observamos la caída de una bola de masa m en una dirección con movimiento uniformemente acelerado, no podemos saber, bajo ninguna experiencia física, si este sistema presenta un movimiento uniformemente acelerado en dirección contraria a la que cae la bola o, si por el contrario, está en reposo, o en movimiento uniforme y sometido a un campo gravitatorio, que es el que acelera la bola.

En el primer caso, la bola actuaría de acuerdo con la inercia que le es propia, y trataría de conservar la posición original que tenía antes de que el sistema en el que está acelerará uniformemente, y la forma de conservar esta posición es mediante un movimiento uniformemente acelerado en la dirección contraria a la del sistema. Mientras que en el segundo caso, la ley de inercia de Newton se cumpliría perfectamente, ya que lo que sustrae a la bola de su estado de reposo o movimiento uniforme en el que estaba antes de la presencia del campo gravitatorio, es una fuerza externa, y más concretamente, la fuerza debida al campo gravitatorio en que se encuentran el sistema y la bola. Si este campo gravitatorio es el terrestre, dicha fuerza sería, por la segunda Ley de Newton, igual a $F = m \cdot g$.

Concluía Einstein que, como ambas situaciones hay que considerarlas iguales e indistinguibles mediante medios físicos, y en la segunda de ellas se cumple la ley de inercia de Newton, podemos considerar que dicha ley se cumple en ambas situaciones, y resolvemos así el problema que planteaban los marcos de referencia no inerciales en la ley de inercia newtoniana. En el capítulo XIII del tomo II volveremos a analizar estos supuestos.

Einstein, en 1919, escribió un texto de divulgación, justificando los principios en los que basaba su teoría de la relatividad: *Desde la antigüedad griega, se sabe que, para describir el movimiento de un cuerpo, hay que referirse al movimiento de otro cuerpo, con el cual se relaciona el movimiento del primero. Se relaciona el movimiento de un coche con el sol, el movimiento de un planeta con la totalidad de las estrellas fijas visibles. En física, las entidades con las que se relacionan los fenómenos en lo referente al espacio, se designan con el nombre de sistemas de coordenadas. Por ejemplo, las leyes de la mecánica de Galileo y Newton no pueden formularse más que utilizando un sistema de coordenadas.*

Pero, para que las leyes de la mecánica sean válidas, no se puede escoger a voluntad el estado de movimiento del sistema de coordenadas (debe estar sin rotación y sin aceleración). Un sistema de coordenadas admisible en mecánica se llama "un sistema de inercia". Pero el estado de movimiento de un sistema de inercia no se determina, según la mecánica, sin ambigüedad por la naturaleza. Hay que decir, más bien, que un sistema de coordenadas que se desplazan en línea recta y con movimiento uniforme con relación a un sistema de inercia es, igualmente, un sistema de inercia. Por "principio de relatividad restringida" se entiende la extensión de la proposición anterior a cualquier fenómeno natural; toda ley general de la naturaleza, válida para un sistema de coordenadas K, debe ser válida, sin modificación, para un sistema de coordenadas K_1*, animado de un movimiento de traslación uniforme con relación a K.*

El segundo principio sobre el que descansa la teoría de la relatividad restringida es el "principio de la constancia de la velocidad de la luz en el vacío". Este principio dice: "la luz tiene siempre, en el vacío, una velocidad de propagación determinada (independiente del estado de movimiento y de la fuente luminosa). La confianza que el físico concede a este principio se debe al éxito de la electrodinámica de Lorentz y Maxwell[78].

Recordemos ahora el argumento de Ernst Mach (1838-1916), según el cual el concepto que se expresa en el principio de inercia newtoniano está incluido en un enunciado más general, según el cual las fuerzas producen aceleraciones en los cuerpos. Esta idea es coherente con lo dicho en este apartado, ya que en los sistemas de referencia no inerciales, podemos considerar que la aceleración que experimenta el cuerpo se debe a fuerzas gravitatorias, y por tanto, el principio de inercia enunciado por Mach, ya incluía el estudio de la inercia de los cuerpos en los sistemas no inerciales.

Añadiendo Einstein en el referido artículo: *El resultado más importante de la teoría de la relatividad restringida se refiere a las masas inertes de un sistema de cuerpos. Se ha demostrado que la inercia de un sistema debe depender de su continencia en energía, y se ha llegado, por decirlo así, a la concepción de que unas masas inertes no son otra cosa que la energía latente. El principio de la conservación de la masa ha perdido su independencia y se confunde con el de la conservación de la energía.*

La teoría de la relatividad restringida, que no era sino la continuación sistemática de la electrodinámica de Maxwell y Lorentz, ha abierto nuevos caminos pasando de sus propios límites. La independencia de las leyes físicas con relación al estado de movimiento del sistema de coordenadas ¿Debiera limitarse al movimiento de traslación de los sistemas de coordenadas, unos con relación a los otros? ¿Qué tiene, pues, que hacer la naturaleza con los sistemas de coordenadas

---

[78] Einstein, Albert: *What Is The Theory Of Relativity?* The Times (London), November 28, 1919, http://germanhistorydocs.ghi-dc.org/pdf/eng/EDU_Einstein_ENGLISH.pdf

introducidos por nosotros? ¿Su estado de movimiento no debería ser absolutamente independiente de esta elección? (principio de relatividad generalizada). La aplicación de este principio de relatividad generalizada es fácil de comprender por medio de una experiencia muy común, según la cual la gravedad y la inercia de un cuerpo están regidas por la misma constante (igualdad de la masa gravitante e inerte). Piénsese, por ejemplo, en un sistema de coordenadas animadas por un movimiento de rotación uniforme con relación a un sistema de inercia en el sentido de Newton.

Las fuerzas centrífugas que intervienen, relativas a ese sistema, deben ser consideradas, en el sentido de la doctrina de Newton, como efecto de la inercia. Pero esas fuerzas centrífugas son, exactamente como las fuerzas de gravedad, proporcionales a la masa del cuerpo. ¿No sería factible, en unas circunstancias, concebir el sistema de coordenadas como inmóvil, y las fuerzas centrífugas como fuerzas de gravitación? Es fácil concebirlo, pero la técnica clásica se opone a ello.[79]

Por último, podríamos destacar la íntima relación existente entre las teorías de Einstein y las actuales teorías sobre simetría del espacio, en la que adquiere protagonismo el concepto de rotación.

---

[79] Einstein, Albert: *What Is The Theory Of Relativity?* The Times (London), November 28, 1919, http://germanhistorydocs.ghi-dc.org/pdf/eng/EDU_Einstein_ENGLISH.pdf

2- MECÁNICA CLÁSICA

En este capítulo vamos a recordar aquellos conceptos y postulados de la Mecánica Clásica que pudieran ser de interés para nuestro proyecto de investigación. No obstante, este análisis fue publicado con una mayor amplitud en dos libros anteriores editados en español por el autor.[80]

Con la concepción de la Teoría Especial de la Relatividad por A. Einstein, se dispuso de una generalización conceptual de la mecánica, pero reiterando el olvido de las ideas dinámicas iniciales de Descartes, que asignaba el protagonismo del movimiento a las rotaciones. Posteriormente, la Teoría General de la Relatividad, también de A. Einstein y la mecánica cuántica, permitieron nuevas generalizaciones de la Mecánica Clásica.[81]

Pero estas nuevas teorías, en muchos casos, son excesivamente abstractas, e impiden una rápida comprensión, alejándose de la imagen del fenómeno físico observable.

Por otro lado, la mecánica newtoniana responde a una acumulación de conocimientos basados en el método científico, la observación, la experimentación y la deducción de los fenómenos del entorno, de más fácil comprensión y más próximos a nuestra imagen cotidiana de la naturaleza. Las leyes de Newton han sido aplicadas con éxito durante más de trescientos años en múltiples supuestos, aunque ahora entendamos que es un modelo de la naturaleza simplificado. Con su ley de la gravedad, Newton

---

[80] Barceló, G.: *El Vuelo del bumerán. Ed. Marcombo 2006, Barcelona, y* Barceló, G.: *Un mundo en rotación.* Editorial: Marcombo Barcelona. 2008.
http://www.dinamicafundacion.com/

[81] Barceló, G.: Un mundo en rotación. Página 410. Editorial: Marcombo Barcelona. 2008.
http://www.dinamicafundacion.com/

justificaba el movimiento de la Luna alrededor de la Tierra y el movimiento de los planetas del sistema solar. En 1781, usando su ley, William Herschel descubrió el planeta Urano, y en 1846, aplicando la misma formulación, Urbain Le Verrier predijo la situación de Neptuno. Parecía evidente que el sistema planetario estaba regulado por las leyes de Newton...

Pero esta aparente perfección fue contestada por Einstein, quien, con su nueva Teoría General de la Relatividad podía explicar otros fenómenos no justificados por Newton, por ejemplo, la precesión anómala de la órbita del planeta Mercurio.

2.0- Paradojas

Sobre la base de estudios realizados en el siglo XVIII, se desarrollaron numerosas experiencias para tratar de entender lo que Gilbert había definido cómo...*esos fenómenos extraños observados en cuerpos de forma esferoidal animados de una gran velocidad de rotación alrededor de su eje de simetría y fijos por uno de sus puntos.*[82]

El tratamiento que la mecánica tradicional ha reservado a los cuerpos dotados de momento angular puede producir extrañeza. Como resultado de nuestra común observación indagatoria de la naturaleza, podemos afirmar que los cuerpos dotados de una rotación sobre un eje principal, se comportan de forma diferente a aquéllos dotados de movimiento rectilíneo.

No obstante, la Mecánica Clásica ha venido a enunciar la existencia de un fenómeno, que G. Bruhat, definía como "*Efecto*

---

[82] Gilbert, Philippe-Louis: *Problème de la rotación d'un corps solide autour d'un punto solide*, Annales de la société scientifiques de Bruxelles, 1878. p. 258-259.

Giroscópico", de *apariencia paradójica*[83]. Esta consideración inverosímil, en relación con el comportamiento de los cuerpos dotados de momento angular, es una constante en los tratados clásicos de mecánica.

Si analizamos brevemente el concepto de rotación en la evolución de la teoría de la Mecánica Clásica, advertimos siempre cierta extrañeza, y posiblemente también, confusión, al tratar esta cuestión. Al referirse a los cuerpos en rotación, Paul Émile Appell (1855-1930) insiste también en su paradójico comportamiento en numerosas ocasiones[84].

No obstante, hoy día los libros de texto y los tratados de mecánica, han renunciado al tratamiento de paradójico, evitando este adjetivo para referirse a los cuerpos en rotación. Para Feynman el giróscopo es...*una cosa maravillosa, pero no es un milagro*, así lo expresa en su texto de física: *Estos son los detalles más complicados pero los traemos a colación porque no queremos que el lector se forme la idea de que el giróscopo es un milagro absoluto. Es una cosa maravillosa pero no es un milagro.* [85]

Para Anthony Philip French (1920-), profesor de física del M.I.T: *Todo el mundo está intrigado por los dispositivos giroscópicos, y probablemente piensan que su comportamiento atenta contra las reglas usuales de la mecánica, aunque, intelectualmente, se sabe que esto no puede ser. No puede negarse, sin embargo, que los movimientos giroscópicos se ven frecuentemente cómo sorprendentes y raros, y esto, por supuesto, es el motivo principal de su fascinación.*[86]

---

[83] Bruhat, G.: *Mécanique*, (París, 1955).
[84] Appell, Paul: *Traité de Mécanique Rationnelle*. (París, 1941)
[85] Feynman, Leighton y Sands: *Lectures on Physics*. Addson-Wesley Editorial Iberoamericana. California Technical Institute, 1963, páginas 11-20.
[86] French, A. P.: *Newtonian Mechanics*, pág. 717. M.I.T. W.W. Norton & Company. 1971

2.1- Fundamentos y conceptos.

Los principios fundamentales de la mecánica son principios globales; ellos pueden requerir integrabilidad local de ciertos campos, pero no diferenciabilidad local. Por lo tanto, únicamente podemos generar formas locales de estas leyes si dotamos a todo campo físico de magnitudes con un posible grado innatural de variabilidad. Tras este supuesto, deberemos descartar todo rastro de fuentes puntuales, de discontinuidades, y de sus derivados, y nos limitamos a una imagen poco realista del universo.

Si bien todos los campos con variabilidad conducen a formas variacionales significativas, lo contrario no es cierto: existen fenómenos físicos que pueden ser adecuadamente modelados matemáticamente sólo con un ajuste variacional.[87]

Asumimos los axiomas y los principios de la Mecánica Clásica del punto, sin objeciones o condiciones. Paul Appell expresaba en su *Traité de Mécanique Rationnelle*: *La Mecánica Clásica reposa sobre un pequeño número de principios que son imposibles de verificar directamente y a los que hemos sido conducidos por una larga relación de inducciones: las consecuencias que deducimos son verificadas por la observación.*[88]

Por otro lado, partimos de unos postulados, a partir de los cuales se deduce el conjunto de conocimientos de la disciplina: *Un axioma es una proposición, la verdad, que debe ser admitida tan pronto como los términos en que se expresa son claramente entendidos.*[89]

---

[87] Oden, J.T. y Reddy, J.N.: *Variational methods in theoretical mechanics*. Página 1, Collaege. Universidad de Beijing. 1998.
[88] Appell, Pablo: *Traité de Mécanique Rationnelle*. París, 1941.
[89] Thomson & Tait: *Treatise on Natural Philosophy. Section* 243, Oxford University Press, 1867.

No obstante, sí merece un comentario un axioma en concreto: **La superposición de movimientos**. Se ha venido admitiendo en la física, desde Galileo, que si distintas fuerzas actúan sobre un cuerpo, el comportamiento de éste corresponderá a la suma vectorial o resultante de las fuerzas aplicadas. Se acepta, no obstante, que las fuerzas actúan independientemente unas de otras, es decir, que existe liberalidad en la relación causa-efecto.

Gerald Holton lo llama **Principio de la superposición de componentes de velocidad**. Según Holton: *Este es un postulado confirmado por la experiencia, que en lenguaje formal nos dice: La velocidad instantánea de un proyectil y su dirección de movimiento en un instante cualquiera se pueden obtener componiendo, según la regla del paralelogramo, las dos componentes independientes* V_x *y* V_y, *y la resultante V viene dada, en dirección, sentido y magnitud por la diagonal del paralelogramo.*[90]

Por lo tanto, este supuesto axioma nos permite llevar a cabo la composición de los diferentes movimientos que pueden provocar las acciones externas sobre un cuerpo. Sin embargo, G. Holton menciona más adelante: *...Este principio de la superposición de las componentes de la velocidad es tan simple cómo evidente, pero resulta engañoso. La única justificación para postular las ecuaciones es que se trata de descubrimientos esencialmente confirmados por la experiencia.*[91]

Pero, ha sido una constante en la física el suponer que la superposición se realizaba de forma discriminante: las reacciones resultantes de pares de fuerzas sólo se componían con otras resultantes de otros pares de fuerzas, mientras que las fuerzas

---

[90] Holton, Gerald: *Introduction to the concepts and theories of Physics*. Harvard University, (Addison-Wesley series in physics) 1952, and Ed. Reverte, 1993, página 143.
[91] Holton, Gerald: *Introduction to the concepts and theories of Physics*. Harvard University, (Addison-Wesley series in physics) 1952, and Ed. Reverte 1993 Página 144.

que actuaban sobre el centro de gravedad de un cuerpo, se componían selectivamente de forma independiente, con las acciones resultantes de otras fuerzas análogas.

Joseph-Louis Lagrange (1736 -1813), en 1788, se refiere ya a la independencia entre los movimientos de traslación y de rotación de los cuerpos. Poinsot (1777-1859), propone que las fuerzas actuantes sobre un sólido son siempre reducibles a una fuerza y a un momento. Ahora bien, enuncia lo siguiente: *Cada uno de estos elementos dinámicos* ***producen sus esfuerzos aisladamente,*** *la fuerza determina el movimiento de traslación del cuerpo mientras que el par genera la rotación alrededor de su centro de gravedad, sin que la fuerza tenga influencia.* Y añade: *El problema del movimiento del sólido libre queda así reducido a la teoría de la rotación alrededor de un punto fijo....La importancia de éste se ve notablemente incrementada, los movimientos de la peonza, de los proyectiles de guerra, el de precesión de los equinoccios se convierten en objetos de esta teoría.*[92]

Es por tanto, a partir de Poinsot cuando se asienta en la Mecánica Clásica el dudoso criterio de asumir la separación de los efectos de los momentos y de las fuerzas, estableciéndose el método de cálculo discriminante de trayectorias que hoy utilizamos.

2.1.0- Conceptos

Aplicaremos en nuestro estudio los siguientes conceptos abstractos de la mecánica racional:

[92] Poinsot, L.: *Problème de la rotation d'un corps solide autour d`un point solide*, Annales de la société scientifique de Bruxelles, 1878, p. 258.

- **Punto con masa**: Abstracción física idealizada que ocupa un punto másico en el espacio, provisto de movilidad en el tiempo.
- **Punto material**: Véase *punto con masa*. (También partícula o porción de masa).
- **Sistema material**: Conjunto de puntos materiales que forman un todo.
- **Sólido rígido**: Sistema material continúo en el que las distancias entre los puntos materiales que lo constituyen permanecen inalteradas durante el movimiento, de forma que se conserve la forma geométrica del sistema y la distribución espacial de su masa.
- **Campo dinámico**: Campo físico de magnitudes dinámicas.
- **Isotrópico**: Dícese del espacio con uniformidad en todas sus orientaciones.
- **Espacio homogéneo**: Aquel espacio en el cual los puntos son indistinguibles. Es un espacio que tiene idénticas propiedades en cada uno de sus puntos: es uniforme, sin irregularidades.

La *homogeneidad* quiere decir que todos los puntos del espacio son equivalentes desde el punto de vista mecánico. En consecuencia, en la formulación de la ecuación de la dinámica de una partícula en una referencia galileana no puede intervenir su vector de posición.

La *isotropía* significa que no existen direcciones privilegiadas, todas son equivalentes. Por tanto, en la ecuación de la dinámica de una partícula no puede intervenir su vector velocidad.

2.1.1- Ecuaciones de movimiento.

Las relaciones entre las coordenadas, las velocidades y las aceleraciones se definen como *ecuaciones de movimiento,* conforme al criterio de Landau y Lifshitz.[93] En función de las interacciones que ocurren en un sistema dinámico, será posible describir la evolución espacio-temporal de cada partícula o punto másico. Las ecuaciones diferenciales que expresan matemáticamente esta evolución serán del tipo:

$$f_i(x_1, x_2, x_3, \dot{x}_1, \dot{x}_2, \dot{x}_3, \ddot{x}_1, \ddot{x}_2, \ddot{x}_3) = 0 \qquad (2.0)$$

$$(i = 1,2,3)$$

1. La integración de estas ecuaciones en cada fenómeno mecánico concreto nos permitirá disponer de las referidas *ecuaciones de movimiento* del punto.

2. Las ecuaciones de movimiento de traslación se obtienen muy fácilmente, para sistemas inerciales, a partir de los tres principios de Newton:

$$x_i = 1/m \iint f_i \, dt^2 \qquad (2.1)$$

$$(i=1,2,3)$$

Siendo f_i el componente de las interacciones o fuerzas actuantes sobre las partículas materiales:

$$f = (f_1, f_2, f_3) \qquad (2.2)$$

---

[93] Landau, L. D. y Lifshitz, E. M.: *Mechanics,* Third Edition, Volume 1 (Course of Theoretical Physics), Butterworth-Heinemann, Oxford, 1976, and Landau y Lifshitz: *Mecánica I*, ed. Reverte. 1994, página 2.

Pero esta aparente sencillez se complicará cuando analizamos las ecuaciones del movimiento del cuerpo sólido, ya que en este caso, deberán obtenerse dos sistemas de ecuaciones diferenciadas:

1. Las ecuaciones de integración del movimiento del centro de masas.

2. Las ecuaciones de integración del movimiento de orientación.

De esta manera podemos disponer de la *ecuación general de movimiento*[94] que nos permita predecir la evolución de la trayectoria de un sistema dinámico en condiciones inerciales.

2.1.2- Momento angular.

Vamos a recordar algunos otros conceptos y definiciones de interés para nuestro estudio:

Momento M de una fuerza respecto del punto de referencia **O,** es el producto del vector de posición **r** de la partícula que se mueve en un campo de fuerza **F,** por esta:

$$\vec{M} = \vec{r} \wedge \vec{F} \tag{2.3}$$

Ímpetu o cantidad de movimiento P de un punto material es el producto de su masa m por su velocidad lineal:

[94] Goldstein, H.: *Classical Mechanics.* Addison Wesley, Reading, MA, 1994.

$$\vec{P} = m\vec{v} \tag{2.4}$$

Momento cinético lineal: Es el producto de su cantidad de movimiento por la distancia a un punto de referencia determinado.

El **momento cinético lineal H** del punto material es el momento de la cantidad de movimiento con respecto al punto de referencia, por ejemplo O:

$$\vec{H}^{O} = \vec{r} \wedge m\vec{v} \tag{2.5}$$

Si analizamos los cuerpos en rotación sobre un eje, podemos recordar la magnitud que define el movimiento de rotación de los cuerpos:

Momento angular: Es el producto de su momento de inercia por su velocidad angular de rotación.

De esta forma, el concepto genérico de momento lo podemos considerar integrado por dos componentes. La integración del momento cinético lineal y del momento angular determinará el ***Momento cinético,*** que definiremos como: *la suma de su momento cinético lineal, más el producto de su momento de inercia por su velocidad angular de rotación.*

De aquí se obtiene el *Teorema del Momento Cinético* con respecto a un punto fijo: *en el movimiento de un punto material, en cada instante, la derivada respecto al tiempo del momento cinético respecto a un punto fijo, es igual al momento respecto a dicho punto de la resultante de las fuerzas aplicadas.*

Que puede ser expresado de la siguiente forma:

$$d\vec{H} = \vec{M}^{0}_{ext}dt = \vec{r} \wedge \vec{F}dt \tag{2.6}$$

En cualquier movimiento del sólido rígido, el aumento del momento angular, es igual al momento de rotación de la fuerza en cualquier instante.

Conforme expresan Landau y Lifshitz[95], todo sistema cerrado tiene siete integrales de movimiento aditivas: las tres componentes del vector cantidad de movimiento o ímpetu, las tres componentes del vector momento angular y la energía.

Como la definición del momento angular contiene los vectores de posición de los puntos materiales, su valor dependerá de la elección del origen de coordenadas, salvo que se encuentre en reposo. Análogamente, los valores del momento cinético dependerán del sistema de referencia escogido.

Definiremos como **momento angular intrínseco**: *Al momento angular de un cuerpo en rotación, referido a su centro de masas y en un sistema de referencia concreto*[96], pudiendo añadir que si el sistema de referencia es aquél en el cual su velocidad lineal sea cero, (por ejemplo cuando su centro de masas coincide con el origen del sistema de referencia) nos encontraremos con que el momento angular intrínseco representa la rotación del cuerpo sobre un eje que pasa por ese centro.

Si las coordenadas de origen son el centro de masas del cuerpo, su momento angular será su momento angular intrínseco, resultante del movimiento del cuerpo en relación con el centro de masa y representará su *giro intrínseco.*

---

[95] Landau, L. D. and Lifshitz, E. M.: *Mechanics*, Third Edition: Volume 1 (Course of Theoretical Physics, Butterworth-Heinemann, Oxford, 1976, and Landau y Lifshitz: *Mecánica I*, ed. Reverte. 1994, página 23.

[96] Landau, L. D and Lifshitz, E. M.: *Mechanics*, Third Edition: Volume 1 (Course of Theoretical Physics), Butterworth-Heinemann, Oxford, 1976 y L. D. Landau y E. M. Lifshitz, *Mecánica I*, ed. S.A. Reverté, 1994, página 24.

Recordemos la consideración expuesta por Landau y Lifshitz[97] al referirse a la dinámica del *sólido rígido*. La velocidad de un punto del sólido vendrá definida por la fórmula:

$$\{\vec{v} = \vec{v}_0 + \vec{\omega} \wedge \vec{r}_r \qquad (2.7)$$

Si se modifica el centro de coordenadas, la velocidad del movimiento de translación tendrá un nuevo valor, pero **la velocidad angular ω de rotación,** en cualquier instante de un sistema de coordenadas ligadas al cuerpo, **es independiente del sistema de referencia elegido.** En cada instante, todos los sistemas giran con idéntica velocidad de rotación ω, tanto en módulo cómo en dirección. Por tanto, existirá una única velocidad angular para todos los puntos del sólido, siendo ω la **velocidad angular del cuerpo sólido.** La velocidad de traslación no tiene este carácter *absoluto.*

2.1.3- Momento de inercia.

En Mecánica Clásica se define cómo ***momento de inercia***, al producto:

$$I = mr^2 \qquad (2.8)$$

Se cumple que la velocidad angular que adquiere al girar una masa dm, al cabo de un cierto tiempo, depende de forma proporcional al cuadrado de la distancia que haya entre dm y el eje de giro (distancia que llamaremos r). Este producto r^2 dm es **el momento de inercia de la masa dm** y es una medida de la facilidad o dificultad con que dm comienza a girar en torno al eje considerado. El ***momento de inercia*** de una masa dm, define

[97] Landau, L. D and Lifshitz, E. M.: *Mechanics*, Third Edition: Volume 1 (Course of Theoretical Physics), Butterworth-Heinemann, Oxford, 1976, and Landau y Lifshitz: *Mecánica I*, ed. Reverte. 1994, página 117.

cuantitativamente la ***inercia*** de esa masa en rotación, entendiendo como tal la magnitud física, propia de cada partícula, que se caracteriza por ser proporcional a la fuerza requerida para imprimirle un movimiento de rotación sobre un eje principal de inercia.

Por tanto, **el momento de inercia del cuerpo de masa m** será la suma $r_1^2dm_1 + r_2^2dm_2+$........, siendo r_1, r_2,..... las respectivas distancias de dm_1, dm_2,.....al eje de giro de todas ellas, e integrando, el momento de inercia de una masa que gire respecto a uno cualquiera de los ejes considerados es:

I= Σr²dm E integrando: $I = \iiint_V r^2 dm$ (2.9)

Podemos constituir una matriz donde los elementos de la diagonal son los *momentos de inercia* respecto de cada uno de los ejes de referencia XYZ del cuerpo, y el resto de los elementos de la matriz son los *productos de inercia.*

$$I^O = \begin{pmatrix} I_x & -I_{xy} & -I_{xz} \\ -I_{xy} & I_y & -I_{yz} \\ -I_{xz} & -I_{yz} & I_z \end{pmatrix} \quad (2.10)$$

En el caso más general, esta matriz será un *tensor de inercia* que nos definirá el comportamiento inercial del cuerpo.

2.1.4- Definición de las cargas.

En el estudio dinámico del sólido rígido es necesario también tener en cuenta la tipología de las fuerzas o cargas que actúan sobre el mismo. En el caso más general, un sólido rígido está sometido a una serie de fuerzas exteriores con resultante f y momento resultante sobre el centro de masa G. Las fuerzas exteriores aplicadas no son necesariamente conservativas y pueden depender, en general, de la posición y orientación del cuerpo en el espacio.

En el supuesto de cuerpos con momento angular, necesariamente habrán actuado dos fuerzas de igual módulo y dirección, pero con sentido contrario. Además, el módulo de dichas fuerzas será constante de valor P y su dirección, también constante. Este tipo de solicitaciones puede aparecer, por ejemplo, en un sólido de revolución sumergido en un fluido (ver capítulo 3), en el que la fuerza del peso sea igual al empuje hidrostático.

Analizaremos el movimiento del cuerpo rígido de revolución sumergido en un fluido y sometido a la acción de fuerzas externas y momentos, descrito en el experimento referido en el epígrafe 3.3.0.

Las características fundamentales de este movimiento son que, debido a la rigidez de los sólidos:

A) Las distancias relativas entre las partículas individuales que componen el cuerpo, permanece constantes,

B) Los ángulos entre las líneas que unen los puntos del sólido también tienen valor constante para cualquier posición de las mismas,

C) La orientación se mantiene, es decir, si es elegido un triedro ortonormal fijo al cuerpo, por ejemplo directo (i ^ j ^ k), se debería mantener esa misma orientación directa, en cualquier posición del cuerpo, y

D) La distribución de la masa también permanece constante.

2.1.5- Grados de libertad

Los grados de libertad de un sistema equivalen al número de parámetros del sistema que pueden variar de forma independiente. Por ejemplo, un punto en el espacio tiene tres grados de libertad en su movimiento de traslación: sus coordenadas, pero un objeto no infinitesimal puede tener grados adicionales de libertad relacionados con su orientación.

Los sistemas físicos pueden tener un número finito de grados de libertad. Las magnitudes de los campos físicos pueden variar a lo largo del tiempo. Además de esta evolución temporal, pueden tener magnitudes diferentes en el espacio. Por lo tanto, se admite que los campos físicos son sistemas con un número infinito de grados de libertad.

Las restricciones del sistema limitan los grados de libertad, y se pueden utilizar para reducir el número de coordenadas necesarias para resolver la ecuación de movimiento.

2.2- Estudio histórico de la inercia y la rotación

El estudio de los conceptos de inercia y rotación, en la historia de la mecánica, nos permite comprender la evolución del pensamiento científico relacionado con el movimiento de rotación. En concreto, deseábamos analizar los antecedentes históricos del estudio de un cuerpo sólido rígido con momento angular intrínseco, sometido a otro momento no coaxial.

El estudio del comportamiento de los cuerpos en rotación está también estrechamente relacionado con el análisis de los conceptos de *fuerza centrífuga*, *movimiento relativo* y *composición de movimientos*.

2.2.0- Inercia y movimiento

La inercia de un cuerpo de revolución que gira sobre un eje de simetría es, posiblemente, el mayor exponente del *Principio de Inercia*, aunque ha habido muchos autores, incluso contemporáneos, que no han comprendido debidamente este concepto, y niegan su posible aplicación a los cuerpos en rotación. Podemos recordar el tratado de A. Koyré: *Estudios Galileanos,* en el que expresa que la Ley de Inercia: *Se limita a afirmar que un cuerpo abandonado a sí mismo persiste en su estado de inmovilidad o de movimiento hasta que algo modifica ese estado,...* añadiendo más adelante: *el principio de inercia no afirma la persistencia eterna de todo movimiento, sino sólo del movimiento uniforme en línea recta.* ***El Principio no es válido para el movimiento circular. Tampoco es válido para el movimiento de rotación***.[98] Estas afirmaciones no se justifican ni se acompañan de una argumentación explicativa, lo cual nos puede producir cierta perplejidad. Destaca así, a nuestro entender, una inadecuada comprensión del movimiento rotatorio y del fenómeno de la inercia, que, en nuestra opinión, se evidencia también en otros muchos tratados de mecánica.

Contradictoriamente, el ejemplo del giróscopo o el de la simple peonza[99] es ilustrativo: un simple par inicial instantáneo, o casi instantáneo, permite que, en el ámbito de una atmósfera normal, el cuerpo mantenga su giro intrínseco el tiempo suficiente para que podamos hacer juegos, comprobaciones o aplicaciones. En estos supuestos, la rotación inicial se mantiene, siendo reducido el efecto de las fuerzas disipativas de rozamiento del aire o del

---

[98] Koyré, A.: *Galilean Studies.* París: Hermann, 1939. Brill, 1978.
[99] Alvarez Martínez, Alejandro & Martín Gutiérrez, Almudena: *The Dance of the Spinning Top.* Global Journal of Science frontier Research: A physics & space science. GJSFR A Volume 16 Issue 3. https://globaljournals.org/GJSFR_Volume16/E-Journal_GJSFR_(A)_Vol_16_Issue_3.pdf

punto de apoyo. Podría afirmarse que este movimiento es un claro ejemplo del Principio de Inercia.

Por lo tanto, podemos manifestar que, un cuerpo en rotación cumple claramente el concepto de **inercia mecánica** que puede definirse como: *la incapacidad de los cuerpos para modificar su estado dinámico, o para cambiar las condiciones de su movimiento, sin la solicitud o la intervención de alguna fuerza.*

2.2.1- Concepto de inercia

Aunque en un plano filosófico, posiblemente el primera antecedente del concepto de inercia lo podemos encontrar en el sefardí español Hasdai Crescas[100] (Barcelona 1340- Zaragoza 1410), crítico de la tradición aristotélica, filósofo y rabino. Su trabajo *Or Adonai* (*La luz del Señor*), escrita en hebreo y dividida en cuatro libros, tiene un eminente contenido filosófico y religioso, pero también analiza conceptos físicos. Cómo ha expresado H. Wolfson,[101] Crescas introduce la noción de *reposo* como una realidad positiva, así como la noción de *cantidad de reposo*, que puede ser percibida como el precedente de la noción cartesiana de inercia.

Posteriormente, podemos interpretar que Giordano Bruno (1548-1600) intuye el principio de inercia al cuestionar la argumentación aristotélica que pretende justificar la inmovilidad de la Tierra con estas palabras: ... *sería imposible que una piedra lanzada hacia arriba pudiera regresar abajo siguiendo la misma vertical, puesto que el movimiento muy rápido de la Tierra la dejaría muy atrás,*

---

[100] Crescas, Hasdai, para más referencias ver: Barceló, G.: *El vuelo del bumerang*. Ed. Marcombo 2006, Barcelona. Páginas 36 y 346. http://www.dinamicafundacion.com/

[101] Wolfson, H.: *Crescas, critique of Aristotle*. Cambridge (masa), 1929, página 287.

hacia occidente. [102] La argumentación a la que se refiere, que Aristóteles incorporaba en su segundo libro del *De Coello*, es refutada por Bruno.

DIALOGO
DI
GALILEO GALILEI LINCEO
MATEMATICO SOPRAORDINARIO
DELLO STVDIO DI PISA.
E Filosofo, e Matematico primario del
SERENISSIMO
GR.DVCA DI TOSCANA.
Doue ne i congressi di quattro giornate si discorre
sopra i due
MASSIMI SISTEMI DEL MONDO
TOLEMAICO, E COPERNICANO;
Proponendo indeterminatamente le ragioni Filosofiche, e Naturali
tanto per l'una, quanto per l'altra parte.
CON PRI VILEGI.
IN FIORENZA, Per Gio:Batista Landini MDCXXXII.
CON LICENZA DE' SVPERIORI.

Figura 2.0. Portada de Los Diálogos de Galileo Galilei.[103]

No obstante, en opinión de Newton, debe atribuirse a la influencia de Galileo Galilei, la concepción científica de la inercia, aunque el propio Galileo no formulase expresamente el *Principio de Inercia*, pero al menos expresa en su *Dialogo* (Ver figura 2.0): *En ausencia de fricción o de otra fuerza que actúe en la dirección*

---

[102] Bruno, Giordano: *La Cena de le Ceneri.* Londres 1584. Ed. Wagner, París, 1994.
[103] Galilei, Galileo: *Dialogue on the two big systems of the world.* Florencia, 1632. University of California Press, 1953.

horizontal, un cuerpo impulsado sobre una superficie plana se mueve tanto cómo se extienda ésta.[104]

Johannes Kepler (1571-1630), aporta a la física el término *inercia*, pero erróneamente lo define cómo la tendencia que tiene un cuerpo en movimiento a regresar al estado de reposo del que había partido, es decir, la inercia tendería a retener el movimiento del cuerpo para llevarlo a su situación de reposo inicial: *Todo cuerpo tiene una tendencia a permanecer en el lugar del espacio donde se encuentra, tendencia independiente del movimiento de que está dotado...Así pues, la inercia, si pudiera prevalecer haría cesar el desplazamiento de un cuerpo que se halla en movimiento y lo llevaría al reposo.* [105]

2.2.1.0. - El criterio de René Descartes

Pero se debe, sin duda, a la profundidad metafísica de René Descartes (1596-1650), filósofo y matemático francés, el enunciado moderno del Principio de Inercia. Descartes incorpora a la física moderna un primitivo **Principio de Inercia** cómo resultado de un razonamiento lógico. Es decir llega al concepto de inercia, sin basarse en hechos empíricos y observables, utilizando simplemente la razón, a través del principio de causalidad: una determinada causa provoca un efecto que persiste en el tiempo hasta que no haya otra causa que lo altere: *...Que cada cosa permanece en el estado en que se halla mientras algo no la cambie... Cuando una parte de la materia es cuadrada permanece siempre cuadrada si nada ocurre que cambie su figura; y que si está en reposo no empiece en modo alguno a moverse por sí misma. Pero una vez ha comenzado a moverse, no tenemos ninguna razón para pensar que deba jamás*

---

[104] Galilei, Galileo: *Dialogue on the two big systems of the world.* Florencia, 1632. University of California Press, 1953.

[105] Kepler, J.: *Tertius interveniens, Opera omnia*, ed. Frisch, Frankfurt, 1870, tomo I, página 590

dejar de moverse con la misma fuerza mientras no encuentre algo que retarde o detenga su movimiento. [106] A partir de estas premisas propone su principio de inercia: *Que todo cuerpo que se mueve tiende a continuar su movimiento en línea recta*. Aunque, todavía limita su conocimiento con una referencia más religiosa que científica: *Esta regla, cómo la precedente, depende de que Dios es inmutable.*[107]

El concepto de inercia ha sido estudiado posteriormente por diferentes autores, como por ejemplo Lagrange[108], Pierre-Simon Laplace (1749-1827) [109], Hans Emil Wohlwill (1835-1912) [110], Ernst Mach[111], Pierre Duhem (1861–1916) [112] y Émile Meyerson (1859–1933) [113], entre otros.

2.2.1.1- La Inercia según Newton

Tras la lectura de Galileo y Descartes, Newton asigna al primero la concepción del Principio de Inercia, a pesar de la evolución de este concepto en el pensamiento de Descartes.

---

[106] Descartes, R.: *Principia Philosophiae,* 1644, édition latine. En VIII-1; traducción de Paul Picot, revisado por Descartes, *Les principes de la philosophie,* 1647 con una carta-prefacio. En IX-2. Capítulo XXXVII

[107] Ídem ídem, Capítulo XXXIX

[108] Lagrange: *Mécanique analytique.* París 1853

[109] Laplace: *Exposition du système du monde*, Oeuvres, Volumen VI; *Mécanique analytique.* Paris 1853

[110] Wohlwill, E.: *Die Entdeckung des Beharrungsgesetzes - Eine Studie zur Geschichte der Physik.* [Separat-Abdruck como der Zeitschrift für Völkerpsychologie und Sprachwissenschaft]. Weimar: Hof-Buchdruckerei. 1884.

[111] Mach, E.: *Die Mechanik en ihrer Entwicklung.* Leipzig, F.A. Brockhaus, 1921. Mencionado en G. Barceló, G: *Un mundo en rotación*. Ed. Marcombo: Barcelona, 2008.

[112] Duhem, P.: *De l'accélération produite par une force constante*, 2ª sesión del Congreso Internacional de Filosofía. Ginebra 1905 y *Études sur Leonardo da Vinci*, París, 1909.

[113] Meyerson, E.: *Identité et Réalité*. Paris 1926.

PHILOSOPHIÆ
NATURALIS
PRINCIPIA
MATHEMATICA.
AUCTORE
ISAACO NEWTONO, EQ. AURATO.
Perpetuis Commentariis illustrata, communi studio
PP. THOMÆ LE SEUR & FRANCISCI JACQUIER
Ex Gallicanâ Minimorum Familiâ,
Matheseos Professorum.
TOMUS SECUNDUS.
GENEVÆ,
Typis BARRILLOT & FILII Bibliop. & Typogr.
MDCCXL.

Figura 2.1. Portada de los Principia de Newton.

Pero Newton razona de esta otra manera: si una acción externa es capaz de modificar el movimiento de un cuerpo, debe existir alguna correlación entre la causa externa ejercida sobre el cuerpo, y el cambio provocado en su movimiento. Los cuerpos en movimiento dejan de ser portadores de fuerza, y ahora son concebidos cómo receptores de fuerzas externas que actúan sobre ellos.

Con los nuevos conceptos de masa e inercia, que intuye tras el estudio de los impactos entre dos cuerpos aislados, en los que no hay causas externas presentes, deduce que **el centro de**

gravedad de los cuerpos deberá proseguir inercialmente con su movimiento inicial. Este es el fundamento del **Principio de Inercia** que Newton enuncia y del que, como corolario, deduce el **Principio de Conservación de la Cantidad de Movimiento** que aún hoy se sigue utilizando, para resolver los impactos en sistemas aislados.

Posteriormente Ernst Mach, a partir del pensamiento newtoniano, establece el concepto moderno de inercia: Definición III: *La inercia que reside en la materia es la tendencia de todo cuerpo a resistir y perseverar en su estado de reposo o movimiento uniforme en línea recta.*[114]

Evidentemente, es una concepción de la inercia descrita exclusivamente para cuerpos en movimiento de traslación, pues no se refiere a cuerpos en rotación. Esta circunstancia ha perdurado hasta nuestros días en muchos científicos, como ya hemos comentado.

De acuerdo con la primera Ley de Newton, expresada en su libro *Philosophiae naturalis principia mathematica* (véase figura 2.1.), la masa de un cuerpo alcanza un significado que hasta entonces no había tenido, ya que antes de enunciarse dicha Ley, se consideraba la masa de un cuerpo simplemente cómo el producto de la densidad por su volumen, pero Newton *considera la inercia como una propiedad que poseen los cuerpos* en reposo o en movimiento uniforme, y la *masa de un cuerpo es el término que mide* la inercia que posee dicho objeto. Es decir, cuando sobre un sujeto aplicamos una determinada fuerza, el cambio en el estado de reposo o movimiento uniforme en que se encuentra, será mayor cuanto menor sea su masa, con lo cual un cuerpo tiene mayor inercia, (mayor tendencia a permanecer en el estado de

---

[114] Mach, Ernst: *The Science of Mechanics.* The Open Court Publishing Co. Universal Digital, pág. 298.
https://archive.org/details/scienceofmechani005860mbp

reposo o movimiento uniforme en que se encuentra) cuanto más masa tenga.

No obstante, conforme expresa Gerald Holton: *Lo que importa, de verdad es que Newton estableció claramente la distinción moderna entre masa y peso, siendo la primera una propiedad inherente al cuerpo, mientras que el segundo depende de la aceleración de la gravedad en un lugar determinado.*[115]

2.2.1.2- El concepto de inercia según Einstein

Einstein entendía que el principio de inercia newtoniano presentaba una grave limitación al verificarse únicamente en sistemas inerciales. En un principio aceptó el concepto de inercia de Mach, pero más tarde concluyó que este principio asentaba las leyes físicas en una mecánica del tipo newtoniano, en la que las masas de los cuerpos y sus interacciones constituían la base de la teoría general.

Y esta teoría general newtoniana, no era coherente con los resultados experimentales de sus estudios sobre las ondas electromagnéticas, por ello Einstein expresa: *Mach conjetura que en una teoría verdaderamente racional, la inercia tendría que depender de la interacción de las masas, como ocurría precisamente con las demás fuerzas de Newton; durante mucho tiempo fue esta la concepción que yo considere, en principio, cómo correcta. Sin embargo, presupone implícitamente que la teoría fundamental debería ser del tipo general de la mecánica de Newton: las masas y su interacción cómo conceptos originarios. La tentativa en favor de una u otra solución no tiene cabida en el*

---

[115] Holton, Gerald: *Introduction to the concepts and theories of physics.* Harvard University, and *Introducción a los conceptos y las teorías de la física.* Universidad de Harvard, 1952, página 168. Ed. Reverte 1993.

marco de una teoría de campos coherente, cómo reconoceremos inmediatamente.[116]

Además, según Einstein, el concepto de inercia de Mach presentaba una clara deficiencia en el hecho de suponer que un cuerpo estaba en reposo o movimiento uniforme siempre que se encuentre lo suficientemente alejado de la influencia gravitatoria de otros cuerpos, pero sólo podríamos saber si realmente está lo suficientemente alejado, cuando se encuentre en reposo o en movimiento uniforme. Es decir, este argumento nos lleva a la imposibilidad de conocer el estado en el que un cuerpo está cuando se encuentra exento de aceleraciones o, lo que es lo mismo, a la imposibilidad de observar sistemas inerciales.

Según Einstein, aunque los sistemas inerciales estén influidos por los campos gravitatorios generados por los cuerpos del Universo, para un observador situado dentro de cualquier sistema inercial, como ya expusimos en el capítulo anterior, las leyes físicas son las mismas y sobre ellas no influyen las interacciones gravitatorias de los cuerpos. Con relación a la relatividad del movimiento, Einstein estaba inicialmente de acuerdo con Mach en la suposición que hace este último, según la cual el movimiento de rotación de los cuerpos había que medirlo en relación con un hipotético grupo de cuerpos estelares lejanos. Aunque al hacer esta medición, el hecho de que, por ejemplo, la Tierra girase en torno a su eje, mientras que estos cuerpos estelares permaneciesen fijos, era esencialmente similar al hecho de que fuese la Tierra la que estuviese en reposo, mientras que dichos cuerpos estelares girasen alrededor del eje de la Tierra.

[116] Albert Einstein: *Autobiographical Notes; Albert Einstein: Philosopher-Scientist*, third Ed. Volume VII, the Library of Living Philosophers, 1939.

2.2.2- Inercia rotacional

Es necesario un tratamiento diferenciado y un estudio conceptual de la inercia de los cuerpos en rotación, pues la inercia rotatoria es fundamentalmente diferente de la traslacional. Observando la rotación inercial tetra-dimensional con componentes constantes del tensor espín, podemos intuir un movimiento de inercia acelerado, sin la existencia de una fuerza externa constante.

Vamos a expresar una paradoja análoga que nos permitirá definir el concepto de ***inercia rotacional:*** Cuando un cuerpo, con movimiento de rotación intrínseca, no está sometido a fuerzas externas (o a sus momentos), de acuerdo con las ecuaciones de la mecánica de Newton-Euler, si:

$$d(I\omega)/dt = 0 \qquad (2.11)$$

Resulta: $\omega = \text{Const.}$

Donde I es el momento de inercia del cuerpo, y ω es su velocidad angular. Por tanto, deducimos que la velocidad angular se mantendrá constante, ¡incluso eternamente! debido a su inercia. Este es un hecho experimental comprobado.

No obstante, cualquier rotación *es un movimiento acelerado*, ya que la *velocidad lineal* de cada partícula del cuerpo rígido, aunque *permanece* constante en módulo, estará cambiando constantemente de posición. Pero siendo ω constante, nos encontramos con la contradicción de tener como ejemplo, un movimiento de rotación acelerado por inercia, sin ninguna fuerza externa. Esto nos permite suponer la existencia de una **inercia rotacional**, fundamentalmente diferente de la **Inercia traslacional**.

Esta paradoja deja de serlo, cuando advertimos que partimos de un supuesto no inercial: nos estamos refiriendo a un cuerpo en rotación, pero le estamos aplicando, a un móvil acelerado por rotaciones, concepciones preconcebidas de los sistemas inerciales, que únicamente son aplicables a cuerpos en traslación uniforme. Lo cual nos permite reiterar la discrepancia del comportamiento dinámico entre cuerpos en condiciones inerciales y no inerciales, cuyas diferencias sustanciales muchas veces son olvidadas, incluso en física. Pues debe hacerse notar, que no son solo los sistemas de referencia los que tiene la cualidad de ser inerciales o no inerciales, sino también los propios cuerpos, en función de las condiciones de su movimiento.

Ya en su momento propusimos estas definiciones para la **inercia rotacional**:

> *1. Fis. Incapacidad de los cuerpos en rotación para modificar su estado dinámico.*
>
> *2 Fis. En un cuerpo en rotación, es el producto de su masa por el cuadrado de su distancia al eje de rotación.*
>
> *3. Inercia del cuerpo cuando se le imprime un movimiento de rotación sobre un eje principal de inercia.*[117]

En Mecánica Clásica, la **masa,** se caracteriza por dos cualidades diferentes a las que nos hemos referido ya anteriormente (recordar epígrafe 1.3- Masas inerte y gravitatoria):

> **Masa gravitatoria:** magnitud física de la cual depende la atracción que cada cuerpo ejerce sobre los demás.
>
> **Masa inerte o inercial:** magnitud física, característica de cada cuerpo que expresa su resistencia a modificar su estado dinámico.

---

[117] Barceló, G.: *El vuelo del bumerán.* Ed. Marcombo 2006, Barcelona. Página 325

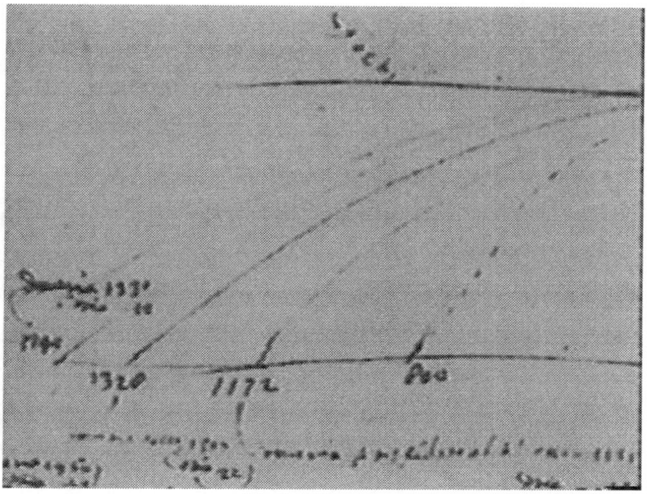

Figura 2.2. Galileo: Gráficos con sus resultados experimentales sobre la trayectoria de un proyectil.

La **masa inercial** define la fuerza requerida para imprimirle un movimiento determinado al cuerpo, y se manifiesta también de forma dual en la naturaleza, ya que podremos diferenciar entre:

Inercia Traslacional o Tangencial, que correspondería a la inercia del centro de masas de un cuerpo, y por la cual mantendría su trayectoria tangencial a la existente, si cesaran las fuerzas que actúan sobre él.

Inercia rotacional: Tendencia de los cuerpos a mantener su estado dinámico de rotación alrededor de un eje (ver también 2.2.2 y 4.4).

Cantidad física de la masa, que determina la fuerza necesaria para transmitir el movimiento de rotación. Cuando se aplica un movimiento de rotación alrededor de un eje principal de inercia a un cuerpo de revolución, o a un cuerpo con simetría axial, iniciará una rotación alrededor de ese eje, que se mantiene girando en el mismo plano y alrededor del mismo eje, a menos que nuevos pares actúen modificando su estado dinámico.

Por lo tanto, la inercia rotacional permite que una acción instantánea pueda tener una vigencia ilimitada en el tiempo. En ausencia de fricción, la acción de un momento no-coaxial constante externo sobre un cuerpo en rotación, puede generar un equilibrio dinámico, también constante.

También es necesario un análisis de las denominadas fuerzas ficticias de inercia de la Mecánica Clásica, engendradas por campos no inerciales, cuando estos, a su vez, están originados por torsión. En el epígrafe 2.6 realizaremos este análisis.

2.2.3- Composición de movimientos.

En el epígrafe 0.1 nos hemos ya referido a que Galileo estudió también la variación de la trayectoria de un cuerpo en movimiento, cómo puede ser por ejemplo un proyectil (Ver figura 2.2), lanzado inicialmente con una trayectoria rectilínea, pero la cual, se convierte después en una parábola.

Es decir, admitida la continuidad del movimiento de un cuerpo y de su trayectoria en ausencia aparentemente, de fuerzas externas ¿Por qué en este caso precisamente no se conservaba la trayectoria? ¿Por qué este cuerpo se desviaba de su trayectoria rectilínea original y describía una parábola? La conclusión a la que llegaba es que sobre este cuerpo, aparte de la fricción del aire, actuaría la fuerza de la gravedad, por lo que no estaba exento de fuerzas externas.

Pero para explicar este hecho, Galileo se basó en los trabajos de su predecesor, el físico Giambattista Benedetti (1530 - 1590). En sus obras *Resolutio omnium Euclidis problematum* (1553) y

Demonstratio motuum proportionum localium (1554), Benedetti propuso una nueva doctrina sobre la velocidad de los cuerpos en caída libre.

En consecuencia, Galileo considero que este movimiento parabólico era el resultado de la *composición de dos movimientos*: uno en la dirección tangente a la parábola y otro hacia abajo resultado de la gravedad. El primero de ellos era un movimiento rectilíneo con velocidad constante que se conservaba en el tiempo, aunque perdiese el contacto con la fuente que lo originó, y el segundo era un movimiento con velocidad creciente o acelerada. Por tanto, la perpetuidad en el tiempo era aplicable al primero de ellos que es el de velocidad constante, implicando esta argumentación el concepto de inercia.

En consecuencia, simultáneamente formula, implícitamente, el *Principio de Inercia* y una ley de *adición de velocidades*. Para ello, en sus *Diálogos*, pone en manos de Salviati la tarea de hacer deducir a Simplicio el lugar donde aterriza una piedra dejada caer desde la cofa del mástil de un barco en movimiento uniforme, despreciando toda fricción con el aire.

Ierome Bernard Cohen (1914-2003), fue profesor de historia de la ciencia en la Universidad de Harvard. Para Cohen: *Todos estos análisis de trayectorias parabólicas se basan en el principio galileano de descomponer un movimiento complejo en dos movimientos (o componentes) perpendiculares entre sí. Constituye, por cierto, una medida de su genio haber podido ver que un cuerpo puede tener simultáneamente una componente de velocidad horizontal, uniforme o sin aceleración, y una componente vertical acelerada, de suerte que ninguna de ellas influye sobre la otra. En todos esos casos la componente horizontal ejemplifica la tendencia de un cuerpo, que se mueve en línea recta y con velocidad constante, a conservar ese movimiento aunque pierda contacto físico con la fuente original del mismo. Esto puede definirse también cómo la tendencia de todo cuerpo a oponerse a cualquier cambio en su estado de movimiento, propiedad conocida desde los tiempos de Newton cómo inercia del cuerpo.*[118]

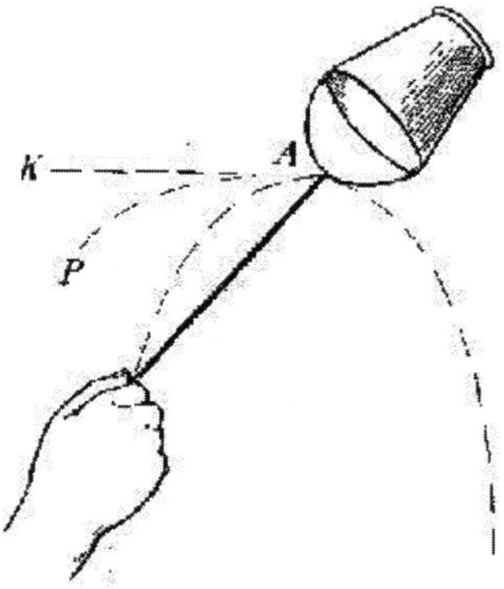

Figura 2.3. Ilustración para la representación de la fuerza centrífuga[119]

2.2.4- Movimiento circular y fuerza centrífuga.

Basándose en la aparente inexistencia de una fuerza centrífuga que nos expulse de la Tierra, Claudio Ptolomeo (c. 100- c.170)) justificaba la imposibilidad de su supuesta rotación. Esta misma argumentación la reitera Galileo en su *Diálogo* en boca de

[118] Cohen, I. Bernard: *Birth of a new Physics.* 1960, LoC 60-5918, Science Study Series S10, Anchor Books, Doubleday. P. 137.

[119] Perel'man, Isakov Isidorovich: *Recreative Physics,* 1919, figure 33. Foreign Languages Publishing House, Moscú. https://archive.org/details/physicsforentert035428mbp

Salviati, pero en sentido contrario, reforzando estos argumentos para...*mostrar con mayor claridad aún cuán cierto es que los cuerpos graves que giran rápidamente alrededor de un centro móvil adquieren un ímpetus mediante el cual se mueven alejándose de ese centro.*

Atemos al extremo de una cuerda un recipiente lleno de agua y sostengamos el otro extremo fuertemente con la mano; supongamos que el brazo y la cuerda son el semidiámetro, y la articulación del hombro, el centro; hagamos girar rápidamente el cubo de tal forma que describa la circunferencia de un círculo (Ver figura 2.3). *Pues bien, ya vaya paralelamente al horizonte, o vertical, o inclinada de algún modo, en ningún caso se derramará el agua del cubo, y, el que la hace girar sentirá en todo tiempo que la cuerda tira de él y se esfuerza por alejarse del hombro; y si en el fondo del recipiente se hiciera un agujero, se vería cómo el agua saldría por allí tanto hacia el cielo cómo hacia los lados o hacia la Tierra.*

Y si en lugar de agua se metieran piedrecillas, se sentiría cómo la misma fuerza tiraría de la cuerda; en fin, vemos cómo los niños lanzan piedras a gran distancia fijándolas al extremo de un palo al que hacen girar rápidamente: argumentos todos que confirman la verdad de la conclusión, según la cual la rotación confiere al móvil un ímpetus hacia la circunferencia, cuando el movimiento es rápido; luego entonces, si la Tierra girara alrededor de sí misma, el movimiento de su superficie, sobre todo hacia el ecuador, al ser incomparablemente más rápido que los movimientos antes citados, debería lanzar todas las cosas al cielo.[120]

Esta argumentación, expresada inicialmente por Ptolomeo, y que Galileo analiza en este texto para investigar sobre la fuerza centrífuga, es una constante en la historia de la física, y es referida posteriormente por Descartes, Newton, para justificar

[120]Galilei, G.: *Diálogo sobre los dos grandes sistemas del mundo.* Florencia, 1632. University of California Press, 1953, página 216.

también la Ley de la Gravitación Universal, y también por el propio Einstein años después.

No obstante, en nuestra opinión, en este análisis, cuando es referido al movimiento de la Tierra y de los planetas al rededor del Sol, se simplifica excesivamente el modelo físico, obviándose el momento angular de los planetas o de la Tierra. En ninguna de esas referencias históricas se recuerda que la Tierra, o los planetas, también rotan sobre su eje mientras orbitan.

Posteriormente Newton, analizando este mismo ejemplo, y posiblemente influido por las ideas de Robert Hooke (1645-1703), llega al convencimiento de que el movimiento de los planetas es compuesto, como ocurre con los proyectiles, de tal forma que su órbita es el resultado de una velocidad de traslación y de la acción de una fuerza centrípeta simultánea, que identifica con la gravedad.

Newton, indagando sobre el efecto relativo de la Tierra al girar sobre su eje, analiza también otro ejemplo, el de un cubo lleno de agua, suspendido de un cabo vertical, y que gira sobre este, generando un movimiento de rotación en el cubo y en el agua. Destaca como el plano superficial del agua, inicialmente horizontal, se transforma en una superficie curva, por efecto de la fuerza centrífuga. Entiende que en la superficie del líquido en rotación se genera un paraboloide de revolución, de tal forma que el meridiano resultante es una parábola.

Al analizar el movimiento de rotación, Mach contestó las nociones intuitivas resultantes del conocimiento del movimiento rectilíneo. Examinó las conclusiones dadas en el experimento del cubo giratorio de Newton, en el que la masa de agua se mantiene rotando una vez que el cubo haya dejado de girar. Afirma que la curva de la superficie del agua debido a la fuerza centrífuga necesariamente está relacionada con la existencia de la rotación, pero también con la masa de los lados del cubo, y con la gran cantidad de materia del universo lejano. Investiga sobre la relatividad del movimiento del *Cubo de Newton* respecto a la masa del universo.

Cuando esta rotación relativa cesa, la superficie del agua se convierte en plana. Cuando el cubo inicia la rotación y el agua sigue estando en reposo, la forma de la superficie del agua permanece inalterada. Según Mach, existe un desacuerdo que describe en su libro de mecánica de1893: *El experimento de Newton con el cubo que gira con agua, simplemente nos muestra que el movimiento relativo del agua, respecto a los lados del cubo no producen fuerzas centrífugas sustanciales, pues esas fuerzas son producidas por su movimiento relativo respecto a la masa de la tierra y otros cuerpos celestes. Nadie está autorizado a decir cuál sería el resultado del experimento si los lados del cubo se aumentasen de manera que alcanzasen varias leguas de espesor.*[121]

Para Einstein, la debilidad del principio de inercia residía en esta argumentación: ***Una masa se desplaza sin aceleración, si es***_tá suficientemente lejos de otros cuerpos_***; sabremos que es***_tá_ ***lo sufici***_entemente lejos,_ ***s***_ólo por el hecho de que se mueva_ ***sin aceleración***[122].Al trasladar Mach sus ideas al marco de referencia giratorio de la Tierra, estimaba que la distribución de la materia en el universo generaría perturbaciones, por lo que era de la opinión de que la rotación de un enorme cubo realmente generaría una fuerza centrífuga equivalente en el agua contenida, incluso si esa agua no tuviese un movimiento de rotación propio.

De estas ideas surge el denominado por Einstein **Principio de Mach**, que tanto le fascino inicialmente. Según este principio, puede plantearse una correlación física entre la masa de las estrellas lejanas y el marco inercial local.

---

[121] Mach, E.: *The Sience of Mechanics.* The Open Court Publishing Co. Universal Digital Library. https://archive.org/details/scienceofmechani005860mbp

[122] Einstein, Albert: *The Meaning of Relativity,* p. 58, Published November 21st 1966 by Princeton University Press.

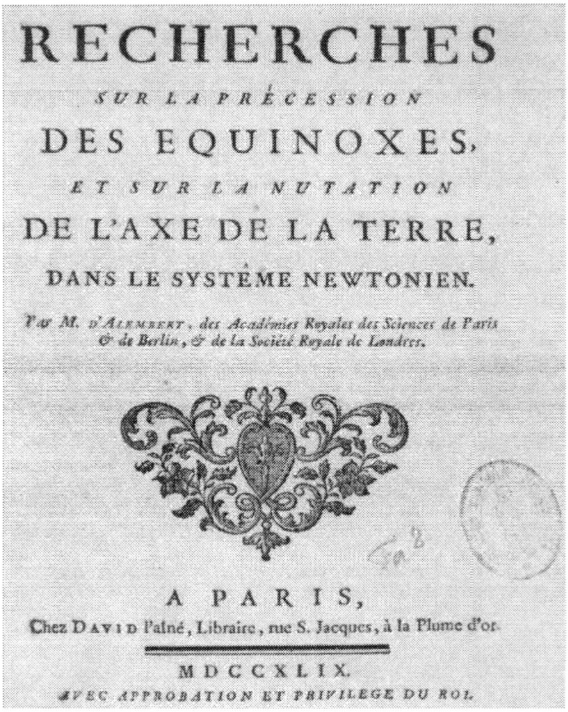

RECHERCHES
SUR LA PRÉCESSION
DES EQUINOXES,
ET SUR LA NUTATION
DE L'AXE DE LA TERRE,
DANS LE SYSTÊME NEWTONIEN.
Par M. D'ALEMBERT, des Académies Royales des Sciences de Paris & de Berlin, & de la Société Royale de Londres.

A PARIS,
Chez DAVID l'aîné, Libraire, rue S. Jacques, à la Plume d'or.
MDCCXLIX.
AVEC APPROBATION ET PRIVILEGE DU ROI.

Figura 2.4. Cubierta de la obra "Recherches sur la précession des équinoxes et sur la nutation de l'ax de la terre"

El Principio de Mach puede enunciarse de la siguiente forma: *La inercia de cualquier sistema es el resultado de su interacción con el resto del Universo.*

Mach intuía una relación física entre todas las masas del universo, que interesó a Einstein inicialmente. No obstante, posteriormente no incluyó a este principio como parte integrante de su teoría de la relatividad. En el capítulo XIII volveremos a referirnos a este análisis al comentar el concepto de *Rotación absoluta.*

2.2.5- Rotación

Fue Jean le Rond D'Alembert, el verdadero precursor de los estudios sobre dinámica rotacional, ya que su obra *La precesión de los equinoccios* (Ver figura 2.4),[123] fue el primer estudio publicado sobre la rotación y, en concreto, sobre el movimiento de un sólido alrededor de un punto fijo.

Es pues D'Alembert el primero en afirmar (algunos autores citan únicamente a Johann Bernoulli (1667 -1748), y otros a Euler[124]) que la rotación de un cuerpo respecto a un eje fijo apoyado en uno sus puntos, no es más que una rotación respecto a un "eje ideal" que pasa por el punto de apoyo, de tal manera que podemos asimilar, durante un tiempo muy corto, al cuerpo cómo rotando alrededor de éste eje instantáneo, con una cierta velocidad angular. Hay que añadir, sin embargo, una característica fundamental de esta cuestión, y es que este eje instantáneo pudiera cambiar constantemente de posición, tanto en el espacio cómo en el cuerpo en cuestión.

Mediante la aplicación del principio que lleva su nombre, Principio de D'Alembert, obtiene las tres ecuaciones generales del teorema de momentos, origen de las ecuaciones diferenciales de la rotación.[125] No logra sin embargo una expresión "tan clara" cómo la de Euler, puesto que utiliza únicamente en su desarrollo ejes de coordenadas fijos, lo que complica dicha expresión. Casi simultáneamente, Euler[126] establece las ecuaciones del movimiento de rotación. La expresión de éstas era, sin embargo, todavía demasiado complicada.

---

[123] D'Alembert: *Recherches sur la précession des equinoccios et sur la nutation de l'ax de la terre*, París, 1749, en-4°, p.83.
[124] Euler: *El descubrimiento de un nuevo principio de mecánica*. Histoire de l'Académie royale de Berlín, 1750, págs. 185-217
[125] D'Alembert: *Opusc.math*, t. I, pág. 74; t. IV, pág. 32; t. VIII, pág. 372.
[126] Euler: *El descubrimiento de un nuevo principio de mecánica*. Histoire de l'Académie royale de Berlín, 1750, pp.185-217

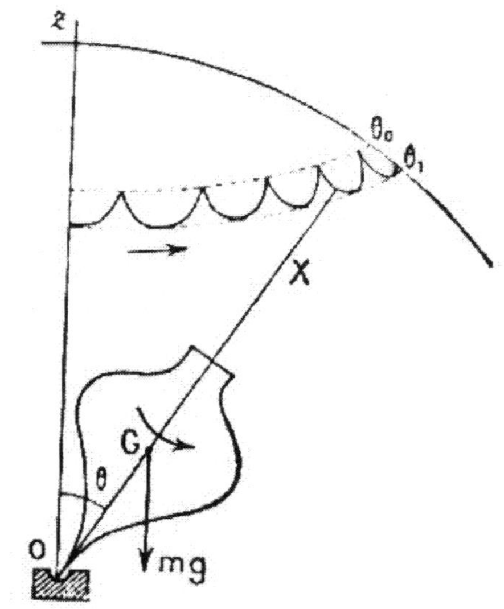

Figura 2.5. Representación de fenómenos simultáneos de rotación, precesión y nutación.[127]

Todos sus trabajos culminan con la publicación de su obra: *Theoria motus corporum solidorum seu rigidorum.*[128] La práctica totalidad de esta obra versa sobre la rotación alrededor de un punto fijo. Euler estudia el caso en el que el cuerpo no está sometido a ninguna fuerza aceleradora, obtiene una ecuación diferencial entre la velocidad angular y el tiempo, del tipo de cuadratura elíptica.

En su *Theoria motus corporum solidorum seu rigidorum*, Euler define el momento de inercia de un sólido rígido y describe matemáticamente el movimiento de un sólido en torno de un punto fijo. Expresa las componentes de la velocidad de un punto del cuerpo en función de sus coordenadas y de las componentes de la velocidad angular instantánea, según unos ejes rectangulares. A partir de estas expresiones, Euler establece las

---

[127] Bruhat, G.: *Mécanique,* fig.176. (París, 1955).
[128] Euler: *Theoria motus corporum solidorum seu rigidorum.* Rostock, 1765. - Otras ediciones: Greifswald, 1790, página 301.

ecuaciones del movimiento de rotación. La expresión de éstas es, sin embargo, todavía demasiado complicada. Sus expresiones tienen cómo términos, cuadrados y productos de rotaciones de los ejes móviles del cuerpo, que no consigue simplificarlos, sino es tomando unos ejes móviles en el cuerpo y en el espacio.[129]

La utilización de los ejes principales de inercia descritos por Johann Andreas Segner (1704-1777), en 1758, le permite expresar las ecuaciones en la forma en la que las conocemos actualmente. Explica el modo de transformación del eje principal de inercia a eje de coordenadas fijas, encuentra una nueva integral de las ecuaciones cuando no hay fuerzas motrices y trata de manera general el caso en el que el cuerpo tiene dos momentos de inercia iguales.[130]

Para Euler existe una cierta similitud entre el movimiento de la peonza (Ver figura 2.5) y el de la tierra, siendo esta inquietud el motor de sus estudios sobre los cuerpos en rotación. Al querer aplicar las Leyes de Newton a la Tierra, advirtió que ésta mantenía un movimiento de rotación, girando a su vez su eje de rotación con movimientos de "precesión" y de "nutación" equivalentes a los del eje del trompo.

A partir de D'Alembert, fue Euler quien, con elegancia, según Appell...*presentó en su forma definitiva las ecuaciones del movimiento de un sólido alrededor de un punto fijo: siendo también el primero que encontró las integrales rigurosas para el caso de que las fuerzas exteriores fuesen nulas o admitan una resultante única al pasar por un punto fijo,*[131] según puede comprobarse en las Memorias de la Academia de Berlín de 1758.

---

[129] Euler: *El descubrimiento de un nuevo principio de mecánica.* Histoire de l'Académie royale de Berlín, 1750, pp.185-217.
[130] Euler: *Du mouvement de rotación des corps solides autour d'un axe variable.* Histoire de l'Académie royale de Berlín. 1758, pp, 154-193.
[131] Appell, Paul: *Traité de Mécanique Rationnelle.* Gauthier-Villars, París, 1941.

En 1840, Olinde Rodrigues (1795 -1851) publicó un trabajo sobre la transformación de coordenadas en las ecuaciones de Euler, considerándosele un precursor de Hamilton en la representación de rotaciones en el espacio.

Los estudios de D'Alembert y de Euler marcan el inicio de la búsqueda de las ecuaciones y de los principios que determinan el comportamiento de los sólidos rígidos sometidos a rotaciones libres o con ligaduras en uno de sus puntos. Estos trabajos continuaron con Lagrange y Poinsot, y con la aportación de notables matemáticos cómo Niels Henrik Abel (1802 -1829) o Carl Gustav Jacob Jacobi (1804 -1851).

Poinsot se interesa por el movimiento en su *Théorie générale de l'équilibre et du mouvement des systèmes* (1806), en su análisis da una *visión geométrica* de la rotación del cuerpo sobre un punto fijo: el referido eje instantáneo de rotación introducido por D'Alembert, cambiante en cada momento. Estima que genera un cono en su movimiento con el cuerpo, cuyo vértice está en el punto fijo. Si observamos las distintas posiciones de este mismo eje en el cuerpo, veremos la formación de un segundo cono. El movimiento de rodadura sin deslizamiento de éste con respecto al primer cono, corresponde a todas las posiciones posibles que el cuerpo tiene en su movimiento real.

Así, en palabras de Gilbert, *Toda estas complicaciones de movimiento que podamos imaginar en un cuerpo que gire alrededor de un punto fijo, se solucionan en última instancia, cuando las consideramos cinemáticamente o mediante una abstracción de las fuerzas que están en juego, transformándose en una imagen fácil de concebir por la inteligencia.*[132]

Sin embargo, añade que *Es necesario resolver la cuestión desde un punto de vista dinámico, buscar el movimiento que el cuerpo*

[132] Gilbert: *Problème de la rotación d'un corps solide autour d'un punto solide*, Annales de la société scientifiques de Bruxelles, 1878, pág. 257

adoptará bajo la influencia de las fuerzas. Este problema ofrece dificultades mucho mayores que el de la rotación alrededor de un eje fijo... La importancia de la cuestión llamaba al esfuerzo, pues si sabemos resolver el problema de la rotación alrededor de un punto fijo, sabremos resolver el problema general del movimiento de un cuerpo enteramente libre en el espacio. (Gilbert, misma referencia anterior).

Según refiere Paul Appell en su *Traité de Mécanique Rationnelle,* al enunciar Poinsot el Teorema de los momentos de las cantidades de movimiento en el movimiento relativo alrededor del centro de gravedad, plantea ejemplos de su aplicación al sistema solar, recordando el *Plano invariable de Laplace*, y expresando que: *Poinsot completó el cálculo de Laplace añadiendo los términos que provenían de la rotación de los planetas sobre ellos mismos, términos que, desde luego, tienen poco influencia sobre el resultado final,*[133] llegando a la conclusión de que si G es el centro de gravedad del sistema ...*el momento resultante G T' de las cantidades de movimiento relativas en relación a G es constante en tamaño, dirección y sentido.* [134]

2.2.6- Principio de la tendencia de los ejes de rotación hacia el paralelismo

Los estudios realizados a lo largo del siglo XIX con diferentes instrumentos de laboratorio, y las aportaciones de Sire y Foucault (1819-1868) para justificar el comportamiento de los cuerpos dotados de momento angular, se resumen en el llamado **Principio de la tendencia de los ejes de rotación al paralelismo**, cuyo enunciado es: *Si un disco o un cuerpo de*

[133] Appell, Paul: *Traité de Mécanique Rationnelle.* Gauthier-Villars, Paris, 1941.
[134]. Poinsot, L.: *Elementos de estática.* Univ. Press, 1847. https://books.google.es/books?id=UZxPAAAAYAAJ&printsec=frontcover&hl=es&source=gbs_ge_summary_r&cad=0#v=onepage&q&f=false

revolución cualquiera ha recibido una rotación enérgica alrededor de su eje de revolución, supuesto libre, y actúa una fuerza para dar a este cuerpo una nueva rotación alrededor de un eje perpendicular al primero, ésta no se produce, pero el eje de revolución se desvía lentamente hacia el eje de la rotación que la fuerza ha producido, cómo para confundirse con él.[135]

Foucault lo expresó de esta manera: *podemos afirmar el principio utilizado para guiarme en mi investigación sobre la orientación y la inclinación de los cuerpos giratorios: Cuando un cuerpo gira sobre un eje principal y una fuerza o sistema de fuerzas tiende a producir una nueva rotación no paralela a la primera, el efecto resultante es un desplazamiento del eje de rotación inicial, que tiende a que el eje de rotación inicie una nueva trayectoria favorable al paralelismo de ambas rotaciones.*[136]

M. Sire desarrolla la idea de la *fijeza del plano de rotación de un cuerpo que gira alrededor de su centro de gravedad.*[137]

Podemos recordar también a Gilbert que expresa una ley que relaciona la presión con la rotación, estableciendo que: *toda presión ejercida sobre el eje libre del disco determina*

---

[135] Sire, M.: *Sur la tendence des ejes de rotación au parallélisme et son application à la démonstration expérimentale de la rotación terrestre*, París, archivos des Sciences Physiques et Naturalle; nouvelle période, t. I, 1858, p.105.

[136] Foucault, León: *Sur quelques expériences tendant un démontrer la tendance des rotaciones au parallélisme.* La Académie des Sciences de Francia, París, 26 de octubre de 1852. *Comptes rendus de l'Acad. des Sc.*, t. XXXV, p. 602, y sobre: *Recueil des travaux scientifiques de Léon Foucault,* pág. 413, publié par Madame veuve Foucault, sa mère y J. Bertrand, secrétaire perpétuel de l'Académie des Sciences. París, Gauthier Villars, 1878.

[137] Sire, M.: *Sur la tendence des ejes de rotación au parallélisme et son application à la démonstration expérimentale de la rotación terrestre*, París, archivos des Sciences Physiques et Naturalle; nouvelle période, t. I, 1858, p.105.

constantemente un desplazamiento perpendicular a ese que se creía obtener.[138]

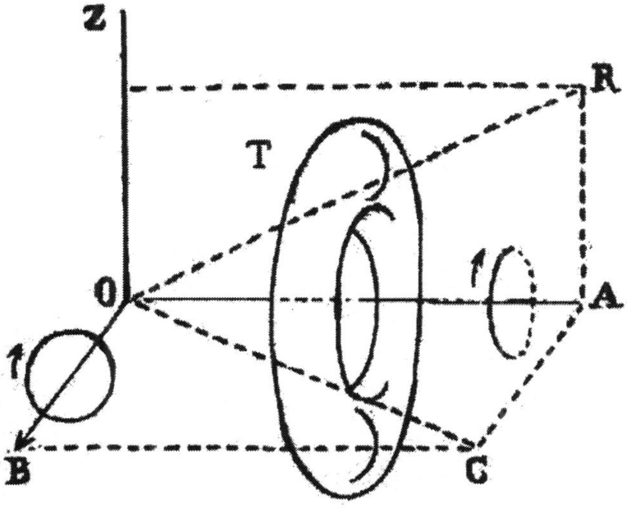

Figura 2.6. Paralelogramo de rotación de Sire

También la cuestión propuesta por William Thomson (Lord Kelvin. 1824-1907) en el supuesto generalizado de cuerpos con momento angular intrínseco, de que...*es remarcable que, si se imponen nuevas ligaduras al cuerpo, estas ligaduras, en vez de reforzar la estabilidad, pueden hacerla desaparecer.*[139]

Todos estos estudios se basaban en experimentos con instrumentos semejantes al giróscopo, y que, por tanto, se limitaban a la composición de una rotación existente con la acción resultante del peso. De esa época no conocemos experimentos de cuerpos libres en el espacio.

---

[138] Gilbert: *Problème de la rotación d'un corps solide autour d'un punto*, los Annales de la société scientifiques de Bruxelles, 1878, pág. 301.
[139] Thomson, W.: *Mathematical and Physical Papers*. Cambridge University Press. (6 volúmenes, 1882-1911)

Sire y Foucault proponen una interpretación cinemática sencilla e ingenua, coherente con la formulación de Euler, utilizando argumentos cinemáticos basados en el Teorema del Paralelogramo de Rotación: Si un cuerpo está sometido a dos rotaciones simultáneas, sobre los ejes OA y OB (véase la figura 2.6), de acuerdo con el álgebra vectorial, el cuerpo deberá girar en torno un nuevo eje definido por la diagonal OC, resultante del paralelogramo formado por OA y OB.

Según este principio, cuando un toro tenga una rotación según el eje OA, si se le somete a una nueva rotación alrededor del eje OB, el objeto deberá girar en realidad alrededor del eje intermedio OC, de tal manera que el eje OA tiende a dirigirse hacia el eje OB.[140]

Ahora nos puede parecer evidente que ambos investigadores no sometieron a una prueba experimental este enunciado, ya que los cuerpos, en el espacio no responden a este supuesto comportamiento. Por ello, lógicamente no fue aceptado por la comunidad científica. Según Gilbert este razonamiento presenta, *una simplicidad que disimula su completa insuficiencia... Nada es más fácil que hacer ver que la explicación precedente reposa sobre una confusión grave entre el eje de revolución del toro, es decir, el eje material que vemos, y el eje instantáneo de rotación...*

(...) *estos dos ejes coinciden únicamente en el comienzo del movimiento, cuando el disco se pone en rotación alrededor de su eje de revolución, pero desde el momento en que se inicia el movimiento, éste ya no puede ser el eje instantáneo de rotación.*

---

[140] Barceló, G.: *El vuelo del bumerán.* Ed. Marcombo 2006, Barcelona. Página 172.
http://www.dinamicafundacion.com/

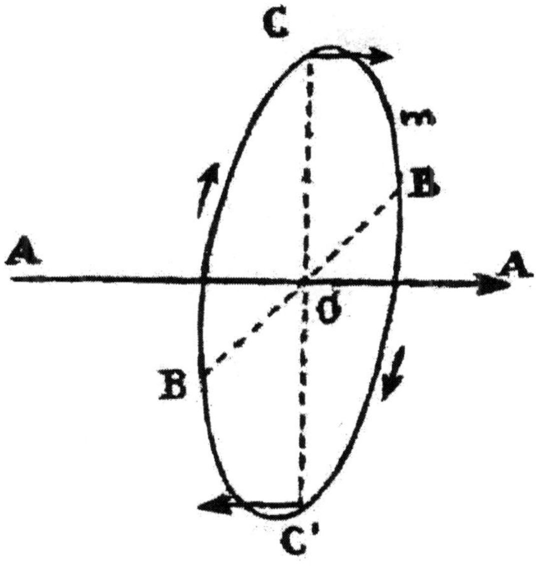

Figura 2.7. Justificación dinámica del principio de la tendencia de los ejes de rotación, según Gilbert.

(...) Creo suficientes los motivos para demostrar que la explicación resulta inadmisible y que en general es imposible establecer sobre condiciones cinemáticas únicamente el principio de la tendencia de los ejes al paralelismo. Este fenómeno depende de la inercia de la materia y no puede ser explicado por razones basadas en principios dinámicos. [141]

Es de interés destacar como este autor no admite ya la aplicación del algebra vectorial en el análisis de las superposición o adición de rotaciones.

Johann Christian Poggendorff[142] (1796 -1877) propone una explicación simplificada de los fenómenos observados,

[141] Gilbert: *Problème de la rotación d'un corps solide autour d'un punto solide*, Annales de la société scientifique de Bruxelles, 1878, pág. 308.
[142] Poggendorff, J. C.: *Noch ein Wort über die Fesselsche rotaciones Maschine*, Annales der Physik und Chemie, t. XC, pág. 348

apoyándose en la inercia de las partículas del disco, muy parecida por otro lado a la sugerida por Gilbert.

Posteriormente Jouffret: identifica el *momento generado por la aparición de reacciones,*[143] y lo cuantifica como: $\vec{D} = I \cdot \vec{\omega} \times \vec{\Omega}$ (véase la ecuación 4.12 y el epígrafe 4.1.0.2), lo que fue identificado posteriormente como *par giroscópico*.

El texto de Jouffret es comentado ampliamente por Gilbert (Ver figura 2.7): *Presenta en primer lugar el análisis de las reacciones desarrolladas por una molécula describiendo un movimiento uniforme alrededor de un círculo mientras que éste gira alrededor de uno de sus diámetros... Extendiendo su análisis a un anillo y a un disco, concluye en un teorema que no es otra cosa que el principio de la tendencia de los ejes al paralelismo.*

M. E. Jouffret hace ver que hay que tener en cuenta el cambio en la dirección y la velocidad de circulación de cada molécula. Prueba que esta velocidad actúa en el mismo sentido que la primera y refuerza sus efectos y busca el momento generado por las reacciones que aparecen como motivo de la primera y de la segunda causa, y concluye que ambas son iguales y de igual sentido, siendo su suma igual a $\vec{D} = I \cdot \vec{\omega} \times \vec{\Omega}$, *siendo I el momento de inercia del disco con respecto a su eje,* $\vec{\Omega}$ *la velocidad alrededor de este eje y* $\vec{\omega}$ *la velocidad del plano del disco.*[144]

Hirn propone simultáneamente una solución dinámica semejante, que Gilbert ya en 1878 interpreta aplicándola a instrumentos y aparatos utilizados en ese momento en laboratorios de física.

---

[143] Jouffret, M. E.: *Théorie élémentaire des phénomènes que présentent le giróscopo, La toupie et le proyectil oblongo*. Levrault et Gauthier-Villars, Extrait de la Revue d'Artillerie, París, 1874.

[144] Gilbert: *Problème de la rotación d'un corps solide autour d'un punto solide*, Annales de la société scientifique de Bruxelles, 1878, pág. 316

Sin embargo, estas ideas, aparentemente tan simples, no fueron desarrolladas en los años siguientes, posiblemente admirados los físicos por las nuevas teorías de Einstein. Tardaron muchos años en ser difundidas y generalizadas, de modo que hasta los años cincuenta del siglo XX, numerosos autores todavía estaban confundidos con la *paradójica* perplejidad que estos fenómenos generaban, ya que, en nuestra opinión, no habían sido estudiados con suficiente profundidad.

2.2.7- Estudio de la rotación de los cuerpos.

El singular comportamiento de los cuerpos dotados de momento angular ha sido interpretado de forma singular a través de la historia de la física.

Por ejemplo, algunos libros de texto hablan del *Teorema de rotación de Euler*. Realmente se trata de un teorema matemático que expresa que en un espacio tridimensional, cualquier transformación por rotación que mantenga un punto constante, también debe dejar constante un eje completo. Matemáticamente, la combinación de rotaciones es otra rotación, por lo que el conjunto de las operaciones de rotación tiene una estructura algebraica conocida como grupo (Ver epígrafe 2.2.10). En concreto al grupo de rotaciones se define como "grupo especial ortogonal de dimensión 3 o SO (3). Matemáticamente, cualquier composición de rotaciones sobre un sólido rígido, con ejes arbitrarios, es equivalente a una sola rotación sobre un nuevo eje.

Pero estas conclusiones geométricas no pueden ser trasladadas a la dinámica, sin la aplicación del método científico, realizando la oportuna prueba y comprobación. Sin el suficiente rigor, se ha extendido el teorema de rotación de Euler a la dinámica, enunciándolo de esta forma: *cualquier rotación o conjunto de rotaciones sucesivas puede expresarse siempre como una rotación alrededor de una única dirección o eje de rotación principal. De este modo, toda rotación (o conjunto de rotaciones sucesivas) en el espacio tridimensional puede ser especificada a través del eje de rotación equivalente definido vectorialmente por tres parámetros y un cuarto parámetro representativo del ángulo rotado.*[145]

La confusión sobre el comportamiento rotacional de la masa ha sido reiterada en la historia de la física, y este es un ejemplo paradigmático de esa confusión, que lleva al mismo autor a afirmar que: *De acuerdo al teorema de la rotación de Euler,* ***la rotación alrededor de más de un eje al mismo tiempo es imposible,*** *así pues, si dos rotaciones son forzadas al mismo tiempo en diferente eje, aparecerá un nuevo eje de rotación.* (Igual referencia que la anterior).

No puede confundirse el concepto matemático de rotación, con la dinámica rotacional, en la que la inercia establece el verdadero comportamiento de la masa. Por ejemplo, en la naturaleza encontramos numerosos ejemplos de que pueden existir dos rotaciones simultáneas sobre dos ejes distintos, sin que aparezca una nueva rotación por acoplamiento de las anteriores. El bumerán, la peonza o el giróscopo son claros ejemplos de ello. A lo largo de este texto incidiremos de nuevo sobre esta cuestión, tan habitual en la naturaleza, pero que muchos expertos no han llegado a comprender plenamente, ni han contrastado sus erróneas deducciones teóricas, con la observación o la prueba experimental.

Ya vimos en el epígrafe 2.0 como, en el caso del giróscopo, su comportamiento era calificado tradicionalmente de "paradójico" en los tratados de física, incluso hasta los años cincuenta del siglo XX.

---

[145] Wikilibros contributors: *Física/Texto completo*. Wikilibros. Consultado, abril 3, 2016 en: https://es.wikibooks.org/w/index.php?title=F%C3%ADsica/Texto_completo&oldid=241283.

Como ya hemos referido, su estudio comenzó en el siglo XIX con el establecimiento de Sire y Foucault del llamado ***Principio de rotación de ejes con tendencia al paralelismo.***

Ya en el siglo XX, y en aplicación del principio de D'Alembert y de las Leyes de Newton, se generaliza el concepto de "*par giroscópico*", sin proponer una causalidad, pero sí advirtiendo el extraño comportamiento generado por este par, y destacando los fenómenos resultantes debidos al "*efecto giroscópico*", justificando su presencia en múltiples fenómenos de la naturaleza.

Incluso, algún autor insinuó una *Ley de precesión giroscópica*, que explicaba el comportamiento, pero no las causas del mismo. Es de destacar cómo, a pesar de que este fenómeno giroscópico era ampliamente conocido, inicialmente no se propusieron hipótesis para explicar su origen o causa, pero se comprende esta omisión, ya que su ley de comportamiento se enfrenta claramente con la doctrina de la Mecánica Clásica.

Posteriormente otros autores han interpretado el comportamiento del giróscopo en base al *Principio de Conservación del Momento Angular* sin tener que realizar un análisis de causalidad. Para el profesor Antonio Fernández-Rañada, la relación:

$$\vec{M} = \frac{\Delta \vec{L}}{\Delta t} \qquad (2.11)$$

...da origen a la siguiente ley de conservación: Si el momento de las fuerzas exteriores aplicadas a un sólido rígido respecto a un punto O es nulo, el momento angular total respecto al mismo punto no varía con el tiempo.[146]

[146] Fernández-Rañada, Antonio: *Física básica.* Alianza Editorial Madrid 1993. Pág. 179.

En el caso de la peonza, siendo I**L**I el módulo del momento angular, y siendo **ω** su velocidad angular alrededor de su eje principal:

$$\mathbf{L} = \mathbf{I}\,\boldsymbol{\omega} \qquad (2.12)$$

Para este supuesto Fernández-Rañada expresa: *Cuando dicha velocidad angular es elevada, la inercia de la peonza debida al giro en torno a su eje es muy grande, y el torque externo no es suficiente para cambiar I ω apreciablemente...*

Por consiguiente, el módulo L del momento angular permanece constante. Como también ha de serlo la conclusión de que el ángulo que forman el eje de giro y el eje Z ha de ser también constante. Para que estas dos condiciones se cumplan en presencia del torque M, es necesario que el eje de giro de la peonza describa un cono de revolución, haciendo que ésta ejecute un movimiento de precesión en torno al eje Z. [147]

El estudio dinámico de los cuerpos en rotación, y su comportamiento cuando son sometidos a nuevas excitaciones, ha interesado en la física en los dos últimos siglos, y se aprecia una evidente evolución en su interpretación científica.

2.2.8- Principio de Superposición

Hemos visto en el epígrafe 2.2.3 la evolución del concepto de *Composición de Movimientos*, hasta devenir en la actualidad en un axioma de la mecánica racional. En física es usual la aplicación automática e implícita de axiomas. Este es el caso, ya mencionado, del **Principio de Superposición de los componentes de la Velocidad**, cómo así lo denomina Gerald

[147] Fernández-Rañada, Antonio: *Física básica*. Alianza Editorial Madrid 1993. Pág. 179.

Holton en su *Introducción a los conceptos y Teorías de las ciencias Físicas.*[148]

Es bien cierto, como ya hemos comentado en el epígrafe 2.2.3, que Galileo interpretó que la trayectoria de un proyectil correspondía a la composición del movimiento lineal de lanzamiento desde el cañón, de carácter instantáneo, con el movimiento resultante de la fuerza de la gravedad sobre el centro de masas del proyectil, pero esta visión creativa e innovadora no nos debería obligar necesariamente, a su generalización dinámica. No obstante esa generalización se ha producido, incluso en el caso de la composición de rotaciones debidas a pares de fuerzas sucesivas.

Desde que Poinsot propuso (Ver epígrafe 2.1) que las fuerzas actuantes sobre un sólido son siempre reducibles a una fuerza y a un momento, y que su comportamiento es independiente, en dinámica se ha asumido que los pares se acoplaran entre sí, y las fuerzas, por separado entre ellas, sin existir acoplamiento entre pares y fuerzas.

Recordaremos cómo Paul Appell, después de analizar la composición de traslaciones, en su *Traité de Mécanique Rationnelle*, se refiere a un sistema de dos rotaciones y, conforme al algoritmo matemático vectorial, infiere que *...la velocidad absoluta* $\vec{V}_a$ *de M es la que resulta de los momentos resultantes de dos vectores* $\vec{W}_1$ *y* $\vec{W}_2$ *respecto a M.*[149]

La cuestión que podría plantearse es si los cuerpos sólidos libres, en la naturaleza se comportan verdaderamente de esta forma, cuando están sometidos a interacciones externas que debieran generar, conforme a los principios de la Mecánica Clásica,

[148] Holton, Gerald: *Introducción a los conceptos y teorías de las ciencias físicas.* 1952 - Universidad de Harvard. Ed. Reverte página 143.
[149] Appell, Pablo: *Traité de Mécanique Rationnelle.* Epígrafe 47 1941.

velocidades angulares, a las que Appell sugiere incluso aplicar el álgebra vectorial.

2.2.9- Algoritmos aplicables

La asignación del concepto de vector a magnitudes dotadas de atributo escalar y direccional, y la representación de estas magnitudes singularizadas de forma vectorial, es una convención aceptada y generalizada en la ciencia física, al entender la idoneidad de este algoritmo matemático y su valor pedagógico e intuitivo.

En cambio, han sido planteadas reticencias a la consideración vectorial de las magnitudes específicas rotacionales de la dinámica de sólidos: *Los vectores que incluyen un producto vectorial en su definición se llaman vectores axiales o pseudo vectores. Ejemplo de pseudo vectores son, por supuesto, el torque **T** y el momento angular **L**. Resulta que la velocidad angular **ω** es un pseudo vector cómo lo es el campo magnético **B**.* [150]

Si nos limitamos a analizar el fenómeno de la rotación o del desplazamiento angular, entendiendo como tal un movimiento del sólido alrededor de un eje que lo atraviesa, podemos proponer que esta magnitud no cumple las leyes algebraicas de adición y conmutativa, como a continuación vamos a exponer.

---

[150] Feynman, Leighton y Sands: *Physics.* E. Addison-Wesley Ib. Technical Institute of California 1963. P. 20.5.

2.2.9.0- Conjeturas sobre el desplazamiento angular

Si iniciamos nuestro análisis con la magnitud de desplazamiento angular, advertimos que determinadas propiedades del álgebra vectorial común no se cumplen en las trasformaciones geométricas de rotación.

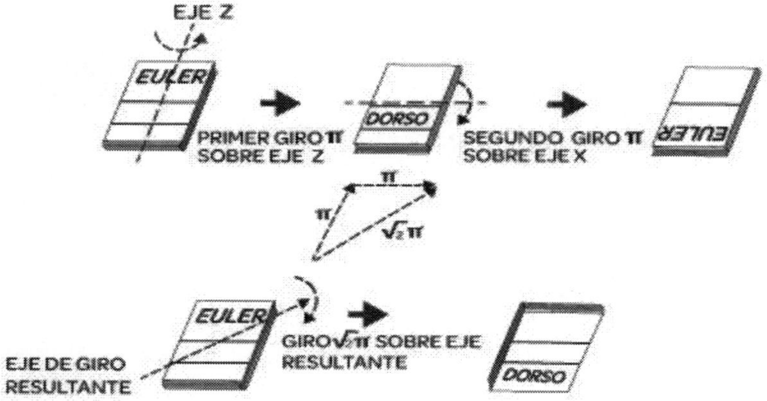

Figura 2.8. El desplazamiento angular no cumple la ley de adición vectorial.

1 - El desplazamiento angular no cumple la ley de adición vectorial.

La ley algebraica de adición vectorial expresa que el vector resultante de otros será un nuevo vector determinado por la denominada regla del paralelogramo, o de adición vectorial. En consecuencia, si dos vectores representan dos rotaciones distintas, la suma de ambos será un nuevo vector que deberá representarse por la regla del paralelogramo. Puede comprobarse que el desplazamiento angular no cumple esta ley de adición vectorial.

Si tomamos el libro de la figura 2.8, y lo hacemos girar π (180°), primero sobre un vertical Z, y después otra segunda media vuelta

π sobre un eje horizontal X, el libro se sitúa en una posición distinta que la que resultaría aplicando un giro equivalente a la suma vectorial de ambas rotaciones representadas por sus vectores.[151]

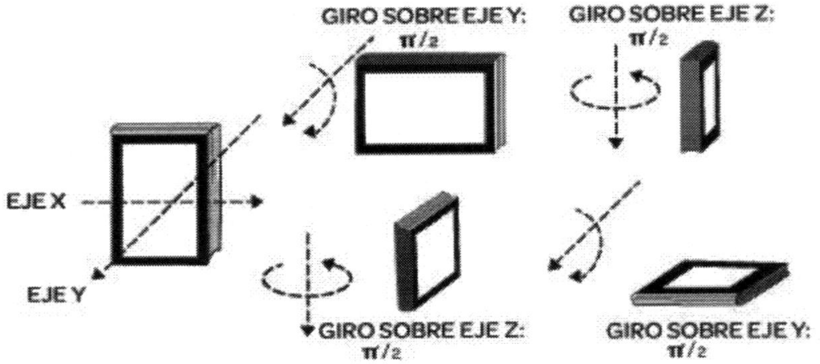

Figura 2.9. El resultado de dos desplazamientos angulares referidos a unos ejes externos, es distinto en función del orden de aplicación. La posición final del libro es distinta después de aplicar un giro de un cuarto de vuelta sobre dos ejes distintos en momentos sucesivos diferentes.

2 - El desplazamiento resultante depende del orden en que se producen los movimientos.

Las operaciones rotatorias no cumplen la propiedad algebraica conmutativa:

$$A + B \neq B + A.$$

[151] Barceló, G.: *El vuelo del Bumerán*. Ed. Marcombo: Barcelona, 2006. Pág. 257, epígrafe 11.5.
http://www.dinamicafundacion.com/

En el ejemplo anterior, el libro se somete a una rotación de 90º sobre su eje Y (Figura 2.9), perpendicular al plano de la página, en sentido de las agujas del reloj y posteriormente sobre otro eje Z, perpendicular al anterior. Con otra rotación de 90º, el resultado que se obtiene es muy distinto que si hacemos girar el libro primero sobre su eje Z, como se indica más abajo y luego respecto al eje Y. Comprobamos que el resultado final no es el mismo cuando las operaciones se realizan en el orden inverso. Proponiendo un ejemplo semejante, Goldstein afirma: "Esta conclusión de que la suma de rotaciones finitas depende del orden de las rotaciones, queda de manifiesto en forma contundente"[152].

El resultado de dos desplazamientos angulares referidos a unos ejes externos es distinto en función del orden de aplicación. La posición final de un cuerpo sometido a dos desplazamientos angulares diferentes es distinta si se producen sobre dos ejes distintos en momentos sucesivos diferentes.

La ley algebraica conmutativa establece que el orden de los factores no puede alterar el resultado, de tal forma que al sumar dos componentes de la misma magnitud, el resultado es independiente del orden o sucesión en que se efectúe. El desplazamiento angular no cumple la propiedad conmutativa, ya que el resultado de dos desplazamientos angulares sucesivos depende del orden o secuencia de aplicación.

Parece evidente que, en virtud de las características observables de los desplazamientos angulares, la composición de rotaciones no es una operación conmutativa. Por tanto, si no se cumplen ni la ley de adición ni la conmutativa del álgebra vectorial, no podemos aceptar la convención de que un desplazamiento angular pueda representarse por un vector ni, en nuestra opinión, podemos utilizar el álgebra vectorial en la dinámica rotacional.

---

[152] Goldstein, H. *Mecánica Clásica.* Epígrafe 4.8. Editorial Reverté. 1994.

La anterior declaración, parece lógica, concisa e indiscutible, pudiendo entenderse como un axioma en nuestro análisis para determinar un álgebra y un sistema de representación idóneo para la dinámica rotacional. No obstante, como iremos conociendo, esta afirmación no es universalmente aceptada y durante muchos años se ha utilizado el álgebra vectorial como sustento matemático de la dinámica rotacional.

La cuestión que se plantea es más compleja, ya que al analizar con detenimiento esta operación, advertimos que se cumplen las leyes de adición y conmutativa en un supuesto: cuando los desplazamientos angulares son coaxiales, esto es, si nos referimos a los realizados sobre un mismo eje que permanece como constante eje de rotaciones[153]*.*

Pero este hecho peculiar para desplazamientos angulares coáxicos no puede ser generalizado, y debemos respetar la verdadera naturaleza de las magnitudes rotacionales.

2.2.9.1- Ley algebraica de adición vectorial

Reiteramos que la ley algebraica de adición vectorial expresa que el vector resultante de otros será un nuevo vector determinado por la denominada regla del paralelogramo, o de adición vectorial. En consecuencia, si dos vectores representan dos rotaciones distintas, la suma de ambos será un nuevo vector que deberá ser representado por la regla del paralelogramo. Hemos comprobado como el desplazamiento angular no cumple esta ley de adición vectorial.

---

[153] Barceló, G.: *El vuelo del Bumerán*. Ed. Marcombo: Barcelona, 2006. Pág. 259, epígrafe 11.5.
http://www.dinamicafundacion.com/

Podemos proponer como conclusión que **el desplazamiento angular no cumple la ley de adicción vectorial.**

2.2.9.2- Ley conmutativa vectorial.

Volviendo al *Traité de Mécanique Rationnelle* de Appell, que expresaba lo siguiente: *...la velocidad es independiente del orden en que se suceden las rotaciones* $\vec{W}_1$ y $\vec{W}_2$.[154] Esta afirmación es también coherente con el algoritmo vectorial utilizado, pero el asignar una propiedad conmutativa a la composición de rotaciones debería también haberse justificado adecuadamente.

El asumir cómo axioma la conmutabilidad de los vectores que representan rotaciones, sin un contraste suficiente de la realidad de este comportamiento, ha podido permitir la inferencia de propiedades inadecuadas para esta magnitud.

Sobre esta cuestión es interesante recordar cómo se ha intentado solventar esta cuestión en muchos libros de física o de matemáticas aplicadas a la física.

El catedrático de mecánica Scala, de la E.T.S.I. Industriales de Madrid, en su tratado sobre Vectores, *Análisis Vectorial,* se refería a la expresión analítica del giro de un vector, en coherencia con los criterios aceptados por la comunidad científica. Tras un detallado análisis matemático llegaba a las siguientes conclusiones:

1. *Los giros coáxicos son conmutativos.*
2. *Los giros en el espacio no son, en general, conmutativos.*

---

[154] Appell, P.: *Traité de Mécanique Rationnelle*. Gauthier-Villars, París, 1941.

3. *Una secuencia finita de giros infinitamente pequeños es permutable.* [155]

Con estas conclusiones, volvemos al punto de partida, admitiendo la permutabilidad de los giros, si estos se originan de una *secuencia finita de giros infinitamente pequeños.* Hay que destacar que el análisis matemático del profesor Scala se contrasta con la realidad geométrica, generándose una salvedad que resuelve con una suposición teórica cual es *...sumar los giros infinitamente pequeños como si fueran vectores, siempre que el resultado final sea un movimiento infinitamente pequeño, es decir, que el número de ellos sea finito.* [156] De esta forma se trata de resolver la cuestión planteada sobre la imposibilidad de la conmutatividad de giros, pero en nuestra opinión, también esta salvedad debería ser contrastada con la realidad física. Por todo ello, y después de realizar sencillas pruebas experimentales, en nuestra opinión: ***El desplazamiento angular resultante depende del orden en que se producen los movimientos.***

Por ello, nos parece conforme a la realidad lo expresado por French: *El resultado de dos desplazamientos angulares referidos a unos ejes externos es distinto en función del orden de prelación.*[157] La posición final de un sólido es distinta después de aplicar un giro de un cuarto de vuelta sobre dos ejes distintos en momentos sucesivos diferentes.

Algunos profesores trasladan a sus alumnos las inquietudes que han evidenciado, considerando prudente reflexionar sobre el distinto carácter de las rotaciones infinitesimales y de las

[155] Barceló, G.: *El vuelo del Bumerán*. Ed. Marcombo: Barcelona, 2006. Pág. 261, epígrafe 11.6.1.
http://www.dinamicafundacion.com/

[156] Scala, Juan José: *Análisis vectorial*. Volumen I, Edit. Síntesis. 1995, epígrafe 19.

[157] French, A. P.: *Mecánica newtoniana*. Ed. Reverté, Figura 14-23.

rotaciones finitas, recordando que...*la composición de rotaciones finitas no es una operación conmutativa.*

Reiteramos que la ley algebraica conmutativa establece que el orden de los factores no puede alterar el resultado, de tal forma que al sumar dos componentes de la misma magnitud, el resultado es independiente del orden o sucesión en que se efectúe. El desplazamiento angular no cumple la propiedad conmutativa vectorial, ya que el resultado de dos desplazamientos angulares sucesivos depende del orden o secuencia de aplicación.

French, en su texto *Mecánica Newtoniana*, sobre esta cuestión se expresa así: *Para un objeto rígido, que pivota sobre el CM o en cualquier otro punto fijo, el movimiento de algún punto dado del objeto está confinado a la superficie de una esfera. Cualquier cambio en la posición puede producirse por rotaciones sobre tres ejes escogidos.*

Es imposible, sin embargo, representar estos desplazamientos angulares finitos cómo vectores de rotación con x, y, y z cómo ejes, porque (cómo ya observamos en el Capítulo 2) la resultante de dos desplazamientos sucesivos ***depende del orden en el que se realicen****.... Así, pues, no existe un único desplazamiento angular caracterizado por una dirección y un módulo, que represente la combinación de dos o más rotaciones individuales. Sin embargo, la definición de velocidad angular, cómo la de velocidad lineal, está basada en desplazamientos infinitesimales durante un tiempo δt que llega a ser cero en el límite.*[158]

Es difícil de entender la dualidad con la que la Mecánica Clásica ha querido venir tratando los desplazamientos angulares. Se comprende la conmutabilidad de los giros coáxicos, pero es difícil de entender que cualquier otro conjunto de giros no coáxicos sean conmutativos, cuando los desplazamientos angulares no lo

[158] French, A. P.: *Mecánica newtoniana.* Ed. Reverté, pág. 722.

son, y si cumplen esta ley, cuando son infinitesimales. Y más aún, cómo un número finito de desplazamientos infinitesimales, convierten en conmutativos, los desplazamientos angulares finitos.

En esta aparente contradicción, parece arriesgado fundamentar una mecánica rotacional sobre el supuesto del comportamiento vectorial de las velocidades angulares. Además, en nuestra opinión, todo ello supone que resulta dudoso predecir la situación de un sólido sometido a múltiples rotaciones mediante un algoritmo cómo el desarrollado por Euler o por la mecánica vectorial.

Además, con simples pruebas experimentales puede comprobarse la no conmutatividad de los giros finitos de los cuerpos, y por tanto, el incumplimiento del algebra vectorial.[159]

Por todo ello, en nuestra opinión no pueden ser representadas las magnitudes dinámicas de la rotación mediante vectores, ni aplicarse el álgebra vectorial a estas magnitudes.

2.2.10- Sistemas de representación de rotaciones.

Es de interés conocer los sistemas de representación de rotaciones habituales en la Mecánica Clásica, en ella, la rotación está considerada como una simetría alrededor del eje de rotación.

---

[159] Ver en Barceló, G.: *El Vuelo del bumerán.* Ed. Marcombo 2006, Barcelona. Página 256, epígrafe 11.5.- Conjeturas del desplazamiento angular

Cuadro de correspondencias entre los distintos tipos de representaciones[160]

	Desplazamiento angular	*Velocidad*	*Velocidad angular*
Vectorial	Ψ, vector	$\mathbf{v}$, vector	$\mathbf{\Omega}$, vector
Grupo de Lie	$Q \in SO(3)$	$\dot{\mathbf{y}}$, vector	$\mathbf{\Omega} \in \mathfrak{so}(3)$
Cuaternios	q, cuaternio unitario	$\dot{\mathbf{y}}$, cuaternio puro	$\mathbf{\Omega}$, cuaternio puro
Clifford	$\mathrm{q} \in Cl_3^0$, unitario	$\dot{\mathbf{y}}$, vector	Λ, bivector

	Tensor de inercia	*Momento angular*	*Momento del pai*
Vectorial	I transforma vectores en vectores	$\mathrm{I}(\mathbf{\Omega})$, vector	$\mathbf{m}$, vector
Grupo de Lie	$\mathrm{I} : \mathfrak{so}(3) \to \mathfrak{so}(3)^*$	$\mathrm{I}(\mathbf{\Omega}) \in \mathfrak{so}(3)^*$	$\mathbf{m} \in \mathfrak{so}(3)^*$
Cuaternios	I transforma vectores en vectores	$\mathrm{I}(\mathbf{\Omega})$, vector	$\mathbf{m}$, vector
Clifford	$\mathcal{I}_B$ transforma bivectores en bivectores	$\mathcal{I}_B(\dot{\Lambda})$, bivector	M, bivector

	Ec. Movimiento	*Ecs. Velocidad*	*Ecuación de Euler*
Vectorial		$\mathbf{v} = \mathbf{\Omega} \times \mathbf{x}$ $\dot{\varphi} = \mathbf{\Omega}$	$\mathrm{I}(\dot{\mathbf{\Omega}}) = \mathrm{I}(\mathbf{\Omega}) \times \mathbf{\Omega} + \mathbf{m}$
Grupo de Lie	$\mathbf{y} = R\mathbf{x}$	$\dot{\mathbf{y}} = R\Omega\mathbf{x}$ $\dot{R} = R\Omega$	$\mathrm{I}(\dot{\mathbf{\Omega}}) = \mathrm{adj}^*_{\mathbf{\Omega}}(\mathrm{I}(\mathbf{\Omega})) + \mathbf{m}$
Cuaternios	$\mathbf{y} = \mathrm{q}\mathbf{x}\mathrm{q}^*$	$\dot{\mathbf{y}} = \mathrm{q}(\mathbf{\Omega} \times \mathbf{x})\mathrm{q}^*$ $\dot{\mathrm{q}} = \frac{1}{2}\mathrm{q}\mathbf{\Omega}$	$\mathrm{I}(\dot{\mathbf{\Omega}}) = \mathrm{I}(\mathbf{\Omega}) \times \mathbf{\Omega} + \mathbf{m}$
Clifford	$\mathbf{y} = \mathrm{q}\mathbf{x}\mathrm{q}^*$	$\dot{\mathbf{y}} = \mathrm{q}(\imath\Lambda \times \mathbf{x})\mathrm{q}^*$ $\dot{\mathrm{q}} = \frac{1}{2}\mathrm{q}\Lambda$	$\mathcal{I}_B(\dot{\Lambda}) = \frac{1}{2}[\mathcal{I}_B(\Lambda), \Lambda] + M$

En un análisis histórico advertiríamos como el primero en desarrollar un sistema de representación de rotaciones fue Euler, en 1758, utilizando los ejes de coordenadas cartesianos, como ejes fijos de referencia, y tres ángulos variables específicos, denominados posteriormente como *ángulos de Euler*. A continuación, y ya a finales del siglo XVII, fue Jean-Robert Argand (1768–1822) quien introdujo, por primera vez unas coordenadas con números complejos para representar giros sobre un plano, procedimiento posteriormente aplicado y extendido por Johann Carl Friedrich Gauss (1777–1855). Más adelante William Rowan Hamilton (1805–1865), queriendo generalizar esta representación al espacio de tres dimensiones, crea en 1843, el *álgebra de*

[160] Cuadro diseñado por el catedrático José Gómez Torrecillas, de la Universidad de Granada (España), en un programa de investigación para Advanced Dynamics.

cuaterniones, que muy pronto, ya en 1857, fue sustituida por el *álgebra matricial* de Arthur Cayley (1821–1895).

No sabemos si en todos estos casos, la preocupación de los investigadores era encontrar un sistema idóneo de representación matemática de rotaciones abstractas en el espacio, o se buscaba en concreto, un sistema de representación en dinámica rotacional, ya que ambas premisas pudieran no ser idénticas.

Hay tres representaciones utilizadas habitualmente: Dos de ellas se definen mediante matrices, bien sea mediante el eje y el ángulo de rotación, o por la descomposición que se obtiene con los *ángulos de Euler*. La tercera opción consiste en expresar la rotación mediante los cuaterniones de Hamilton. Esta última está basada en la aritmética de un conjunto no conmutativo denominado *cuerpo de los cuaterniones* o *anillo de división de los cuaterniones*. Estos pueden entenderse como una extensión de los números complejos, en la que la parte imaginaria tiene dimensión tres.

Los cuaterniones forman, de hecho, un espacio de dimensión cuatro, y en muchas de sus aplicaciones se suponen las tres coordenadas imaginarias, como el espacio tridimensional, y la coordenada real como el tiempo.

También podemos representar una rotación mediante una *matriz de transformación homogénea,* siendo esta un operador que soporta diversas transformaciones de manera integrada, además de la rotación, la traslación, el escalado y la perspectiva. Este concepto matemático supone que esas acciones, son transformaciones lineales.

En el ámbito matemático, la Topología algebraica estudia los espacios topológicos y las herramientas del álgebra abstracta. Concretamente, el *álgebra de Lie* es la estructura matemática definida sobre un espacio vectorial, para el estudio geométrico de los grupos de transformaciones y de otras variedades diferenciables. Un *grupo de Lie* puede interpretarse en física como aquel que incorpora transformaciones sobre una variedad diferenciable. Como ya hemos expresado, las rotaciones, constituyen matemáticamente, un grupo, el denominado grupo matricial de Lie SO (3, R), que constituye el grupo de rotaciones, o grupo ortogonal especial, entendido como el conjunto de rotaciones del espacio de 3 dimensiones.

En Mecánica Cuántica han sido utilizadas otras estructuras matemáticas no conmutativas en la representación de rotaciones, como por ejemplo las álgebras de Clifford. El álgebra de cuaterniones de Hamilton se puede identificar con la subalgebra par Cl^0_3 del álgebra de Clifford Cl_3. Por tanto, esta representación permite codificar las rotaciones, de manera análoga a como se hace con los cuaternios.

Una transformación del espacio afín euclidiano tridimensional que preserva distancias no depende obviamente del sistema de representación adoptado, tampoco la naturaleza matemática de un movimiento del sólido rígido. Tanto los Grupos de Lie, como los Cuaterniones de Hamilton, como las Álgebras de Clifford proporcionan sistemas de representación de los desplazamientos angulares o rotaciones en el espacio cuya fidelidad es difícilmente cuestionable.[161]

En el cuadro anterior se representan las magnitudes fundamentales asociadas a un movimiento de rotación de un sólido rígido en los diferentes sistemas referidos. Mediante **x** representaremos siempre el vector de posición inicial de un punto genérico del sólido rígido, en tanto que **y** representará la posición de tal punto tras aplicar la rotación. Las ecuaciones de Euler están expresadas con respecto de la referencia solidaria al cuerpo.

---

[161] Barceló, G.: *El vuelo del bumerán.* Ed. Marcombo 2006, Barcelona. Página 254. http://www.dinamicafundacion.com/

No obstante, no pueden confundirse estas abstracciones topológicas, con las matemáticas aplicables a la dinámica de los cuerpos sólidos rígidos, como ya expresamos en el epígrafe 2.2.7.

2.3- Mecánica analítica

En el ámbito de la Mecánica Clásica pueden determinarse las ecuaciones de la dinámica con otras formulaciones distintas a la propuesta por Newton y Euler.

La mecánica de Newton se fundamenta en el concepto de *cantidad de movimiento*, por lo que este puede ser definido como un vector de la mecánica. Pero este tratamiento sólo se justifica con magnitudes lineales. En el momento en que operamos con magnitudes de rotación, las inconsistencias pueden ocurrir porque usamos un álgebra conmutativa con variables que no son coherentes con la misma, ni cumplen esa propiedad.

La Mecánica analítica, por el contrario, utiliza las propiedades escalares de *movimiento* para representar el sistema. Por ejemplo, el total de su energía cinética y su energía potencial. Por tanto, la ecuación del movimiento resulta de una magnitud escalar, conforme a un principio subyacente relativo a la variación de ese escalar.

Por lo tanto, la mecánica analítica es una formulación abstracta y general de la mecánica. Sin embargo, permite el uso alternativo de sistemas inerciales o no inerciales sin que, a diferencia de las leyes de Newton, la forma básica de las ecuaciones de movimiento cambie.

La mecánica analítica aprovecha las limitaciones del sistema para resolver más fácilmente las ecuaciones del movimiento (véase 2.1.5). Las limitaciones del sistema, restringen los grados de libertad, y se pueden utilizar para reducir el número de coordenadas necesarias para resolver la ecuación de movimiento. Este formalismo es apropiado para la elección arbitraria de coordenadas, conocidas en el contexto como ***coordenadas generalizadas***. Las energías del sistema se expresan mediante estas *coordenadas generalizadas*, y las ecuaciones de movimiento pueden ser más fácilmente establecidas.

Estos estudios condujeron al *cálculo matemático variacional*, consistente en la búsqueda de máximos y mínimos (o, más generalmente, la existencia de valores extremos) de las funciones.

El primer paso para el desarrollo de un método general para resolver problemas variacionales fue dada por Euler en 1732 cuando tenía sólo 25 años de edad, cuando presentó una solución general del problema isoperimétrico.[162] *Fue en este trabajo y en su posterior escrito de Euler cuando el concepto variacional tuvo muy buena acogida, y un permanente cobijo en la mecánica. Desarrolló todas las ideas en torno al principio de mínima energía potencial en su trabajo sobre la elástica, y demostró la relación entre sus ecuaciones variacionales y aquellas que rigen la flexión y el pandeo de las varillas delgadas, y la minimización de un funcional del cuadrado de la curvatura de la varilla. Los escritos de Lagrange permitieron un gran desarrollo de la mecánica variacional, siendo un joven de 19 años, en su correspondencia con Euler. Euler trabajó intensamente en el desarrollo del método de Lagrange, pero retrasó la publicación de sus resultados, hasta que las obras de Lagrange fueron publicados en 1760 y 1761. Este trabajo, junto con el de Lagrange: Mechanique Analytique de 1788, sentó las bases para la teoría de los sistemas dinámicos variacionales. Nuevas generalizaciones aparecieron en la obra fundamental de Hamilton en 1834, y colectivamente, estas obras han tenido un enorme*

[162] Problema Isoperimétrico: ¿Cuál es el área máxima que puede estar rodeada por una curva dada de longitud L?

impacto en prácticamente todas las ramas de la mecánica.

Una base matemática más sólida de la teoría variacional comenzó a ser desarrollada en el siglo XVIII y a comienzos del siglo XIX: Condiciones necesarias para la existencia de "curvas mínimas" de ciertas funcionales.

Se desarrollaron estudios durante este período, y encontramos entre los colaboradores de aquella época los conocidos nombres de Legendre, Jacobi y Weierstrass. Legendre dio criterios para distinguir entre máxima y mínima en 1786, sin tener en cuenta criterios de existencia, y Jacobi dio condiciones suficientes para la existencia de extremales en 1837. Una teoría más rigurosa de la existencia de extremales fue concebida por Weierstrass, quien con Erdmann, estableció en 1865 las condiciones de extremales para problemas que involucran el comportamiento de singularidades variacionales.[163]

Nuestro profesor, Miguel A. Catalán nos recordaba que había sido Pierre de Fermat (1601- 1665) el precursor de estas inquietudes, pues estudiando el comportamiento de la luz, había llegado al convencimiento de que sus rayos seguían el principio de menor tiempo en su recorrido.

No obstante, se atribuye a Pierre-Louis Moreau de Maupertuis (1698-1759) la primera formulación del principio (1744): *el camino al que tiende es aquel por el cual la, cantidad de acción es la menor.*[164] El principio de menor acción condujo al desarrollo de las formulaciones lagrangiana y hamiltoniana de la Mecánica Clásica.

En la mecánica analítica, la trayectoria de un objeto queda

---

[163] Oden, J.T. y Reddy, J.N.: *Variational methods in theoretical mechanics*. Pág. 3, Collaege Press. University of Beijing. 1998.
[164] de Maupertuis, Pierre-Louis Moreau.: *Accord de différentes loix de la nature qui avoient jusqu'ici paru incompatibles.* Paris, 15 Abril 1744.

determinada encontrando aquella que minimiza la acción, que es la integral del lagrangiano en el tiempo; siendo éste la energía cinética del objeto, menos la energía potencial del mismo.

Uno de sus resultados más interesantes es el teorema de Emmy Noether (1882-1935), cuyo enunciado conecta las regularidades de conservación a sus simetrías asociadas.

En la Mecánica Clásica, las *ecuaciones de movimiento*, esto es, la evolución temporal de los campos físicos, vienen dadas por ecuaciones en derivadas parciales, y no por ecuaciones diferenciales ordinarias. Estas ecuaciones pueden obtenerse por derivación del ***Principio de mínima acción***. Conforme a ese principio, para toda región *R* del espacio-tiempo se puede definir un *funcional de acción*:

$$S[\Phi_r^\alpha] = \int_R \cdot \mathcal{L}\left(x, \Phi_r^\alpha, \partial_{\mu,} \Phi_r^\alpha\right) d^4x$$

La ecuación de evolución del campo se obtiene buscando el mínimo de la anterior expresión. Los campos que minimizan el anterior funcional satisfacen las ecuaciones de Euler-Lagrange y, por tanto, las ecuaciones de evolución del campo pueden expresarse en términos de su lagrangiano, como:

$$\frac{\delta S}{\delta \Phi_r^\alpha} = \frac{\partial \mathcal{L}}{\partial \Phi_r^\alpha} - \partial_\mu \left(\frac{\partial \mathcal{L}}{\partial(\partial_\mu \Phi_r^\alpha)} \right) = 0$$

Pudiera proponerse que el análisis de la mecánica analítica, en cualquiera de sus formulaciones, es holístico, lo que significa que su concepción está basada en la integración total y global del fenómeno. No se analiza el movimiento conforme a secuencias temporales o a acciones independientes que lo suscitan, ni tampoco se tiene en cuenta en este análisis sus posibles interacciones o sinergias. Por todo ello, al no ser consideradas en su desarrollo interdependencias o posibles interrelaciones, entendemos que este análisis debería ser revisado.

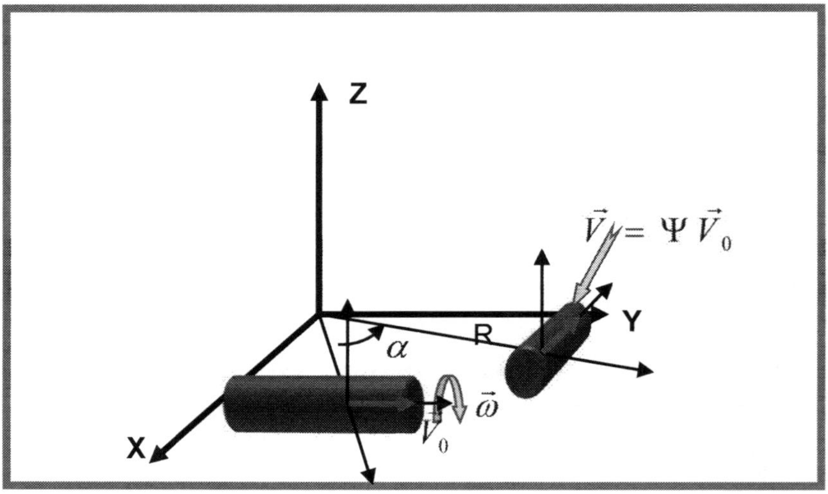

Figura 2.10. Determinación de las ecuaciones de movimiento de un cilindro en movimiento conforme a las pruebas experimentales realizadas.

Para resumir lo anterior, recordaremos que la formulación de Newton-Euler se basa en la definición de masa e inercia, en la variación de la cantidad de movimiento, y en el principio de acción y reacción.

La formulación de Lagrange aplica los principios de la definición de masa y desplazamientos virtuales, y la formulación de Hamilton se basa en un único principio, el de *mínima acción*. Las tres formulaciones son equivalentes entre sí y, por supuesto, determinan resultados equivalentes para las ecuaciones de movimiento.

2.4- Análisis matemático de un supuesto

Conscientes de nuestras dudas, consideramos que era necesario realizar un detallado análisis matemático de un supuesto concreto (Figura 2.10), que había constituido nuestra prueba experimental principal.

Se trataba de definir las ecuaciones del movimiento de acuerdo a las formulaciones de Newton-Euler, Lagrange o Hamilton, de un cuerpo cilíndrico en rotación sobre su eje principal (ver figura 3.2.), sometido a un par externo, perpendicular al momento angular existente, formado por el peso y el impulso ascendente de flotación. Estando la primera fuerza aplicada sobre el centro de masas, y la segunda sobre el centro de flotación, siendo el par externo prácticamente instantáneo, ya que el cuerpo tendería a alcanzar su posición de equilibrio, en el momento que el peso y la fuerza de flotación ascendente coincidan en la misma línea recta, y ésta converja con la vertical.

Este era el caso de nuestro experimento con cilindros o submarinos (Ver capítulo 3). Queríamos conocer el criterio de un experto externo en cuanto al comportamiento previsible de nuestros submarinos. Por lo tanto, pedimos un estudio predictivo a profesores especializados en esta área. A continuación, realizamos un resumen de este estudio.[165]

Para el caso en estudio de un cuerpo sólido en movimiento, con rotación alrededor de un eje fijo, y bajo la acción de unas fuerzas exteriores $\vec{F}_1^e, \vec{F}_2^e, ..., \vec{F}_n^e$, se utilizaron los procedimientos de cálculo admitidos en mecánica racional, por lo que se consideraron dos sistemas de referencia (ver figura 2.11.) cuyo origen fuese el punto O: En el espacio tridimensional euclídeo, en

[165] Romero Olleros, I. y Goicolea Ruigómez, J.M.: *Estudio del movimiento de un cuerpo rígido sometido a un par exterior.* Cátedra de mecánica. E.T.S.I. de Caminos, Canales y Puertos. Universidad Politécnica de Madrid, 2002.

el que tiene lugar el movimiento del cuerpo, definimos un centro de coordenadas en el puno O y un triedro ortonormal arbitrario $\{\mathbf{e}_i\}^3_{i=1}$, que definen un sistema de referencia rectangular. Para un observador situado en este sistema de referencia, el cuerpo rígido se mueve en este espacio, y el movimiento de sus partículas estará restringido por las condiciones limitativas que definen al cuerpo rígido.

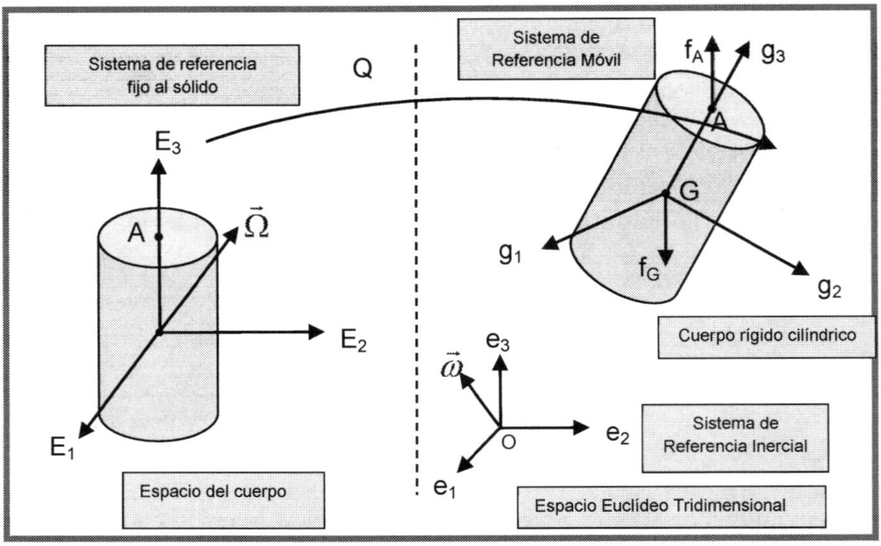

Figura 2.11. Sistema de espacios vectoriales utilizados como referencia para la descripción geométrica de cuerpo rígido

En este espacio euclídeo pueden definirse otros sistemas de referencia auxiliares (véase la figura 2.11), con su origen en el centro de masas del cuerpo y con la base vectorial $\{\mathbf{g}_i\}^3_{i=1}$, este nuevo sistema de referencia, también ortonormal, es móvil, y se mueve conjuntamente con el cuerpo sólido rígido. Este sistema de referencia nos permitirá observar los cambios de orientación, junto con el desplazamiento del centro de masas, pero debido a la rigidez del cuerpo, que es una hipótesis de partida, sus coordenadas relativas serán fijas durante el movimiento.

También consideraremos otro espacio euclídeo tridimensional, que denominaremos *espacio del cuerpo*, que determinará un nuevo sistema de referencia fijo en el sólido. Por consiguiente, la posición elegida para el sólido será la de referencia, y ayudará a situar las partículas del cuerpo durante el movimiento de rotación del mismo en el espacio físico. Como sistema de referencia de este espacio también elegimos un triedro ortonormal $\{\mathbf{E}i\}^{3}_{i=1}$ situado en el centro de masas del cuerpo. Por lo tanto, el vector de posición de cualquier punto del sólido en relación con su centro de masas es constante, incluso durante el movimiento.

Ya comentamos en el epígrafe 2.2.10 que existen distintos procedimientos de representación matemática de rotaciones en el espacio. También son aplicables diferentes expresiones matemáticas para realizar una transformación de coordenadas de un sistema de referencia a otro.

2.4.0- Marcos de referencia

Desde el inicio de este trabajo nos hemos referido a los *espacios de referencia* utilizados en física. Un espacio o marco de referencia es el conjunto de convenios aplicados por un observador para poder determinar el estado de un objeto observado y sus magnitudes físicas. Por ejemplo, en dinámica, las trayectorias de un móvil observadas por un indagador, pueden estar condicionadas, y son relativas al sistema de referencia del observador. En mecánica newtoniana, el marco de referencia está definido por tres elementos: origen geométrico de referencia, origen temporal, y ejes de coordenadas.

A partir de la noción de movimiento relativo, ha tenido en mecánica gran importancia el definir los marcos de referencia. Existirá siempre una formulación matemática para trasladar las mediciones de un observador, al marco de referencia de otro observador.

Nace pues la necesidad de establecer un marco referencial del hecho de que para un móvil en traslación uniforme, no es posible identificar su estado real, salvo que se compare con una referencia dada. Por ejemplo, si el campo de velocidades de un objeto es homogéneo y constante en el tiempo, no podemos determinar su verdadero estado, y necesitamos una remisión para determinar si está en movimiento, o está estacionario, en relación con un marco de referencia dado.

Por el contrario, esta situación no se produce en dinámica rotacional, en donde los campos generados en un móvil rotando, permiten identificar su estado, ya que en el cuerpo podremos identificar puntos dotados de velocidad de traslación y en otros, los del eje de rotación, en los que esa magnitud dará una medición cero.

Por tanto, en dinámica rotacional pueden realizarse determinados análisis sin necesidad de marcos de referencia concretos.

En física relativista se define como *Sistema de Referencia Inexistente* (SRI) a aquel al que virtualmente, se condiciona el movimiento de las ondas electromagnéticas. En este supuesto, todos los restantes sistemas de referencia tienen un movimiento relativo nulo respecto al SRI, lo que permite asegurar que cualquier observador medirá, en cualquier dirección, el mismo valor para la velocidad de la luz en el vacío. Con esta argumentación, la teoría de la relatividad permitió eliminar la necesidad del éter o de cualquier otro medio material, supuestamente necesario como soporte de transmisión de las ondas electromagnéticas.

Ya expresamos que se define como *Sistema de referencia inercial* a aquel en el que se cumplen las leyes de Newton, y en él se...*describe el tiempo y el espacio de forma homogénea, isótropa, y de manera independiente al tiempo.*[166]

Puede demostrase que esto ocurre en el caso de marcos de referencia estáticos o con velocidad constante. Fuera de estos supuestos, los marcos de referencia serán *No inerciales,* también llamados *No Galileanos.*

Por ello, en Mecánica Clásica se denomina ***Invariancia Galileana*** al principio por el cual las leyes fundamentales de la física se cumplen en todos los sistemas de referencia inerciales, pues fue Galileo Galilei[167] quien divulgo este criterio en la época moderna, imaginando la bodega de un barco navegando a una velocidad constante en un mar calmado. No obstante, este supuesto ya había sido analizado anteriormente por los filósofos griegos y por los escolásticos cristianos, y estudiado pocos años antes por Giordano Bruno (1548-1600).

Un sistema de referencia será **no inercial** cuando disponga de un movimiento acelerado (Nos hemos referido en el epígrafe 0 a los sistemas dinámicos no inerciales). Vimos (Recordar epígrafe 0.1) como la aceleración del sistema puede deberse a variaciones de su velocidad de traslación (aceleración lineal), cambios en la dirección o a aceleraciones por rotaciones, que generan cambios en su orientación, o a una combinación de estas causas. En una referencia no inercial, las leyes de la física varían en función de la aceleración de ese marco, con respecto a un sistema inercial, por lo que las fuerzas físicas reales deben ser complementadas por

---

[166] Landau, L. D.; Lifshitz, E. M. *Mechanics.* Pergamon Press. pp. 5–6. 1960.

[167] Galileo Galilei: *Dialogo sopra i due massimi sistemi del mondo Tolemaico, e Coperniciano,* 1632. Ed. Gio. Batista Landini. https://es.wikisource.org/wiki/Di%C3%A1logos_sobre_los_dos_m%C3%A1ximos_sistemas_del_mundo:_ptolem%C3%A1ico_y_copernicano

otras virtuales o ficticias, con el fin de que el comportamiento observado coincida con el previsto por las leyes.[168]

2.4.1- Método de Newton-Euler

Vamos a determinar las ecuaciones del movimiento de nuestra prueba experimental del submarino (ver figura 2.10), utilizando la formulación de Newton-Euler. Conforme al estudio ya referido, podemos expresar:

0. Las ecuaciones que gobiernan el movimiento del centro de gravedad del submarino, en el caso de que no hay otras fuerzas externas son:

$$\begin{aligned} \boldsymbol{M}\,\ddot{\boldsymbol{x}}_G &= \mathbf{0} \\ \boldsymbol{M}\,\ddot{\boldsymbol{y}}_G &= \mathbf{0} \\ \boldsymbol{M}\,\ddot{\boldsymbol{z}}_G &= \mathbf{0} \end{aligned} \qquad (2.13)$$

Como resultado de nuestros cálculos, se obtuvo que el centro de gravedad debería seguir una trayectoria recta con velocidad constante $\vec{V}_{(0)}$.

1. Las ecuaciones que determinan el giro del móvil son:

Siendo $\vec{w}$ el vector de rotación instantánea y considerando la fórmula del impulso cinético con respecto a cualquier punto:

$$\vec{H}^O = m \cdot \vec{r}_G \wedge \vec{v}_O + \boldsymbol{I}^O \cdot \vec{w} \qquad (2.14)$$

[168] Rothman, Milton A.: Discovering the Natural Laws: The Experimental Basis of Physics. Courier Dover Publications. p. 23. ISBN 0-486-26178-6. 1989.

Como el punto O es estable, en Mecánica Clásica se interpreta que: $\vec{v}_o = 0$, y siendo la matriz diagonal que nos da para la energía:

$$T = \frac{1}{2} I_x \cdot w_x^2 + \frac{1}{2} I_y \cdot w_y^2 + \frac{1}{2} I_z \cdot w_z^2 \tag{2.15}$$

Aprovechando que:

$$\vec{w} = \left(w_x \ w_y \ w_z \right) \tag{2.16}$$

Para obtener las ecuaciones de movimiento, aplicamos el teorema de movimiento cinético:

$$\frac{d\vec{H}^O}{dt} = \vec{M}_{ext}^O, \tag{2.17}$$

Como:

$$\vec{H}^O = \boldsymbol{I}^O \cdot \vec{w}, \tag{2.18}$$

Y derivando sobre los ejes fijos, con respecto a los móviles.

$$\frac{d\vec{H}^O}{dt} = \boldsymbol{I}^O \cdot \dot{\vec{w}} + \vec{w} \wedge \left(\boldsymbol{I}^O \cdot \vec{w} \right) = \vec{M}_{ext}^O$$

$$\begin{cases} M_x^O = I_x \cdot \dot{w}_x + w_z \cdot w_y \cdot (I_z - I_y) \\ M_y^O = I_y \cdot \dot{w}_y + w_x \cdot w_z \cdot (I_x - I_z) \\ M_z^O = I_z \cdot \dot{w}_z + w_x \cdot w_y \cdot (I_y - I_x) \end{cases} \tag{2.19}$$

Estas son las ecuaciones de Euler-Newton, utilizadas en la Mecánica Clásica para determinar el movimiento del cuerpo. En nuestro experimento, en el que el sólido se encuentra libre en el espacio, estas ecuaciones del movimiento corresponden a cargas equivalentes a que la resultante de las fuerzas externas $\vec{F}_1^e, \vec{F}_2^e, ..., \vec{F}_n^e$, se anule.

Las ecuaciones del movimiento obtenidas no son resolubles, por lo que se aplican métodos numéricos para obtener su solución.

El resultado de todos estos cálculos determinaba para el móvil, la predicción de una trayectoria rectilínea, con un nuevo giro, como suma algebraica de la rotación existente y la generada por el nuevo par.

Pero como ya intuíamos previamente, el resultado de los cálculos obtenidos no coincidía con el verdadero comportamiento observado en nuestra prueba experimental (ver epígrafe 3.3): **El móvil describía una trayectoria cerrada, mientras se mantenía constante la rotación inicial**

2.4.2- Método de Lagrange

En nuestro caso concreto de un cilindro en el espacio dotado de momento angular, el planteamiento de las ecuaciones del movimiento mediante los métodos de la ***dinámica analítica de Lagrange*** nos llevaría a las siguientes ecuaciones, según el referido estudio:

1. Las ecuaciones que gobiernan el movimiento del centro de gravedad serían, de nuevo:

$$\begin{aligned} \boldsymbol{M}\ddot{x}_G &= \mathbf{0} \\ \boldsymbol{M}\ddot{y}_G &= \mathbf{0} \\ \boldsymbol{M}\ddot{z}_G &= \mathbf{0} \end{aligned} \qquad (2.13)$$

Que coinciden con las obtenidas mediante el método de formulación de Newton -Euler. Tras su integración se obtiene también que el centro de gravedad debería seguir una trayectoria recta con velocidad constante $\vec{V}_{(0)}$.

2. Las ecuaciones que determinan el giro del sólido son:

$$\begin{aligned}
&\frac{\mathrm{d}p_\psi}{\mathrm{d}t} = 0\,, \qquad p_\psi = (A\,\mathrm{sen}^2\theta + C\cos^2\theta)\dot{\psi} + C\dot{\varphi}\cos\theta\,,\\
&\frac{\mathrm{d}p_\theta}{\mathrm{d}t} = (A-C)\dot{\psi}^2\,\mathrm{sen}\,\theta\cos\theta - C\dot{\psi}\dot{\varphi}\,\mathrm{sen}\,\theta - \ell P\,\mathrm{sen}\,\theta\,, \qquad p_\theta = 2\dot{\theta}\,,\\
&\frac{\mathrm{d}p_\varphi}{\mathrm{d}t} = 0\,, \qquad p_\varphi = C(\dot{\varphi} + \dot{\psi}\cos\theta)\,.
\end{aligned} \tag{2.20}$$

La tercera de estas ecuaciones puede ser identificada con la tercera de Euler. Las otras dos ecuaciones no son iguales que las dos primeras ecuaciones de Euler, pero pueden obtenerse como una combinación lineal de las mismas. Por tanto, su resolución nos daría el mismo resultado también para la orientación del móvil.

2.4.3- Método Hamiltoniano

Al aplicar el ***análisis Hamiltoniano*** alcanzamos las mismas ecuaciones para el movimiento del centro de gravedad y la siguiente fórmula para el par de acción:

$$\begin{aligned}
\dot{\psi} &= \frac{p_\psi - p_\varphi\cos\theta}{A\,\mathrm{sen}^2\theta}\,, & \dot{p}_\psi &= 0\,,\\
\dot{\theta} &= \frac{p_\theta}{A}\,, & \dot{p}_\theta &= \frac{p_\psi p_\varphi(1+\cos^2\theta) - (p_\varphi^2 + p_\psi^2)\cos\theta}{A\,\mathrm{sen}^3\theta} + \ell P\,\mathrm{sen}\,\theta\,,\\
\dot{\varphi} &= \frac{(p_\varphi\cos\theta - p_\psi)\cos\theta}{A\,\mathrm{sen}^2\theta} + \frac{p_\varphi}{C}\,, & \dot{p}_\varphi &= 0\,.
\end{aligned} \tag{2.21}$$

Estas ecuaciones pueden ser transformadas en lagrangianas, con el resultado de que el formalismo hamiltoniano proporciona ecuaciones del movimiento equivalentes a las de la dinámica de

Newton y Lagrange: Por tanto, y para el experimento que analizábamos, el resultado del análisis matemático realizado era que, en cualquier caso obtenemos que, el cuerpo debe mantener su trayectoria rectilínea, y además, iniciar un nuevo movimiento de rotación resultante, por acoplamiento vectorial de las rotaciones generadas.

Pero este resultado matemático obtenido, incluso con las tres formulaciones de la Mecánica Analítica clásica, como ya hemos expresado, no coincidía, en absoluto, con las conclusiones alcanzadas en nuestras observaciones experimentales.

Algo andaba mal.

2.4.4- Resumen de nuestros análisis

Vladimir Igorevich Arnold (1937 - 2010), en su libro titulado Mecánica Clásica. *Métodos matemáticos*, determinaba las ecuaciones del movimiento de un cuerpo rígido axialmente simétrico, fijo en un punto estacionario de un campo de fuerzas uniforme, llegando a resultados equivalentes a los del informe recibido. [169]

En resumen, en la Mecánica Clásica las ecuaciones del movimiento de un cuerpo axialmente simétrico en rotación sobre su eje principal, sometido a un par, perpendicular al momento angular existente, constituido por el peso y el ascendente de flotación, el primero aplicado en el centro de gravedad y el segundo en el centro de flotación, son las descritas anteriormente. Pero estas formulaciones entendíamos que

[169] Arnold, V.I.: *Classical Mechanics. Mathematical methods*, The Lagrange spinning top. Springer-Verlag (1989), Epigraph 30.

necesariamente son erróneas, pues no reflejaban fehacientemente el verdadero comportamiento observado.

Esto es, aplicando diferentes formulaciones, se ha llegado lógicamente al mismo resultado en la Mecánica Clásica rotacional: según las ecuaciones del movimiento deducidas, la trayectoria del centro de gravedad se mantendrá recta, y no vendrá afectada por el par de fuerzas que actúa. Además, la acción de este par generará un nuevo movimiento de rotación del sólido, que se adicionará vectorialmente con la rotación ya existente. Pero este resultado matemático no se concilia con la observación de nuestros experimentos.

No podemos olvidar que este resultado se ha obtenido por la aplicación de un principio implícito, al que nos hemos referido en nuestras hipótesis de partida, ya que en las *formulaciones aplicadas se ha dado por supuesto: que los pares sólo se acoplan con los pares, y las fuerzas con las fuerzas*, cómo en su día propuso Poinsot (Ver 2.2.3).

En la Mecánica Clásica, si se somete un sólido, sumergido y de revolución con rotación sobre un eje principal de su elipsoide de inercia, a un par de fuerzas, constituidas por el peso y el empuje hidrostático, dada su flotabilidad, pero no siendo aplicadas ambas fuerzas en el mismo punto del sólido, y resultando que este par no es espacialmente coincidente con el momento angular existente, se obtienen cómo ecuaciones de su movimiento, unos complejos algoritmos de difícil determinación, de imposible inferencia generalizada por integración, y que exigen un procedimiento aproximado para su resolución numérica.

2.4.5- Resolución de las ecuaciones

En los protocolos aplicados todavía actualmente para la resolución de las ecuaciones de orientación, se utiliza el mismo procedimiento aproximado que le permitió a Sofía Vasílievna Kovalévskaya (1850- 1891) obtener el premio Bordin, convocado por la Academia de Ciencias de París, en 1888.[170] Este procedimiento incluye un análisis cualitativo con el fin de conocer la morfología de las posibles soluciones de las ecuaciones del movimiento, que como ya hemos indicado, son de imposible resolución general por integración, debido fundamentalmente al tratamiento de las rotaciones. En nuestra opinión, este procedimiento no superaría hoy día una auditoria o un control de idoneidad.

No obstante, el resultado se asimila cualitativamente al de una peonza por acoplamiento entre los movimientos angulares existente y resultante, siendo la trayectoria del centro de gravedad del sólido independiente y ajena a las solicitudes de los pares de fuerzas. Este es el protocolo que se utiliza todavía hoy, en la Mecánica Clásica, en cualquiera de los procedimientos matemáticos que se aplican a estos supuestos.

Un profundo estudio y análisis de estos procedimientos y su resultado fue incorporado al texto: *Un Mundo en rotación*, en el que reiterábamos que los resultados obtenidos en esos procedimientos no se conciliaban con los observados experimentalmente:

En nuestra opinión, el comportamiento real de los cuerpos sometidos a las referidas acciones externas, y comprobado experimentalmente, no se conciliaba con los resultados matemáticos expuestos. La cuestión que se planteaba era poder determinar si esta incoherencia era resultado del procedimiento aplicado y de sus simplificaciones o, por el contrario, respondía a

[170] Kovalévskaya, Sofía Vasílievna: *About the rotation of a solid rigind body around a fix point,* Academia of Sciences of France, Paris, 1888.

una cuestión abstracta, debida a la propia fundamentación conceptual del paradigma utilizado.[171]

En cualquier caso, es necesario reiterar que no existe coherencia entre los resultados matemáticos obtenidos, en cualquiera de las formulaciones, y la observación experimental.

2.5- Dinámica de la rotación de los cuerpos.

En la Mecánica Clásica, las interacciones gravitatorias no son perturbadas por el movimiento de los cuerpos, sea este movimiento incluso el de rotación. Pero incluso, el movimiento no genera ninguna interacción y, por tanto, un movimiento de rotación sobre un eje no generará ninguna fuerza.

Incluso, y como ya hemos visto, si a un sólido con movimiento de traslación y giro intrínseco se le aplica un par de fuerzas, éstas causarán, en el modelo clásico, una nueva rotación en el sólido, que se sumará vectorialmente a la ya existente, pero que no modificará la trayectoria de su centro de masas.

En la mecánica convencional, si no se aplica una fuerza neta al centro de masas del sólido, éste no modificará su trayectoria ni, por tanto, tampoco realizará ningún cambio en su trayectoria al ser sometido a un par de fuerzas externas, modificando únicamente su giro intrínseco, cómo resultante de la suma vectorial de la rotación inicial y de la inducida por el par.

Pero, debemos reiterar que los resultados observacionales de nuestras pruebas experimentales, e incluso nuestras hipótesis dinámicas, no eran coherentes con esas presunciones, por lo que

---

[171] Barceló, G.: *Un mundo en rotación.* Cap. 6 y epígrafe 6.12, página 168. Editorial: Marcombo Barcelona. 2008. http://www.dinamicafundacion.com/

consideramos necesario buscar una nueva formulación matemática para la resolución del problema planteado.

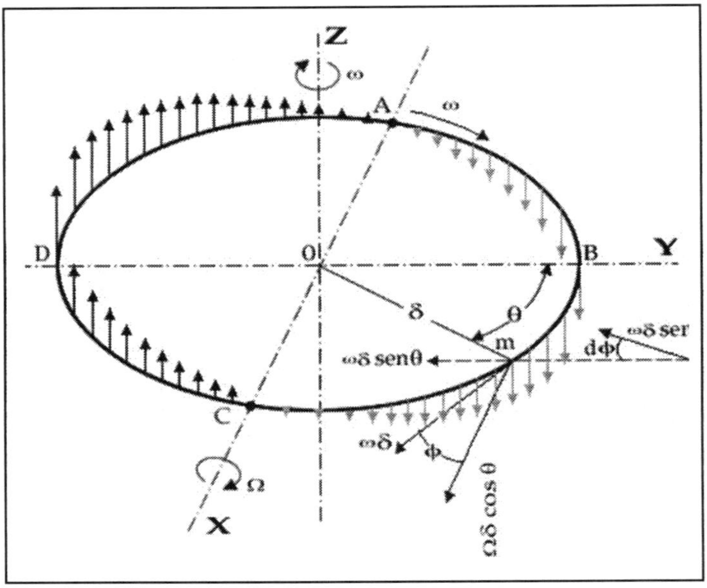

Figura 2.12. El disco que gira con velocidad ω alrededor de su eje de simetría Z, es sometido a una nueva rotación σ con velocidad angular Ω, alrededor de su eje X. Este gráfico muestra el ciclo de la función coseno Θ, esto es la distribución de velocidades lineales instantáneas generadas, como consecuencia del segundo giro alrededor del eje X.[172]

La falta de coherencia entre los cálculos realizados por terceros expertos, conforme a los criterios habituales de la mecánica racional, y los resultados observados en las pruebas experimentales, evidenciaban que la formulación matemática de la Mecánica Clásica no era coherente con el comportamiento real

[172] Barceló, G.: *Analysis of Dynamic Fields in Non-inertial Systems.* World Journal of Mechanics, Vol. 2, No. 3, 2012, pp. 175-180. http://dx.doi.org/10.4236/wjm.2012.23021 http://www.scirp.org/journal/wjm

de la naturaleza. Pero, incluso, esta contradicción se producía en los tres procedimientos de cálculo aplicados.

Era extraño suponer que este tipo de pruebas experimentales no habían sido realizadas en los más de doscientos cincuenta años desde que Euler había propuesto el primer procedimiento de cálculo. Y hasta presuntuoso suponer que éramos nosotros los primeros en detectar esta falta de idoneidad entre la formulación matemática y la realidad observada.

En un análisis más detallado, llegamos a la convicción de que la discrepancia no era debida a errores de cálculo, posiblemente era más cierto que esas formulaciones partían de hipótesis dinámicas no contrastadas con el comportamiento real de los cuerpos.

Era pues necesario determinar las verdaderas ecuaciones del movimiento de los cuerpos sometidos a múltiples aceleraciones por rotación.

2.5.0- Indicios

Para algunas personas, ha existido siempre una extraña fascinación al observar los cuerpos en rotación; también puede crear incertidumbre el hecho de que en la naturaleza encontremos habitualmente movimientos simultáneos de rotación intrínseca y orbitación. Hemos ya expresado (Epígrafe 0.0.- Naturaleza en rotación), que no conocíamos ningún modelo matemático que establezca una correlación científica para ambos movimientos, cuando actúan simultáneamente.

Expresábamos (Ver 0.1.) que intuitivamente podría proponerse la aporía de que entre los movimientos de orbitación y de rotación pudiera existir una correlación física y nomológica, cuya expresión matemática no había sido todavía desvelada, por lo que las leyes hasta ahora conocidas sobre el comportamiento de los cuerpos en el espacio deberían ser estimadas cómo insuficientes para describir con exactitud la verdadera realidad física de los cuerpos en rotación.

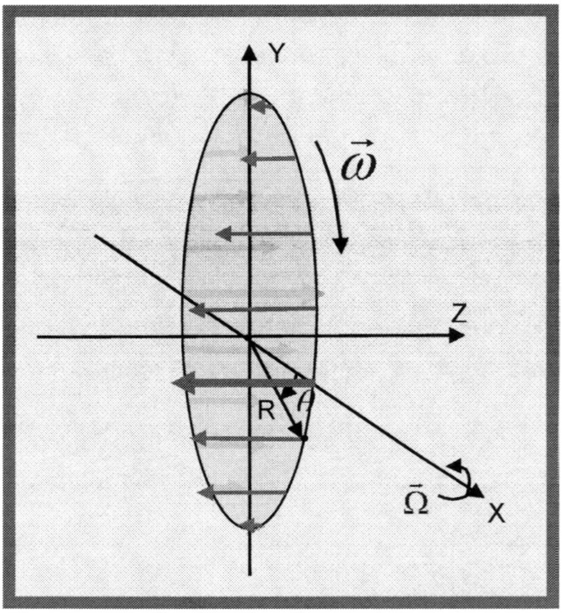

*Figura 2.13. La variación de la velocidad V= **Ω** R cos (θ) generada por la nueva rotación σ, de velocidad angular Ω, determinará la gráfica de aceleraciones:* $a_2 = -\omega.\Omega.y$ *representada en la figura.*

A partir de indicios causales hemos establecido una metodología de análisis de los cuerpos dotados de momento angular intrínseco, con la intuición de poder proponer unas leyes de comportamiento generales.

Pero en el caso de cuerpos sometidos a sucesivos pares de fuerzas, no coaxiales, su análisis dinámico exige el **conocer la variación relativa del momento de la cantidad de movimiento en cada punto o partícula del sólido**. Es este estudio el que nos permitirá comprender el verdadero comportamiento de los cuerpos sometidos a tales condiciones dinámicas. En la figura

2.12 se muestra la variación de la velocidad instantánea lineal debida a un nuevo giro σ sobre el eje X, de un disco que gira sobre el eje Z, como ejemplo de comportamiento del móvil de nuestras pruebas experimentales.

Vimos que fue M. E. Jouffret[173] quién en primer lugar realizó el análisis dinámico de las reacciones desarrolladas por una partícula que describe un movimiento circular, cuando es simultáneamente suscitada a girar alrededor de un nuevo eje (ver 2.2.6).

En la figura 2.13 se muestra la variación de la aceleración instantánea lineal debida al nuevo giro σ sobre el eje X. Se advierte como se genera una distribución senoidal de aceleraciones, que nos permite deducir la generación de fuerzas inerciales.

Conforme a como ya determinó Jouffret partiendo del estudio de la partícula, e infiriendo su comportamiento dinámico, siendo I el momento de inercia de un disco respecto de su eje vertical Z, con rotación intrínseca ω sobre su ese eje principal de inercia, se genera una resultante de las fuerzas de interacción dinámica que es un nuevo par sobre el eje de las X, cuyo momento será:

$$\vec{D} = I\,\vec{\omega} \times \vec{\Omega} \qquad (2.22)$$

Siendo Ω la velocidad angular del movimiento de precesión resultante.

---

[173] Jouffret M.E.: *Théorie élémentaire des phénomènes que présentent le giroscopios, La toupie et le proyectil oblongo*. París, Levrault et Gauthier-Villars, en 1874, en-8º, extracto de la Revue d'Artillerie, 1874. También el P. Gilbert: *Problème de la rotación d'un corps solide autour d'un punto*, página 316. Los Annales de la Société Scientifique de Bruxelles, 1876. Mencionado en G. Barceló: *Un mundo en rotación*. Ed. Marcombo: Barcelona, 2008, página 208.

Esta deducción, propuesta por Jouffret en el siglo XIX, y aparentemente olvidada, puede encontrarse en antiguos textos de dinámica.

En los cuerpos sometidos a sucesivos pares no coaxiales, aparece un momento generado por las reacciones inerciales del cuerpo. A este momento resultante del verdadero comportamiento inercial de los cuerpos dotados de momento angular, considerado en Mecánica Clásica como *Momento Giroscópico*, lo denominaremos: **Momento de Interacción Dinámica**.

Este análisis nos permite proponer las siguientes conclusiones: *Si un cuerpo simétrico con respecto a dos ejes rectangulares (X e Y), gira con una velocidad angular constante ω alrededor de un tercer eje Z, perpendicular a los anteriores, y se le somete a un nuevo par P, no coaxial, iniciará un movimiento de precesión en la dirección del momento del segundo par que actuó, por efecto de un nuevo par D de interacción dinámica, proporcional a su momento de Inercia y a las velocidades angulares de precesión y rotación.*

La velocidad angular Ω la denominamos ***velocidad de precesión*** y el ***momento D de interacción dinámica*** será perpendicular a los ejes de ambas rotaciones y el sentido de precesión será tal que hará girar al eje de rotación principal Z, hacia el eje del segundo par. Se cumplirá de esta forma la regla de los tres dedos de la mano izquierda, si asignamos al vector que representa la rotación intrínseca, el pulgar de la mano izquierda.

Este par de interacción, que se genera al hacer girar cualquier sólido de revolución en rotación sobre otros ejes, es el también denominado *par giroscópico* identificado en otros fenómenos, pero mediante este análisis pueden proponerse leyes de comportamiento generales, simples y causales.

Por efecto del momento angular existente, cualquier nuevo momento no coaxial, generará un movimiento del eje de ese momento angular, en la dirección del nuevo momento actuante. Hemos llegado, mediante este simple análisis de dinámica inercial, a enunciar de nuevo el ***Principio de la tendencia de los ejes de rotación al paralelismo*** de Sire y Foucault al que ya nos hemos referido (Ver 2.2.6.).

Podemos observar cómo, tanto la velocidad, cómo la aceleración de cada partícula del cuerpo son funciones trigonométricas, pero de distinta naturaleza, cuando una crece por ser senoidal, la otra decrece por ser cosenoidal, y cuando una se anula la otra toma su valor máximo.

Este comportamiento inercial coincide con este modelo matemático: ***la derivada del coseno de un ángulo es igual a menos el seno del mismo ángulo, por la derivada de su ángulo, siendo esta derivada la velocidad angular del cuerpo sobre el eje inicial.***[174]

Cómo ya expuso Gilbert[175], interpretando a Hirn, la variación de la posición relativa de las partículas debido a una nueva rotación sobre un eje distinto al de rotación existente, genera en un cuerpo de revolución, una variación en la distribución de sus velocidades y momentos, que no es uniforme para todas las partículas del disco situadas en el mismo radio. Esa variación instantánea crea una distribución de aceleraciones no homogénea en el disco, que es la causa de la aparición de fuerzas efectivas inerciales, que se manifiestan cómo un momento giroscópico, que nosotros, como ya hemos dicho, hemos convenido en denominar ***momento de interacción dinámica,*** con el fin de poder incorporarlo a la estructura de una nueva dinámica rotacional coherente. De esta forma, no nos aparece en el seno de la dinámica como un

---

[174] Barceló, G.: *Un mundo en rotación.* epígrafe 8.2.1, página 209. Editorial: Marcombo Barcelona. 2008.
http://www.dinamicafundacion.com/

[175] Gilbert: *Problème de la rotación d'un corps solide autour d'un punto solide*, Annales de la société scientifiques de Bruxelles, 1878.

fenómeno o efecto singular y diferente, como ocurre en la Mecánica Clásica con el *momento giroscópico.*

Por tanto, si la velocidad angular inicial es nula, el cuerpo iniciará una rotación simplemente al ser sometido a un par. Si el par está formado por el peso y un punto de apoyo, caerá. Por el contrario, si la velocidad angular inicial no es nula, un nuevo par no coaxial generará una aceleración proporcional a esa velocidad de rotación, iniciándose la precesión del sólido en rotación.

Esta es, en nuestra opinión, una clara explicación de todos aquéllos fenómenos dinámicos que se han venido denominando: con *efecto giroscópico.* Esta nueva explicación del momento giroscópico pudiera entenderse restrictiva, rudimentaria y anticuada. Existen demostraciones mucho más generales y completas, pero nos ha parecido muy intuitiva, ya que permite interpretar los fenómenos de interacciones dinámicas con gran claridad, además de entroncarse con los primeros estudios de Gilbert, Hirn y Jouffret del siglo XIX.

A partir de aquí, trataremos de reiterar y probar que este comportamiento no es debido a un efecto o causalidad singular, si no que corresponde a unas leyes generales que cumplen los cuerpos en el espacio cuando están dotados de momento angular, y que genera una dinámica diferenciada de la de los restantes cuerpos.

2.5.1 - Comportamiento dinámico.

El análisis dinámico precedente se refiere a un primer instante en el que, por ejemplo, por efecto del peso y del punto de apoyo, el disco con rotación sobre el eje Z, recibe un par que generará, a su vez, el denominado ***par de interacción dinámica*** determinado por la ecuación (2.22).

Este par, cómo hemos advertido, es perpendicular al inicial del peso y genera un movimiento, nuevamente de giro del eje Z, rotando sobre su eje inicial, pero este nuevo movimiento de giro, generará un nuevo par de interacción dinámica, resultando así un equilibrio dinámico en razón de la interacción que se produce cómo resultado de la rotación del sólido sobre el eje Z y de cualquier movimiento de giro que, a su vez, los sucesivos pares de peso y de interacción dinámica producirán.

En ausencia de rozamiento, parece evidente que la acción de un par constante, sobre un sólido de revolución en rotación, generará un equilibrio dinámico, también constante. En este *equilibrio dinámico* se podrá llegar a advertir, en un análisis cinemático, tres rotaciones distintas: La propia sobre su eje, la de precesión y la de nutación.

2.5.2- Momento de Interacción Dinámica.

En el análisis dinámico del comportamiento de un sólido de revolución dotado de momento angular, hemos encontrado que la acción de un nuevo par no coaxial, genera un nuevo momento o par, denominado **momento de interacción dinámica**. En el ámbito de la Mecánica Clásica, no obstante, los textos realizan estimaciones aplicando el Principio de D'Alembert al sistema, en equilibrio dinámico. En este tipo de análisis basado en la dinámica traslacional, se propone el tipo de argumentación que a continuación exponemos.

En el caso de que el giróscopo con velocidad de rotación propia $\boldsymbol{\omega}$, se encuentre suspendido de un hilo y horizontal sobre su eje de rotación (Y), según se indica en la figura 2.14, el par constituido por el peso P habrá iniciado un movimiento vertical de caída y éste, a su vez, un par giroscópico que generará un movimiento de precesión $\boldsymbol{\Omega}$ alrededor del eje Z.

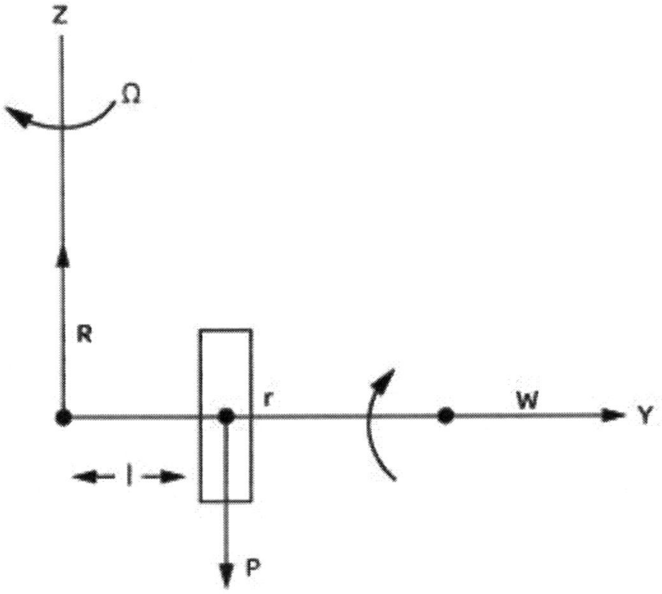

Figura 2.14. Giróscopo suspendido de un hilo

En este análisis fundado en la Mecánica Clásica, el par giroscópico podríamos suponer se equilibrará con el par del peso para mantener el equilibrio dinámico. Esta es una ecuación que se propone en muchos libros de física clásica[176], con el fin de determinar la velocidad de precesión, o cualquier otra variable, entonces resultaría que:

$$P\, l = I\, w\, \Omega \tag{2.23}$$

Y:

$$\Omega = \frac{P \cdot l}{I \cdot w} \tag{2.24}$$

[176] Housner, G.W. y Hudson, D. E.: *Applied Mechanics Dynamics.* Ed. Van Nostrand C.I.T 1950, página 241.

Siendo:

$$I = \frac{P}{g} \cdot r^2 \tag{2.25}$$

Y por lo tanto

$$\Omega = \frac{g \cdot l}{r^2 \cdot w} \tag{2.26}$$

De esta forma resulta que la velocidad de precesión será directamente proporcional a la semialtura del giróscopo e inversamente proporcional a la velocidad de rotación angular *w* y al cuadrado del radio de giro r del disco del giróscopo.

Suele añadirse en este análisis que, simultáneamente, la fuerza centrífuga aparente generada por esta rotación $F(c)$ se equilibrará con la fuerza aparente de precesión:

$$\vec{F}_{(c)} = mV_o\vec{\Omega} \tag{2.27}$$

El resultado de este estudio, supuestamente justifica proponer que el par que se genera en un sólido simétrico de revolución, al ser sometido a otro par de momento no coaxial, inicia el movimiento de precesión, pero este movimiento se mantiene uniforme porque simultáneamente se manifiesta otra nueva interacción dinámica. Este análisis basado en el **Principio de D'Alembert**, permite también inferir la existencia de una fuerza proporcional a la velocidad lineal del móvil y a su velocidad de precesión, al menos mientras actúe el nuevo par.

Aparentemente, en este tipo de análisis en el ámbito de la Mecánica Clásica, el equilibrio dinámico de un giróscopo con movimiento de precesión se alcanza al compensarse el par de peso con el par giroscópico, y la fuerza ficticia centrífuga con la que denominaremos *Fuerza de Precesión.*

Pero si analizamos con detenimiento estos argumentos, advertimos que la compensación de los pares que proponen estos textos de Mecánica Clásica no es real, ya que el par del peso y el par giroscópico son ortogonales, razón por la que es absurdo pretender su equilibrio mediante una igualdad basada en el Principio de D'Alembert. Tenemos que llegar a la conclusión de que este comportamiento debería ser estudiado con otra mentalidad, diferente a la sustentada en las leyes de la Mecánica Clásica. No pueden ser aplicados criterios del movimiento de traslación para analizar los fenómenos de dinámica rotacional. Para analizar los cuerpos sometidos a aceleraciones múltiples por rotaciones no coaxiales, es necesaria aplicar otra criterio conceptual. Nosotros sugerimos analizar los campos de magnitudes dinámicas que se generan en el seno del propio móvil sometido a tales excitaciones.

2.5.3- Interpretación del par de interacción dinámica

El efecto inercial, y el par de interacción dinámica resultante, pudieran tener una interpretación más intuitiva y sencilla que la explicación que algunos libros de física ofrecen.

Posiblemente, la confusión se produce al no interpretar adecuadamente la composición de movimientos de rotación en la mecánica convencional. Como ya hemos indicado, se afirma en los textos de mecánica la composición vectorial de movimientos, tanto de traslación cómo de rotación, proponiendo una identidad analógica entre las formulaciones de ambos tipos de movimientos.

Pero, como también ya hemos indicado, la asignación de un vector a un movimiento rotacional es arbitraria, no cumpliendo esta representación el álgebra vectorial. Únicamente cuando las rotaciones que se aplican a un sólido son coaxiales o corresponden a ejes fijos de rotación, el movimiento resultante corresponde a la suma de los vectores de cada movimiento individual. Pero esta ley no puede generalizarse, pues esta suma vectorial no se produce, necesariamente, cuando se aplican pares de fuerzas a un sólido libre en el espacio.

El comportamiento de un sólido libre, sometido a distintos pares de fuerzas, no da como resultado, cómo ya hemos comprobado, un movimiento cuyo vector sea la resultante de los movimientos que cada par de fuerzas hubiera originado por separado.

No se cumple tampoco, como ya hemos expresado, la ley conmutativa en la suma de vectores, dependiendo el resultado de la secuencia temporal en que se produzcan las acciones sobre el sólido.

En nuestra opinión, la interacción generada por pares sucesivos no coaxiales, permiten un equilibrio dinámico de los cuerpos, en una aparente contradicción con las leyes clásicas de la mecánica, al menos, tal y cómo se han venido formulando hasta ahora. Además, podemos proponer que, en determinados supuestos, pueden darse las siguientes hipótesis dinámicas:

1) *La acción de dos pares sucesivos, no coincidentes, sobre un sólido, produce un desplazamiento del eje del cuerpo en la dirección del segundo par, y perpendicular a la fuerza F del mismo, en lugar de según la dirección de la fuerza F.*

2) *La acción constante del segundo par produce una velocidad de precesión constante, en lugar de una aceleración constante cómo ocurriría en un cuerpo sin interacciones dinámicas.*

Podemos añadir: *En los cuerpos dotados de rotación, debería tenerse en cuenta que las interacciones dinámicas inerciales y el comportamiento resultante no es equivalente al de los dotados exclusivamente de momento lineal.*[177]

Por último, cabe agregar que **la interacción dinámica, es causa suficiente para el equilibrio dinámico de un cuerpo en orbitación, dotado de rotación propia,** sin ser en nuestra opinión, **requisito necesario para este movimiento recurrente, la *existencia de una fuerza central.***[178]

2.6- Fuerza ficticia

Estamos acostumbrados a observar pruebas experimentales en las que las fuerzas de la naturaleza, generan acciones y reacciones, de conformidad con el modelo newtoniano.

Pero, en otros casos, podemos observar la existencia de reacciones e interacciones en la naturaleza que no responden a verdaderas acciones externas, pero cuyos resultados no son aparentes, son evidentes y generan efectos reales como es el caso del baile de la peonza o del fenómeno de que el bumerán retorne a su origen, sin que haya una fuerza externa que haga bailar a la peonza o haga volver al bumerán. Para tales casos, la Mecánica Clásica utiliza el término ***fuerzas ficticias***. Ya nos referimos a ellas en los epígrafes 0.1; 1.1 y 2.2.2.

[177] Gómez, F.: *Teoría de interacciones dinámicas*. Ensayos de divulgación científica y humanística, 2008. http://www.unirioja.es/ensaya/conv_encurso.html.

[178] Barceló, G.: *Un Mundo en Rotación*, pág. 108. Marcombo, Barcelona, 2008.

Comentábamos en la sección 0.1 que una *fuerza ficticia*[179], también denominado *fuerza de d'Alembert* [180] o *fuerza inercial,*[181] es una fuerza aparente que supuestamente actúa sobre las masas cuyo movimiento se describe mediante un marco de referencia no inercial, como pudiera ser un marco de referencia giratorio.

La fuerza ficticia surge de la aceleración del marco de referencia no inercial. Esa supuesta fuerza adicional debida a la no uniformidad de movimiento relativo de dos marcos de referencia, se denomina también *pseudo-fuerza.*[182][183]

Como ya hemos indicado, en los sistemas *No Inerciales* no se cumplirán las leyes del movimiento de Newton, por lo que en la Mecánica Clásica, es necesario introducir, para estos supuestos, las referidas fuerzas ficticias, con el fin de poder justificar el comportamiento real del móvil observado. *El efecto de estar en un marco no inercial es que se exige al observador que introduzca una fuerza ficticia en sus cálculos*[184] ....

Por tanto, el término fuerza ficticia será aplicado en los casos en los que encontremos un efecto, por ejemplo una aceleración, que

---

179 Cornelius, Lanczos: *Principles of varational Mechanics.* Nueva York: Courier Dover Publications. pág. 100. ISBN 0-486-65067-7. (1986).
180 Seligman, Courtney: *Fictitious Forces.* Retrieved 2007-09-03.
181 Max Born & Günther Leibfried: *Einstein's Theory of Relativity.* Nueva York: Courier Dover Publications. págs. 76-78. ISBN 0-486-60769-0. (1962).
182 Feynman, Richard Phillips; Leighton, R B & Sands, M. L.: *The Feynman Lectures on Physics.* San Francisco: Pearson/Addison-Wesley. Vol I, section 12-5. ISBN 0-8053-9049-9. (2006).
183 Harald, Iro: *A Modern Approach to Classical Mechanics.* World Scientific. 2002, P. 180. ISBN 981-238-213-5.
184 Borowitz, Sidney and Bornstein, Lawrence A.: *A Contemporary View of Elementary Physics,* p. 138. McGraw-Hill Inc., US; International edition, 1968.

no corresponde a una fuerza externa aplicada, pero que resulta de una formulación newtoniana.[185]

Las fuerzas ficticias tienen que ser incorporadas en la Mecánica Clásica para marcos de referencia acelerados en supuestos comunes. Aparecen al hacer una transformación de coordenadas en referencias no inerciales:

- Aceleración rectilínea: por cualquier aceleración relativa al origen en línea recta,
- O que implique rotación:
    - *Fuerza centrífuga*: F_1: -m [ω [ω r]]
    - *Fuerza de Coriolis*: F_2: -2m [ωv]
    - *Fuerza de Euler*, causada por una variación de la rotación: F_3: -m [$\dot{\omega}$ R]

Siendo en todos los casos:

M= masa
ω= velocidad de rotación
$\dot{\omega}$ = aceleración rotacional
V= velocidad de desplazamiento
r = radio de giro

No parece lógico que una estructura conceptual, como debe ser la dinámica, tenga que incorporar estos conceptos no tangibles, deducidos por el incumplimiento de los móviles reales de las leyes enunciadas. Lógicamente debería sustituirse este discurso con una descripción lógica y racional de los fenómenos observados, y modificar las leyes aplicables a estos supuestos, para que los cálculos resultantes sean fiel reflejo del fenómeno observable.

---

[185] Barceló, G.: *Un Mundo en Rotación*, epígrafe: 3.8.1. Marcombo, Barcelona, 2008.

El procedimiento histórico de ir añadiendo en la dinámica, supuestos de incumplimiento de las leyes, con fuerzas ficticias, no admitiría una auditoria de control, y no es un ejemplo de una buena gestión del conocimiento mecánico.

Por otro lado, conforme a la Teoría de la relatividad, como ya indicamos: *La fuerza gravitacional* también sería una fuerza ficticia, basada en un modelo de campo en el cual las partículas distorsionan el espacio-tiempo debido a su masa.

También entendemos que este es el caso de las interacciones dinámicas que modifican el movimiento de los cuerpos. Están debidamente confirmadas las interacciones dinámicas que se producen en fluidos situados sobre la superficie de un cuerpo con rotación intrínseca, fenómeno identificado por Laplace cuando estudiaba las mareas, y cuyo descubrimiento se atribuye a Coriolis. La física admite la *fuerza ficticia de Coriolis* como una fuerza inercial aparente, con resultados reales en la dinámica de fluidos, por ejemplo, sobre la superficie de la tierra. Mediante la *fuerza de Coriolis*, podemos justificar la dinámica atmosférica o la de los océanos. Esta *fuerza ficticia* es el instrumento usado por un observador no inercial para explicar la dinámica de fluidos sobre la superficie del planeta que rota, en el ámbito de la Mecánica Clásica. Sin embargo, el comportamiento real dinámico no coincide con el que resultaría sin la aplicación de estas fuerzas ficticias, conforme a las leyes de la mecánica newtoniana.

En otros casos, en los libros de mecánica, se propone la existencia de un *par giroscópico*, también ficticio, para justificar el comportamiento de los cuerpos con momento angular, como un concepto separado del cuerpo lógico de la dinámica clásica. Las fuerzas inerciales no pueden ser clasificadas como fuerzas internas ni externas en relación a ningún "sistema aislado".

Entendemos que deben plantearse salvedades al pensamiento euleriano, proponiendo una nueva interpretación de las fuerzas de inercia. No se trata de incorporar estas fuerzas ficticias en la estructura de la mecánica, se trata de concebir nuevas ordenaciones del pensamiento para la dinámica rotacional, diferentes a las aceptadas hasta la fecha para la mecánica traslacional, y analizar el origen de esas singularidades, que denominamos *fuerzas inerciales*, buscando su origen natural, y proponiendo su reinterpretación dinámica, mediante nuevas leyes de comportamiento, que correspondan biunívocamente y fehacientemente al verdadero comportamiento dinámico observado experimentalmente.

No creemos necesaria, en una estructuración lógica de la dinámica, la incorporación de estos conceptos de *fuerzas ficticias*, para entender el verdadero comportamiento dinámico de los cuerpos. A lo largo de esta obra justificaremos el verdadero comportamiento de la naturaleza sin necesidad de introducir *fuerzas ficticias* u otros conceptos basados en la presunción, en vez de en la observación.

2.7- Acoplamiento del momento angular

Una de las primeras ideas sobre *interacciones dinámicas* surgió en el ámbito de la dinámica cuántica. Al analizar la estructura atómica, se observó en el comportamiento de los electrones la interacción espín-órbita. Se comprobó como el espín de la partícula influía en su propio comportamiento dinámico.

En mecánica cuántica, la *interacción espín-órbita* (también llamada *efecto espín-órbita* o *acoplamiento espín-órbita*) describe la interacción entre el espín de una partícula y su movimiento. Se define como ***acoplamiento del momento angular*** de un sistema, el procedimiento de construcción de un espacio formado por todos los vectores propios del mismo (*eigenstates)* momento angular total, basado en el momento angular individual de las partículas individuales del sistema.

La desviación que se produce en el movimiento de la partícula depende del sentido de la rotación intrínseca. Incluso hoy en día, se entiende que el origen físico de las fases topológicas de un sólido, reside en su interacción espín-órbita.

Este concepto ha sido aplicado en múltiples fenómenos físicos, como en experimentos de espectroscopia atómica. También en la química cuántica que estudia la magneto química, y en la física cuántica que estudia la física de la materia condensada. Incluso en astronomía, el acoplamiento de momentos angulares es coherente con la ley general de conservación del momento angular.

2.8- Orientación

La mecánica de Newton identificaba cualquier cuerpo en el espacio, como un único punto, reduciendo su modelo idealizado a la descripción del movimiento que experimentaría ese único punto aislado del cuerpo, generalmente su centro de masa. Para determinar por completo la futura historia del movimiento del cuerpo, era suficiente resolver tres ecuaciones, precisamente las ecuaciones del movimiento de ese centro de masa, especificando las condiciones iniciales. En la mecánica de Newton no se planteaba el supuesto de que el cuerpo girase sobre ningún eje, por lo que matemáticamente solo eran necesarias tres coordenadas espaciales y el tiempo.

D´Alembert, y después Euler incorporaron las ecuaciones que describen la rotación de un cuerpo rígido. En la mecánica de Newton-Euler disponemos de seis ecuaciones de movimiento para determinar el comportamiento de un cuerpo en movimiento y su rotación.

La geometría euclídea sobre la que se sustenta la Mecánica Clásica determina la posición de un punto mediante un conjunto de seis coordenadas tridimensionales: x_1, x_2, x_3, φ_1, φ_2, φ_3. *Pero esta abstracción euclídea pudiera no ser suficientemente idónea para representar el verdadero comportamiento de los cuerpos, especialmente cuando están sometidos a rotaciones y a sus reacciones inerciales.*[186]

Si analizamos con detenimiento el comportamiento de los sólidos rígidos sometidos a sucesivos pares no coaxiales, podemos advertir como un cuerpo, sin velocidad de traslación, puede estar sometido a dos rotaciones distintas sobre ejes diferentes. Este sería el caso de la peonza sin deslizamiento en el fulcro, que simultáneamente gira sobre su eje principal y cae por efecto del par del peso. En el capítulo 3 comentaremos otras pruebas experimentales en las que se pueden observar rotaciones simultáneas, en un mismo cuerpo, por efecto de pares no coaxiales.

En todos estos casos, un punto del cuerpo, cuando es sometido a dos rotaciones diferentes simultaneas, no queda identificado en el espacio con las seis coordenadas referidas. Es necesario identificar también su evolución en el espacio de sucesos, admitiendo que al estar sometido a dos rotaciones simultáneas, modifica su posición temporalmente, con un mayor grado de libertad, y no debido a un simple giro sobre un eje.

Fue precisamente Frenet, (...) quien en el siglo XIX introdujo, por primera vez, los conceptos de torsión y punto orientado, sugiriendo la identificación del punto con una triada de vectores ortogonales unitarios: Un ***punto orientable tridimensional*** *es un punto que tiene una referencia ortogonal, por lo que, además de las coordenadas clásicas, dispondrá de otras tres coordenadas:* θ_1, θ_2, θ_3, *para identificar la variación de su orientación. Por tanto, en el supuesto de un cuerpo rígido sometido a rotaciones no coaxiales simultaneas, (...) solo podremos identificar el*

[186] Barceló, G.: *Un Mundo en rotación*, capítulo 7, pág.200. Marcombo, Barcelona, 2008.

movimiento de cada punto del cuerpo, con 10 coordenadas: x_1, x_2, x_3, φ_1, φ_2, φ_3, θ_1, θ_2, θ_3, *y el tiempo t, disponiendo, por tanto, de 10 grados de libertad.*

De esta forma, además de la determinación clásica de la evolución de la situación de cada punto de un cuerpo en el espacio de sucesos, podremos identificar la orientación de su velocidad, ya que pudiera estar diferenciada de la velocidad del centro de masas.

Vemos cómo las coordenadas de traslación x, y, z, iniciales de Newton no son ya suficientes, necesitamos realmente un marco de referencia tetra-dimensional con 10 grados de libertad: tres de tipo traslacional, seis de tipo rotatorio y el tiempo. Los grados de libertad rotacionales son descritos por seis variables angulares.[187]

En nuestra opinión, el concepto de "punto" abstracto de la geometría euclídea, utilizado por la Mecánica Clásica, no es idóneo para identificar el comportamiento de los cuerpos en la dinámica rotacional, por lo que necesitaríamos evolucionar y aceptar la utilización de un nuevo concepto de **punto orientado,** dotado de 10 coordenadas**.**

2.8.0- Eje instantáneo de rotación

Este análisis que hemos realizado no podía ser desarrollado en la Mecánica Clásica, desde el momento en que, a nivel teórico, fue identificado el *eje instantáneo de rotación,* como concepto fundamental cinemático y geométrico, que se suponía, permitía determinar la evolución dinámica de un móvil. Este concepto, al que ya nos hemos referido en el epígrafe 2.2.5, fue analizado

---

[187] Barceló, G.: *Un Mundo en rotación*, capítulo 7, pág.201. Marcombo, Barcelona, 2008.

también posteriormente por Johann Samuel König (1712-1757) y por Poinsot.

El eje instantáneo de rotación, o en dos dimensiones, el centro instantáneo de rotación o polo de velocidades, es aquella recta, en torno a la cual, el cuerpo rota en un instante dado. Por tanto, en el supuesto de un móvil sin traslación, es el lugar geométrico de los puntos del campo de velocidad nula. Mediante un análisis del campo de velocidades de traslación generado por la rotación, pueden identificarse los puntos de este eje. En cada movimiento infinitesimal, la posición del eje no varía. En Mecánica Clásica, cada movimiento infinitesimal equivale a un giro diferencial del sólido alrededor del referido eje instantáneo. Esto permite interpretar el movimiento de rotación genéricamente, como una secuencia de rotaciones infinitesimales en torno a los sucesivos ejes instantáneos.

Este desarrollo conceptual impidió, a nuestro juicio, un mejor desarrollo de la mecánica rotacional clásica. También descartaba la posible existencia en la naturaleza, de movimientos de rotación constantes (Ver conceptos referidos en el epígrafe 5.0.0), y en nuestra opinión, de nuevo bloqueaba un desarrollo conceptual adecuado de la dinámica rotacional.

Este progreso intelectual fue ampliado al entender que el eje instantáneo describe una trayectoria en su evolución temporal. Se denomina *base o axoide polar fija*, a la superficie reglada, lugar geométrico de todas las rectas que en algún instante han sido eje instantáneo de rotación, en el momento que lo son, en el cuerpo. Existirá otra figura en el espacio, denominada *axoide móvil o rodadura*, constituida por el lugar geométrico de todas las rectas que han sido eje instantáneo de rotación, en todos los instantes del movimiento.

Los axoides son figuras cónicas que están en contacto en cada momento al compartir el eje instantáneo de rotación de ese momento, y reciben la denominación de *conos de Poinsot*.

Cauchy (1789-1857) demostró que el movimiento de un sólido móvil puede interpretarse, y queda totalmente definido, con el movimiento de rodadura de la ruleta sobre la base.

2.9- Indicios de nuevas hipótesis dinámicas

En los estudios convencionales que se habían realizado hasta la fecha en Mecánica Clásica, sólo se había venido en tener en cuenta el momento angular generado por el par que actúa, y no su interacción con el momento angular existente.

En el ámbito de la Mecánica Clásica, ya hemos indicado que la trayectoria del centro de gravedad de un cuerpo de revolución dotado de velocidad lineal respecto de unos ejes inerciales, y de velocidad angular en la dirección de uno de sus ejes de revolución, no se modificaría si se somete al cuerpo a un par no coaxial de fuerzas externas. Hemos visto en el epígrafe 2.4 como, en cualquier formulación clásica, se obtiene que el cuerpo mantendrá su trayectoria, pero modificará su rotación cómo resultado de la suma vectorial de velocidades angulares.

No obstante, nuestra visión, nuestras observaciones y las pruebas experimentales realizadas no coincidían con esas consideraciones teóricas. Cómo corolario de los indicios observados, y de los experimentos previos que veníamos realizando, podíamos interpretar que, un cuerpo de revolución con giro sobre su eje de simetría, no traslada esa rotación a otro eje del mismo, por efecto de una composición de rotaciones, de tal forma que, en determinadas circunstancias, la masa aparentemente no admite una composición vectorial de rotaciones, manteniendo dos giros simultáneos, o transformando las siguientes rotaciones en movimientos orbítales con centro fuera del cuerpo.

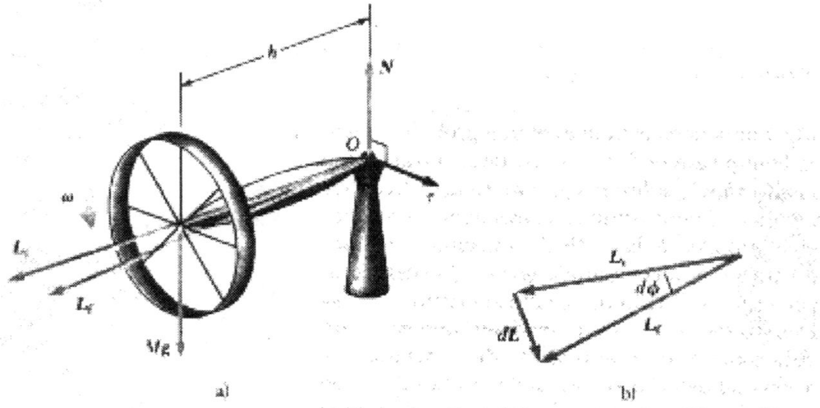

Figura 2.15. En Mecánica Clásica, en los cuerpos con momento angular intrínseco, la variación del momento angular ***dL*** *se adiciona vectorialmente al momento angular* ***L.***

Como abstracción, y en el entendimiento de que todo giro es el resultado de un momento, podíamos inferir que al aplicar un par de fuerzas no coaxial a toda masa con giro intrínseco, se genera una resistencia inercial propia, que desplaza a la masa según una trayectoria curva, con centro de curvatura incluso fuera del cuerpo.

2.9.0- Adición de momentos angulares

Este comportamiento de la naturaleza también puede interpretarse en el ámbito de la física por el hecho de que, en estos supuestos, **los momentos angulares no se adicionan**, de tal forma que si un cuerpo dispone de un momento angular **L**, su variación **dL**, por efecto de fuerzas externas, no se adicionará necesariamente con el ya existente **L** (Ver figura 2.15), si no que podrá generar un nuevo movimiento, distinto y simultáneo con el existente, que denominaremos **movimiento de precesión**.

Este sería el caso de la peonza y del giróscopo, y en el caso de un cuerpo en el espacio, sin ligaduras como el bumerán, el cuerpo iniciará una orbitación, sin la necesaria existencia de una fuerza central.

Por extrapolación del comportamiento experimental de la peonza, llegamos a la conclusión de que es posible que un cuerpo de revolución dotado de un movimiento rectilíneo, de momento angular intrínseco y sometido a un par externo, modificará la trayectoria de su centro de gravedad por efecto de la interacción dinámica inercial que generará el par externo no coaxial. De esta forma, podemos proponer la siguiente hipótesis: *Un claro exponente de las interacciones dinámicas que se generan en los cuerpos dotados de momento angular intrínseco es el denominado par giroscópico, o par de interacción dinámica.*

El desafío consistía en poder generalizar el fenómeno del par de interacción dinámica en la estructura lógica de una dinámica rotacional tridimensional.

Hemos participado en un proyecto de investigación de sistemas no inerciales, para conocer el comportamiento de los cuerpos rígidos sometidos a rotaciones no coaxiales simultáneas. Como resultado de esta investigación, hemos propuesto nuevas hipótesis para explicar el comportamiento dinámico de estos cuerpos, insistiendo en la necesidad de ampliar nuestros estudios sobre la teoría de campos.

2.9.1- Indicios de interacciones dinámicas.

Hemos definido, en la sección 0.3 a ***...las reacciones inerciales que se manifiestan en la materia, cuando está sometida a aceleraciones, como interacciones dinámicas*** *(ID). Estas se muestran en la naturaleza en cualquier escala de magnitud. Cualquier sistema físico y sus condiciones límites, pueden estar* *representados por un grupo de Lie. El espacio de fase de esta dinámica se describe en una variedad cuaternónica de Kähler, 8-dimensional, de geometría simpléctica. En ella se manifestarían dos tipos de fuerzas de campo simultáneamente: las verdaderas fuerzas aplicadas y las fuerzas de inercia debidas a las interacciones dinámicas (ID) generadas.*

Según el principio de la relatividad de Galileo, las leyes de la física son idénticas en cualquier sistema de referencia inercial. La Mecánica Clásica, e incluso la mayoría de las teorías físicas modernas, se han formulado para marcos de referencia inercial, resultando su validez de haber sido probada en dichos sistemas.

Sin embargo, más allá de estos límites, en nuestra opinión, pueden existir en la naturaleza otras hipótesis, para las que nosotros, hoy en día, todavía no conocemos con exactitud, sus leyes de comportamiento, debido a que los modelos de análisis que utilizamos son erróneos. Un ejemplo de ello es el análisis de los cuerpos sólidos rígidos dotados de un movimiento de rotación. Es necesario en estos casos tener en cuenta las posibles reacciones inerciales.[188]

Reiteramos que para comprender nuestra argumentación, es necesario entender el concepto de superposición de campos de magnitudes dinámicas originados por momentos externos que actúan, en la forma expuesta en el epígrafe 0.1.

Hemos mantenido el supuesto de que bajo estas premisas, la trayectoria del cuerpo es un movimiento de precesión en el espacio, con una órbita de radio instantáneo:

$$r = v / \Omega \qquad (2.28)$$

[188] Barceló, G.: *Analysis of dynamics fields systems accelerated by rotation. Dynamics of non-inertial systems.* Congress DeMSET-2011, Miami. EE.UU.
http://dinamicafundacion.com/blogs/media/DeMSET_2011_GBarcelo.pdf

En Mecánica Clásica, esta trayectoria sería equivalente a la resultante de una fuerza central, pero de no existir realmente esta, en ese ámbito se definiría erróneamente una *fuerza de precesión ficticia*:

$$F = m\, V_0\, \Omega \tag{2.29}$$

Es necesario reiterar que esta supuesta *fuerza de precesión ficticia* que sería identificada así en la Mecánica Clásica, es una fuerza inercial aparente, ya que el movimiento generado no requiere necesariamente la acción real de esa fuerza central, porque es el resultado directo de la interacción dinámica, por acoplamiento de los campos generados.

Esta órbita de precesión se justifica por la aparición del par de interacción dinámica (ecuación 2.22), debido a que, como ya hemos expuesto, *la derivada del coseno de un ángulo, es igual al seno del mismo ángulo, con signo negativo, multiplicado por la derivada de su ángulo*. De manera que, cuando la velocidad angular de un cuerpo no es cero, la acción de un nuevo par no coaxial, generará una aceleración, que iniciará un movimiento de orbitación del sólido con rotación.

Estas hipótesis dinámicas se basan en la incapacidad de la materia, bajo ciertas circunstancias, para adicionar momentos angulares resultantes, o velocidades angulares.

En nuestra opinión, el análisis iniciado no acababa en los postulados expuestos, sino que por el contrario, pudiera ser el inicio de una nueva vía de experimentación física substanciada en nuevos descubrimientos, de gran interés científico.

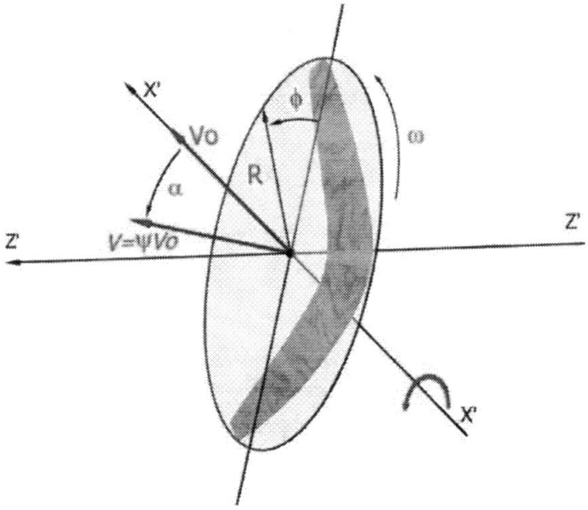

Figura 2.16. Las nuevas hipótesis dinámicas de la TID justifican claramente el comportamiento de los cuerpos sometidos a rotaciones no coaxiales, como es el caso del bumerán.[189]

2.9.2.- Nuevas hipótesis dinámicas.

Es necesario reiterar que las magnitudes de la cinemática de los cuerpos en rotación resultan independientes del observador: el desplazamiento angular, la velocidad de rotación o el momento angular intrínseco son magnitudes que pueden referirse a un sistema de referencia situado en el propio cuerpo y que, por tanto, su medición será independiente del observador que realiza el experimento.

Las hipótesis dinámicas de esta teoría justifican claramente el comportamiento de los cuerpos sometidos a rotaciones no coaxiales, como es el caso del bumerán (Ver figura 2.16).

---

[189] Ver capitulos 5 y 10, y Sanchez Boyer J.: *The Flight of the Boomerang II*, Video. 2015
https://www.dropbox.com/s/stng5b2co1441hk/Boomerang_ENG_mini.mp4?dl=0
https://www.youtube.com/watch?v=mGfrGW5fhOg&feature=youtu.be
https://vimeo.com/129383447

Podemos insistir sobre las hipótesis dinámicas propuestas en el epígrafe 2.5.3 para los cuerpos dotados de momento angular, en los que se manifiesta el denominado *par de interacción dinámica,* aparentemente contradictorias con las leyes clásicas de la dinámica, al menos tal y cómo se formulan:

1. *La acción de un par no coaxial* $\vec{P} = \vec{r} \wedge \vec{F}$ *sobre el sólido dotado de rotación intrínseca, y con velocidad* $\vec{V}$*, produce un desplazamiento del eje del cuerpo en la dirección del par, perpendicular a* $\vec{F}$*, y en lugar de según su dirección, modificando la dirección del vector* $\vec{V}$*, pero no su módulo. En efecto, el movimiento del eje lleva la dirección de* $\vec{P}$**.**
2. *La acción constante de* $\vec{F}$*, y por consiguiente del par no coaxial* $\vec{P}$**,** *produce una variación constante de la dirección de la velocidad* $\vec{V}$ *de precesión, en lugar de una aceleración constante, cómo ocurriría en un cuerpo sin rotación intrínseca. Si cesa la acción de* $\vec{P}$**,** *cesa inmediatamente la variación de la dirección de la velocidad de precesión.*

Para terminar este capítulo, y como resumen de lo ya antedicho, podemos proponer que disponíamos de indicios de una visión de la dinámica de la naturaleza, más amplia que la expresada hasta ahora por la Mecánica Clásica, y en la que: *Esta capacidad de interactuar, o a ejercer una interacción, está comprobada en los cuerpos o partículas dotados de masa, cuando son sometidos a rotaciones sucesivas, ya sean causadas por la acción de fuerzas externas, o por reacciones internas debidas a colisiones, o reacciones de algún otro tipo, que no implican ninguna acción externa.*[190] Por tanto, tras el estudio analítico de la Mecánica Clásica, y en ese ámbito, nos atrevimos a concebir y sugerir un nuevo modelo físico en la interpretación de los fenómenos de la dinámica rotacional. Esperábamos que nuestra sugerencia representase, de forma más fehaciente, el verdadero comportamiento de la naturaleza. Reinterpretamos con una nueva mentalidad, ciertas observaciones de los cuerpos sometidos a múltiples rotaciones no coaxiales simultáneas.

Estimamos nuevas hipótesis dinámicas. Para confirmar estas nuevas hipótesis y nuestros indicios, era necesario realizar pruebas experimentales que nos permitiesen contrastarlas y confirmarlas. De esta forma, nos encontraríamos en situación de poder proponer una nueva estructura lógica y racional de una nueva dinámica rotacional, más amplia que la existente, que nos permitiría interpretar con idoneidad, mayor número de fenómenos en movimiento, y nos aproximase al verdadero comportamiento de la naturaleza en rotación.

Para terminar este capítulo, podemos recordar la primera de las cuatro *reglas de filosofar*, que propone Newton, como resumen del método que teóricamente se proponía utilizar en su proceso epistemológico:

Regla I: *No se deben admitir más causas de las cosas naturales que las que sean verdaderas y basten para explicar sus fenómenos.*[191]

---

[190] Barceló, G.: *Dynamic Interactions in the Atmosphere.* Atmospheric and Climate Sciences. Vol.4 No.5, November 20, 2014.
DOI: 10.4236/acs.2014.45073.
http://www.scirp.org/Journal/PaperInformation.aspx?PaperID=51584#.VHB4YTSG_To
http://dx.doi.org/10.4236/acs.2014.45073

[191] Newton, Isaac: *Principios Matemáticos de la Filosofía Natural*, 1687, Alianza Editorial, Madrid, 2002.

3- PRUEBAS EXPERIMENTALES.

Es posible encontrar nuevos campos de investigación en una nueva dinámica rotacional de sistemas no inerciales. Los nuevos fundamentos de la dinámica rotacional podrían ser pertinentes para importantes problemas sin resolver de la física.

Los sistemas en el universo están en movimiento, en constante equilibrio dinámico. En el universo real, el comportamiento dinámico general de los sólidos rígidos se caracteriza por su equilibrio dinámico. A través del tiempo, orbitación coexiste con la rotación intrínseca.

La importancia de nuestro modelo matemático es obvia. En este modelo, no sólo las fuerzas son protagonistas, sino también los momentos de esas fuerzas que, manteniéndose constantes, generarán movimientos de orbitación y movimientos constantes recurrentes, generando un sistema en equilibrio dinámico, y no en expansión ilimitada. Esta nueva teoría dinámica nos permitirá una mejor comprensión de cómo el universo y la materia se comportan.

Sugerimos un detallado y profundo análisis de estas hipótesis dinámicas y proponer continuar con los ensayos experimentales necesarios para su confirmación.[192]

A partir de los indicios expuestos en capítulos anteriores, y de la reinterpretación del comportamiento de los cuerpos dotados de momento angular, se consideró necesario realizar una serie de

[192] Barceló, G.: *Analysis of Dynamics Field Systems Accelerated by Rotation. Dynamics of non-inertial systems.* DeMSET-2011 Congress, Miami. USA.
http://dinamicafundacion.com/blogs/media/DeMSET_2011_GBarcelo.pdf

pruebas experimentales, con el fin de probar las nuevas hipótesis dinámicas que habían sido concebidas.

En estos supuestos pueden plantearse distintos experimentos, y constatar las observaciones resultantes. A título de ejemplo podríamos proponer los siguientes:

1. **Múltiples rotaciones.** Un móvil sometido a pares de fuerzas no coaxiales sucesivas, puede reaccionar mediante giros no coaxiales simultáneos. Como ya hemos indicado, en este supuesto, el sistema de coordenadas definido por un vector de posición y los ángulos de Euler para determinar su orientación, no identifica la evolución de la posición de cada punto del móvil de forma biunívoca y coherente con el movimiento del cuerpo. Resulta pues necesario un nuevo sistema de referencia idóneo para estos supuestos.

2. **Par de Interacción dinámico**. En el supuesto de un cuerpo dotado de rotación intrínseca, la acción de un nuevo momento no coaxial, genera una reacción inercial que se identifica como un par de Interacción dinámico, que no responde a las leyes de Newton, y que se encuentra claramente desestructurado en la Mecánica Clásica. Resulta pues necesario incorporar este fenómeno, y en general las reacciones inerciales, en una estructura lógica y científica, en el ámbito de la mecánica.

Estas referencias experimentales, y otras muchas que pudieran plantearse, infieren la existencia de otra dinámica rotacional, no newtoniana, necesaria para la identificación del comportamiento de cuerpos en rotación, cuando son sometidos a nuevos estímulos no coaxiales, y a los que su comportamiento, en la actualidad en muchos casos, se entiende anómalo, paradójico o caótico, ya que las leyes de que disponemos no permiten identificarlo y predeterminarlo.[193]

3.0- Pruebas iniciales.

Iniciamos las indagaciones investigando cómo se comportan los cuerpos cuando son sometidos a distintas aceleraciones simultáneas por rotaciones no coáxicas. (...)

Para aclarar estas dudas iniciamos diferentes experimentos, que nos llevaron al convencimiento de que la investigación tenía que realizarse mediante la teoría de campos, y teniendo en cuenta el concepto de interacciones dinámicas.

Esto es, que los campos dinámicos generados interactúan, determinando trayectorias que responden a leyes generales de la física todavía no expresadas.

Nuestros experimentos iniciales nos llevaron a establecer unas hipótesis dinámicas, según las cuales estos cuerpos, en estas condiciones, realizan un movimiento de orbitación que describe una trayectoria cerrada sin la necesidad de una fuerza central, manteniendo simultáneamente constante su movimiento de rotación sobre su eje inicial. [194]

Con carácter previo, fueron realizadas pruebas cualitativas, que permitieron confirmar los primeros indicios de las conjeturas

---

[193] Barceló, G.: *On the Equivalence Principle* AC-10-A.2.1.1. 61st International Astronautical Congress, Prague, CZ. Copyright © 2010 by Advanced Dynamics .Published by the American Institute of Aeronautics and Astronautics, Inc. http://dinamicafundacion.com/blogs/media/ON_THE_EQUIVALENCE_PRINCIPLE.pdf

[194] Bauluz, E. y Barceló, G.: *Nuevas hipótesis dinámica.* Guion del vídeo, Madrid, 2011.

propuestas. Estas pruebas atendían a una metodología concreta, y se centró inicialmente en el análisis de los cuerpos en rotación. Estas pruebas experimentales, y sus resultados fueron grabadas en vídeo.[195]

Inicialmente realizamos pruebas con diferentes instrumentos y prototipos. Analizamos de nuevo, detenidamente, el comportamiento de la peonza[196], y su evidente movimiento de precesión. Si limpiamos y añadimos una fina capa de aceite a una mesa plana equilibrada, confirmaremos cómo la peonza describe una trayectoria aparentemente circular, mientras mantenga su velocidad de rotación.

Cuando la superficie de sustentación permite el deslizamiento, la peonza iniciará un movimiento de trayectoria circular, dotando a su eje de una cierta inclinación, realizando el llamado *baile de la peonza*. Este movimiento de trayectoria circular, y con su eje inclinado es, en nuestra opinión, una demostración de la interacción que se genera entre el par del peso y el empuje ascendente de sustentación, y el momento angular intrínseco de la peonza. Es un movimiento de precesión que se mantiene mientras la peonza disponga de momento angular.

Es de destacar cómo este comportamiento tan claro de la peonza, no suele estar referido en los libros de física, y por el contrario, ha sido utilizado en juguetería para que los niños realicen dibujos circulares con la trayectoria de diferentes peonzas o para que compitan en su mejor baile. Los libros de física describen, generalmente, a la peonza estática, sin deslizamiento, pero no analizan el *baile de la peonza*. Estos primeros experimentos

---

[195] Barceló, G.: *Teoría de interacciones dinámicas.* Guión del video, 2002.

[196] Alvarez Martínez, Alejandro & Martín Gutiérrez, Almudena: *The Dance of the Spinning Top.* Global Journal of Science frontier Research: A physics & space science. GJSFR A Volume 16 Issue 3. https://globaljournals.org/GJSFR_Volume16/E-Journal_GJSFR_(A)_Vol_16_Issue_3.pdf

fueron repetidos años más tarde por el investigador Al. Pérez, realizando un video con sus resultados.[197]

Desde un punto de vista físico, este experimento nos permitió consolidar la hipótesis de que los momentos angulares de los cuerpos en rotación no se suman algebraicamente o vectorialmente en un único momento final, no siendo una ley general la composición de momentos. Podemos reiterar (recordar epígrafe 2.9.0), que el momento angular inicial **L**, y su variación Δ**L** no se agregan algebraicamente necesariamente en el supuesto de excitaciones no coaxiales.

Por esta razón, podía plantearse la duda sobre cuál es el acoplamiento natural de movimientos en los cuerpos dotados de momento angular. Era necesario poder disipar estas dudas y generalizar este supuesto con otros experimentos, con el fin de determinar, en dinámica rotacional, la verdadera naturaleza de la composición de los movimientos resultantes de excitaciones externas.

Con peonzas magnéticas sometidas a distintas fuerzas magnéticas, comprobamos la acción de pares externos magnéticos en la variación de la velocidad de rotación y precesión. Por ejemplo, por efecto de inducción magnética, podíamos mantener un movimiento de rotación y precesión constante, mediante un electroimán actuando con impulsos, o peonzas que levitaban en un campo magnético. También se confirmaba así la trayectoria orbital generada, para distintas velocidades de precesión y diferentes grados de rozamiento de la superficie de apoyo. En estos ensayos se evidenciaba el característico comportamiento de los cuerpos dotados de momento angular, susceptibles de ser accionados por excitaciones externas de muy diferente índole.

---

[197] Pérez, A. L.: *El baile de la peonza*. Vídeo, Valladolid, 2015. www.advanceddynamics.net/spinning-top-video/

También realicé pruebas experimentales con péndulos simples sosteniendo un giróscopo. Además del propio movimiento singular de precesión del giróscopo, se evidenciaba una acción no prevista, ya que el péndulo con rotación dejaba de oscilar en un plano, describiendo el giróscopo una trayectoria, cuya proyección en el suelo podía ser una elipse o un círculo. Desapareciendo esta reacción si el giróscopo dejaba de rotar, produciéndose en este caso una oscilación aparentemente plana del péndulo, cómo es usual.

Estas pruebas fueron repetidas años después también por el investigador independiente Al. Pérez, quien realizó un vídeo:[198] *Este documento audiovisual proporciona un esbozo del comportamiento mecánico y (desde un punto de vista dinámico) de un nuevo péndulo. Este es un dispositivo desarrollado siguiendo los principios contenidos en la Teoría de Interacciones Dinámicas, establecidos por el Profesor Gabriel Barceló en su libro:* ***Un Mundo en rotación*** *de 2008. (...)*

Gracias a él, realizamos un experimento para demostrar los principios establecidos por la Teoría de Interacciones Dinámicas.[199] Volveremos a referirnos a estos experimentos en el tomo II, Capítulo 11.

Según la Mecánica Clásica, al describir el centro de gravedad del giróscopo una circunferencia, supuesto estable el movimiento en un plano, hipótesis válida, éste debería sufrir la acción de una fuerza centrípeta que le mantenga en su trayectoria. En el supuesto del giróscopo suspendido de un cabo, de esta forma confirmábamos la inexistencia de la que hemos denominado

---

[198] Pérez, L. A.: *El péndulo de interacciones dinámicas.* Vídeo, Valladolid, 2015.
www.advanceddynamics.net/the-pendulum-video.
https://www.dropbox.com/s/rrjb1786ub75a8h/PIDing_m.mp4?dl=0

[199] Pérez, L. A. y Cano, J.: *El Péndulo de interacciones dinámicas.* Guion del vídeo, Valladolid, 2015.

Fuerza aparente de precesión, verificando que la única causa de movimiento de precesión son las ***interacciones dinámicas***. El péndulo giroscópico cónico permitía resultados sorprendentes, que reiteramos en el epígrafe 11.0 del tomo II.

La cuestión que se planteaba era si ese comportamiento de la peonza, o el de los demás instrumentos y juguetes investigados, era excepcional, o correspondían a leyes generales de la naturaleza. Para aclarar esta duda, tuvimos que llevar a cabo pruebas empíricas para determinar el comportamiento en el espacio de objetos con momento angular intrínseco, sometidos simultáneamente a la acción de un par espacialmente no coincidente.

3.1- Pruebas en el espacio

Fueron realizadas también pruebas empíricas previas para determinar el comportamiento en el espacio de los cuerpos dotados de momento angular intrínseco, sometidos simultáneamente a la acción de un par no coincidente con el eje de rotación propio. Realizamos durante los años 1.995 a 2.000 diversos experimentos en el espacio, mediante globos cilíndricos de helio, que soportaban un ligero contrapeso excéntrico. En una primera etapa se sometía al globo a una rotación sobre su eje principal. Los fenómenos observados fueron los siguientes:

- El par de desequilibrio, constituido por el peso actuando desde el centro de gravedad resultante, y el empuje de flotación ascendente, generan una nueva rotación en el cilindro, no coincidente con la existente sobre su eje principal. Nunca se produce una composición de estas rotaciones.

- Cuando se deja libremente girar el globo sobre su eje principal, con un ángulo próximo a la vertical, se produce un movimiento de precesión, tipo peonza, hasta alcanzar su eje principal la vertical, momento en el que empieza a ascender verticalmente.

En la segunda etapa del experimento se somete al cilindro nuevamente a una rotación alrededor de su eje principal y a una traslación de valor $\vec{V}$ en la dirección del eje principal. Fueron observados los siguientes fenómenos:

- Si se impulsa horizontalmente el globo con giro intrínseco, la rotación debida al par de desequilibrio, se transforma en otro movimiento que se compone con el movimiento lineal debido al impulso inicial, generando un movimiento de precesión del eje de rotación propia del globo, independiente de la rotación propia del globo, determinando una trayectoria de orbitación del centro de gravedad de éste. Este movimiento de precesión desaparece cuando el globo pierde su rotación intrínseca, ascendiendo verticalmente.

- Los sentidos de los movimientos resultantes varían en función del sentido del giro inicial o de la situación del contrapeso. Si el contrapeso se encuentra delante o detrás del centro de gravedad, el sentido de giro será distinto, para un par constante.

Fue interesante también advertir que los globos con velocidad de traslación y sometidos a un nuevo par de torsión no coaxial con su rotación intrínseca debido al contrapeso y al empuje ascendente de flotación, no iniciaban una nueva rotación sobre el nuevo par, mientras el globo dispusiera de su rotación intrínseca sobre su eje longitudinal. En este caso, iniciaban una desviación de su trayectoria, en vez de una nueva rotación. Por tanto, la acción que genera el segundo par externo está condicionada por el estado dinámico previo del móvil.

Con el tiempo y la observación, llegamos al convencimiento que este era un comportamiento generalizado y habitual de la naturaleza.

3.2- Análisis de comportamiento del sólido

Dada la dificultad de disponer de cuerpos rígidos en el espacio, iniciamos en el año 2.000 experimentos con cilindros de aluminio con capacidad para flotar en el agua y accionados con una herramienta taladradora casera. En estos casos, resultaba sencillo aplicar la rotación al cilindro sobre su eje longitudinal mediante un impulso inicial con una taladradora, pero no se disponía de velocidad lineal suficiente para analizar plenamente el experimento. A continuación se procedió a comprobar directamente la trayectoria de este sólido en el espacio, sin ligaduras, y sometido a pares sucesivos.

Diseñamos unos cilindros de aluminio con vástago en una cara lateral, de diferentes tamaños, y densidad equivalente a la del agua. El cilindro estaba expresamente diseñado para que su centro de gravedad no coincidiese con su centro de flotación, y mediante el referido vástago se le dotaba de un movimiento de rotación, con una herramienta portátil.

Experimento previo

1. *El cilindro se sumerge con el vástago hacia arriba, el desequilibrio producido por el par de peso y la ascendente de flotación, hacen girar el cilindro sobre un eje horizontal, perpendicular al de simetría y, tras una breve oscilación, se mantiene en equilibrio estable en su posición final de flotación, quedando el vástago vertical hacia abajo.*

2. *El Cilindro se sumerge con el vástago hacia abajo, y se le hace girar sobre su eje longitudinal. Se comportará como una peonza invertida, salvo que su eje inicie la rotación en la vertical, en este caso no se produce reacción.*

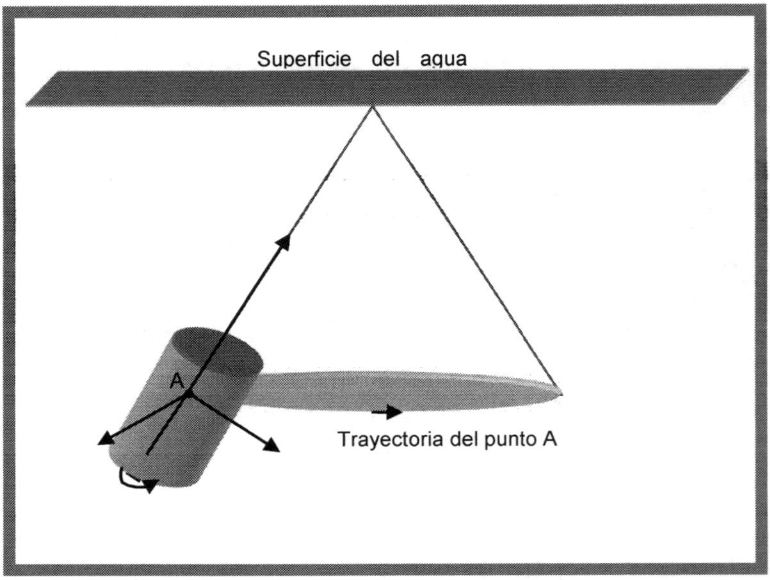

Figura 3.0. Movimiento del cilindro equivalente a una peonza invertida

Experimento de interacciones

Se procede de nuevo con el vástago hacia arriba, pero antes de soltar el cilindro se le somete a una rotación sobre su eje principal de simetría.

En este caso el comportamiento del cilindro es diferente al caso inicial: Mientras dispone de determinado umbral de velocidad de rotación sobre su eje principal, el cilindro se sitúa con su eje de simetría paralelo a la superficie del agua e iniciara un giro sobre un eje vertical, simultaneándose ambos movimientos: el giro sobre el eje vertical y el giro inicial sobre el eje principal del cilindro.

A medida que la velocidad de rotación disminuye, el cilindro ira tomando, poco a poco, su posición de estabilidad final, mediante un movimiento semejante al de una peonza invertida (ver figura 3.0), *de tal forma que su eje de simetría, que se había mantenido en el plano paralelo a la superficie del agua, poco a poco ira adquiriendo un cierto ángulo respecto a este plano, describiendo un claro movimiento de precesión cónico, como si tuviese un punto de apoyo no deslizante en la superficie del agua.*

Estas pruebas se realizaron manualmente, y mediante una herramienta mecánica. En ambos casos el par del peso-flotación se transformaba en un nuevo giro de momento perpendicular al del par actuante.[200]

Con estas pruebas había quedado demostrada una de nuestras hipótesis: **que un cuerpo pude tener rotaciones simultáneas no coaxiales independientes, sin adición algebraica de las mismas.** Como resumen de estos experimentos, propusimos en septiembre de año 2.000 las siguientes conclusiones:

- *El comportamiento del giróscopo o el de la peonza no es excepcional ni paradójico, todos los cuerpos dotados con momento angular intrínseco responden a unas leyes de comportamiento uniformes y generales. El giróscopo o la peonza son una clara muestra de ello, aunque el cuerpo esté, en ese supuesto, sometido a ligaduras o a una condición limitativa.*

- *En estas leyes de comportamiento de los cuerpos dotados de momento angular intrínseco, deben tenerse en cuenta las interacciones dinámicas inerciales. En estos casos el comportamiento resultante no es equivalente al de los cuerpos dotados exclusivamente de cantidad de movimiento lineal.*

---

[200] Barceló, G.: *Teoría de interacciones dinámicas.* Guion del vídeo. 2002.

• *Al generalizar el comportamiento del giróscopo a un espacio de tres dimensiones sin ligaduras, puede inferirse que la inercia angular intrínseca es una propiedad inherente a la masa, atributo que se mantiene constante y que determina un movimiento de rotación de esta, que no se compone vectorialmente con otros movimientos.*

• *Un cuerpo situado en el espacio con velocidad* $\vec{V}$, *sometido a un momento angular intrínseco y, simultáneamente, a un par no coincidente,...podrá realizar un movimiento de precesión describiendo su centro de masas una órbita, a velocidad tangencial* $\vec{V}$, *manteniendo simultáneamente su movimiento de rotación sobre su eje inicial.*

• *El movimiento resultante es semejante al que describiría un cuerpo sometido a una fuerza central. Por tanto, no todos los movimientos compuestos con componente de precesión necesariamente atienden a fuerzas centrales reales.*

• *El movimiento resultante, aunque nos encontremos en el espacio de tres dimensiones, será de orbitación plana, y todos los movimientos de interacción resultantes del mismo par, estarán en un plano que contenga al par.*
Los cuerpos dotados de momento angular intrínseco y sometidos a un único par no orbitarán en el espacio constituido por posibles trayectorias esféricas, si no en el espacio definido por las circunferencias planas que contengan al par.

• *Para este tipo de movimientos es necesario encontrar un nuevo algoritmo matemático, ya que el álgebra vectorial incluye propiedades conmutativas o aditivas que no son de aplicación en este supuesto. Los cuerpos sometidos a interacciones dinámicas describen trayectorias que no pueden ser determinadas por el álgebra vectorial.*

- *En los casos en que se produzca simultáneamente una rotación intrínseca y un movimiento de precesión orbital, puede inferirse que existen interacciones dinámicas generadas por un par que actúa sobre el cuerpo dotado de rotación intrínseca, sin que resulte requisito necesario la existencia de una fuerza central.*[201]

Por tanto, las pruebas ya nos permitían concebir leyes generales de comportamiento de objetos con momento angular.

El desafío se encontraba en intentar repetir el experimento añadiendo una velocidad lineal V_0 *al centro de masas del sólido, y comprobar que, en efecto, si existe esta velocidad lineal inicial, se producía un movimiento de precesión constituido por la composición de esa velocidad inicial* $\vec{V}$ *y por el movimiento inducido por interacción dinámica. La rotación inicial sobre el eje de giro principal se mantendría independiente.*

Era necesario disponer de este móvil en el espacio, con rotación sobre un eje principal de su elipsoide de inercia, y velocidad de traslación. Este móvil, sometido a un análisis observacional de su comportamiento dinámico, era la prueba experimental necesaria, aunque para nosotros era suficiente con la multiplicidad de casos que en la naturaleza encontramos de afinidad con esos comportamientos: la pelota o el balón con efecto y que se desvían de su trayectoria, los proyectiles con deriva no explicada, las bombas rasantes alemanas contra presas de agua, el juego de hacer ranas sobre el agua, y los numerosos divertimentos que hoy día se venden para el ocio de los niños y grandes, en los que

---

[201] Barceló, G.: *Un Mundo en rotación*, capítulo 5, pág.119-120. Marcombo, Barcelona, 2008.

un disco, unas aspas o un bumerán se proyectan en el aire, y describen vuelos con trayectorias curvas.[202]

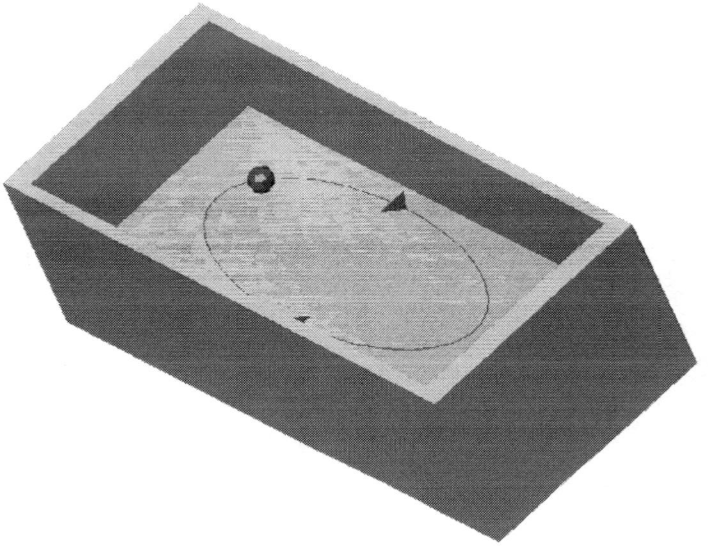

Figura 3.1. Trayectoria obtenida por simulación

3.3- Pruebas finales.

Ya hemos expresado que el reto residía en disponer de un móvil con momento angular y simultáneamente con velocidad lineal. Ante la dificultad y coste económico de disponer de un prototipo de estas características en el espacio, parecía más prudente seguir con experimentos con cuerpos flotantes en el agua.

En esta hipótesis, podía diseñarse un cilindro o "submarino" que pudiese rotar sobre su eje longitudinal, a la vez que simultáneamente era impulsado por una hélice en su popa. El

[202] Barceló, G.: *Un Mundo en rotación*, capítulo 5, pág.120. Marcombo, Barcelona, 2008.

prototipo también estaba dotado, además, de un par gravitatorio de torsión perpendicular a su eje longitudinal (es decir, a su eje de rotación).

Se hicieron dos prototipos diferentes:

I. Torpedo submarino de par fijo, con desequilibrio constante.

II. Torpedo submarino de par variable, con bomba y dos depósitos de agua.

Ambos prototipos fueron realizados por Manuel Benavente, especialista en modelismo de submarinos.

El primer prototipo tenía un par constante debido a las fuerzas del peso y de flotación ascendente, pudiendo actuar el peso en diferentes puntos, generando su desequilibrio. Este par, que denominaremos *par de interacción*, obligaba al submarino a rotar sobre un nuevo eje. Sin embargo, en línea con nuestras hipótesis, calculamos que el cilindro no realizaría este nuevo giro, sino que iniciaría una trayectoria circular cerrada.

Podemos recordar que, al girar un disco sobre su eje de simetría,[203] crea un campo de velocidades homogéneo y equilibrado. [204] Pero, cuando ese disco plano, que gira alrededor de su eje de simetría con velocidad angular ω, es sometido a una nueva velocidad angular no coaxial Ω, se genera un campo de velocidades no homogéneo, (Recordar figura 2.12). Para cada punto del disco, la velocidad tangencial $\underset{v}{\rightarrow}$ queda determinada por la siguiente ecuación:

---

[203] M. E. Jouffret, Théorie Élémentaire des Phénomènes que Présentent le gyroscope, la Toupie et le proyectil Oblongue, Berger-Levrault, extracto Revue d'Artillerie, París, 1874.

[204] Barceló, G.: *Un Mundo en rotación*, Marcombo, Barcelona, 2008, pág. 208.

$$\vec{v} = \vec{\delta} \times \vec{\omega} \qquad (3.1)$$

Siendo:

$\vec{\delta}$: Vector de la distancia de la partícula al eje de rotación.
$\vec{\omega}$: Velocidad de rotación del disco.

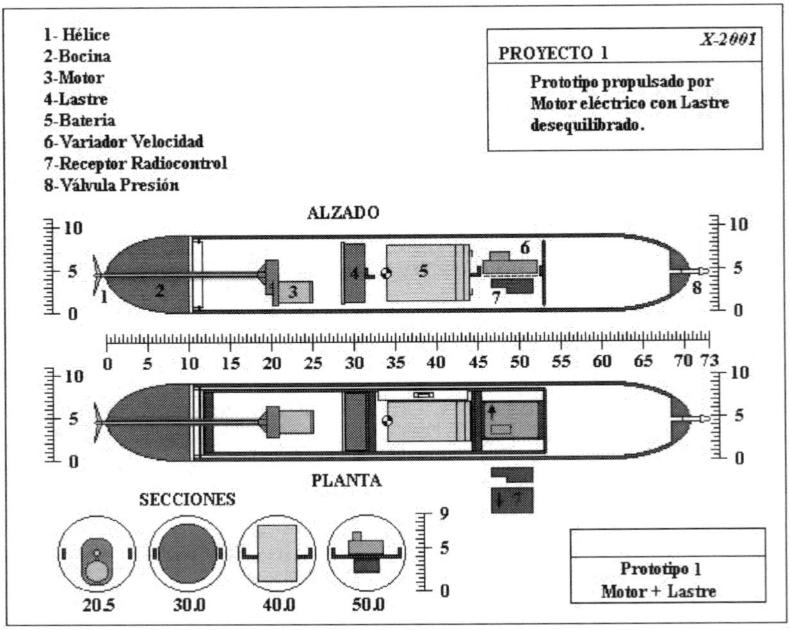

Figura 3.2. Diseño del submarino controlado remotamente. (Según Manuel Benavente)

Teniendo en cuenta que $\vec{\delta}$ es también el radio de la circunferencia (Figura 2.12) o la posición geométrica de las partículas cuyo estado dinámico está siendo analizada, y que son equidistantes al eje de rotación.

Por lo tanto, y como ya hemos comentado, todas las partículas situadas en el mismo radio, tienen la misma velocidad tangencial, pero tras la acción de un nuevo par no coaxial, se genera una nueva distribución de velocidades no homogénea.[205]

Conforme a estas hipótesis realizamos una simulación mediante ordenador (ver figura 3.1). En el epígrafe 5.6, nos referiremos con más detalle a esta simulación matemática. También fue solicitado el estudio de expertos referido en el epígrafe 2.4[206] para conocer cuál debería ser el comportamiento del móvil conforme a los criterios establecidos por la Mecánica Clásica.

3.3.0- Pruebas finales: Prototipo I

En septiembre del año 2.001 se iniciaron las pruebas del referido submarino, en el canal de ensayos de la E.T.S. de Ingenieros Navales de Madrid. Tras dos pruebas en este canal, las pruebas finales se llevaron a cabo en la piscina del Canal de Isabel II en Madrid el 18 de octubre y en Altea, Alicante el 8 de noviembre de 2001. En el primer ensayo, el par del peso/flotación era tan grande, que el dispositivo no tenía tiempo para reaccionar, quedándose automáticamente vertical, con la proa emergente.

Fue corregida esta situación, consiguiéndose más sensibilidad y un mayor equilibrio, aproximando el centro de gravedad y el centro de flotación, pero manteniendo un cierto par de acción que situaba al móvil en una posición de equilibrio vertical, cuando no existía momento angular. En el momento que se lanzaba al agua en posición horizontal, con la hélice en marcha, el móvil mantenía esta posición horizontal en el agua, rotando sobre su eje longitudinal impulsado por su hélice, e iniciaba una trayectoria

---

[205] Gilbert, P.: *Problème de la rotación d'un corps solide autour d'un point*, Annales de la Société Scientifique de Bruxelles, 1876, pág. 316.

[206] Romero Olleros, I. y Goicolea Ruigómez, J.M.: *Estudio del movimiento de un cuerpo rígido sometido a un par exterior.* Cátedra de mecánica. E.T.S.I. de Caminos, Canales y Puertos. Universidad Politécnica de Madrid, 2002.

curva que evidenciaba que las hipótesis teóricas se cumplían. El móvil describía exactamente el tipo de trayectoria prevista en la simulación por ordenador (Ver figura 3.1 y animación: *3 0 Submarino simulación:* http://advanceddynamics.net/wp-content/uploads/2014/02/Submarino_simulación.mp4).

Las pruebas con el prototipo I (ver figura 3.2.) se realizaron con un par de torsión constante debido a que las fuerzas del peso y la flotabilidad actuaban en puntos fijos diferentes, generando un desequilibrio. Este par identificado por $\overrightarrow{M}'$, y que denominamos como ***par de interacción***, obligaría al cilindro sumergido a girar sobre un nuevo eje. Sin embargo, de conformidad con nuestras hipótesis, y como ya hemos comentado, estimábamos que el cilindro no podría realizar este nuevo giro, pero esperábamos que efectuaría una trayectoria de precesión cerrada.

La velocidad del prototipo I estaba regulada por control remoto, y no disponía de timón o de cualquier otro dispositivo de gobierno de la dirección. La trayectoria era cerrada, existiendo un par ortogonal contante debida al peso y a la fuerza ascensional de flotación.

Cuando el prototipo quedaba en reposo, el par generado por la gravedad hacía que la popa se sumergiese, púes como ya hemos dicho, expresamente no estaba equilibrado. Alcanzando una posición vertical, con la proa ligeramente por encima de la superficie del agua. Sin embargo, una vez que se ponía en marcha el motor y el prototipo I comenzaba a girar sobre su eje longitudinal, cambiaba su posición, e iniciaba una trayectoria cerrada sobre la superficie del agua, con un radio que variaba según la velocidad de traslación, (ver animación: *3 1 Submarino Prototipo I:* http://advanceddynamics.net/wp-content/uploads/2014/02/31Submarino_Prototipo_I.mp4).

Estas pruebas confirmaron claramente que el prototipo I se comportaba como predecía la simulación, y nuestras hipótesis dinámicas. Sin timón, pero equipado con su propia fuente de rotación alrededor de su eje longitudinal, el prototipo transformaba el nuevo par en un movimiento de precesión orbital. La trayectoria resultante del prototipo I era circular, a pesar de la ausencia de fuerza central externa que generase esa trayectoria. La órbita circular podía transformarse en una órbita elíptica al modificar la velocidad de traslación del prototipo. Como se pronosticaba en la teoría propuesta, existía una clara relación de causa y efecto.

Podíamos entender el comportamiento observado mediante la referida teoría de campos. Supongamos que analizamos los campos de velocidades que se generan en una sección del submarino. El par de fuerzas del peso y de flotación, generan una segunda rotación, no coaxial con la existente sobre su eje longitudinal. Esta segunda rotación determina la generación de campos de velocidades y de aceleraciones anisótropos, (ver video[207] y animación: *3 2 Submarino campo anisótropo:* http://advanceddynamics.net/wpcontent/uploads/2014/02/32Submarino_campo_anisotropo.mp4).

Pero ocurre algo excepcional: esta nueva distribución inicial de velocidades se modifica cuando el prototipo gira sobre su eje longitudinal.

Al girar el disco sobre su eje de simetría longitudinal, obtenemos una nueva distribución de velocidades resultantes como se aprecia en el video, y en la animación: *3 3 Campo resultante:* http://advanceddynamics.net/wp-content/uploads/2014/02/33Campo_resultante.mp4.

El resultado es que, de conformidad con el análisis de los campos de velocidades generados, el par de fuerzas debido al peso y a la flotación han generado un nuevo campo de velocidades resultantes, que genera una rotación del cuerpo sobre un eje distinto al de ese par externo de gravitación que ha actuado. El resultado observado era esa nueva trayectoria circular.

---

207 https://www.youtube.com/watch?v=k177OuTj3Gg&feature=related

De esta forma, confirmábamos que la rotación generada por el par gravitacional de interacción, no respondía a las leyes de la Mecánica Clásica, ni al álgebra vectorial. En mi opinión, al cabo de media vuelta, la segunda rotación se iniciaba sobre un eje perpendicular al par que la generaba, y no sobre el eje del par de fuerzas definido por el peso y el empuje de flotación. Habíamos confirmado este comportamiento peculiar de los cuerpos sometidos a rotaciones simultáneas no coaxiales, y que en Mecánica Clásica se había convenido en denominar como *efecto giroscópico.* [208] [209]

Sigamos analizando el verdadero comportamiento del móvil. Con la segunda rotación ha sido creado un nuevo campo de velocidades, pero este nuevo campo no es homogéneo como el de la primera rotación, es un campo de velocidades anisótropo.

Pues bien, este campo anisótropo inicial, evoluciona por la rotación intrínseca del móvil, y conforme a nuestras hipótesis, el nuevo campo de velocidad no homogéneo resultante, se acopla dinámicamente con el campo de velocidades de traslación. Esto quiere decir que ambos campos se suman algebraicamente, mientras que la rotación sobre el eje longitudinal se mantiene independiente, como puede verse en el vídeo.[210]

Las primeras pruebas con cilindros de aluminio, sometidos a una rotación inicial demostraban una resistencia inercial que impedía la composición de rotaciones. Ambas rotaciones, la inicial y la generada por el segundo par se mantenían simultáneamente, sin adición vectorial. Pero, además, la rotación generada por el segundo par no respondía a las leyes de la Mecánica Clásica, ni al álgebra vectorial. La segunda rotación se producía sobre un eje

---

[208] Bruhat, G.: *Mécanique*, Masson & Cie, París, 1955.
[209] French, A. P.: *Newtonian Mechanics.* M.I.T. Serie de Física introductoria, W. W. Norton & Company, Nueva York, 1971.
[210] Barceló, G.: *Analysis of Dynamics Fields in No inertial Systems,* World Journal of Mechanics, Vol. 2 No. 3, 2012, pp. 175-180. doi:10.4236/wjm.2012.23021. http://www.scirp.org/journal/wjm

perpendicular al segundo par, y no en la dirección del eje del par. Esta situación dinámica se ha comprobado que, en determinadas circunstancias, se puede producir en los satélites artificiales.

No obstante, en los experimentos iniciales con cilindros semi-sumergidos en agua, el móvil no disponía de velocidad lineal inicial. Con el denominado "submarino", disponíamos de un móvil con velocidad lineal, de un par constante que mantenía constante la velocidad de rotación del mismo sobre su eje longitudinal, y de otro par constante, gravitacional, que generaba una nueva rotación sobre un eje perpendicular a la velocidad lineal. Al observar el comportamiento del submarino desequilibrado y propulsado con un motor eléctrico que simultáneamente generaba su movimiento de rotación sobre su eje longitudinal, se advertía como ambas rotaciones sobre ejes perpendiculares se mantenían, pero la rotación debida al segundo par no tenía como eje el del par, si no otro perpendicular, y se adicionaba de forma selectiva con el vector de la velocidad lineal, generándose un movimiento de precesión, simultaneo con la rotación. Modificando el sentido de giro de la rotación inicial o la del segundo par, se modificaba el sentido del movimiento de precesión resultante.

Tras estas observaciones, parecía que la generalización referida a cuerpos en el espacio era factible. El análisis dinámico del comportamiento del giróscopo, podía aplicarse también a cualquier cuerpo en el espacio dotado de momento angular intrínseco.

En este punto habría que destacar la contradicción resultante entre estos experimentos y la Mecánica Clásica. (...)

Incluso, si a un sólido con un movimiento de traslación y giro intrínseco se le aplica un par de fuerzas, estas causarán una nueva rotación en el sólido, que se sumara vectorialmente a la ya existente, pero que no modificarán la trayectoria de su centro de masas.(…)

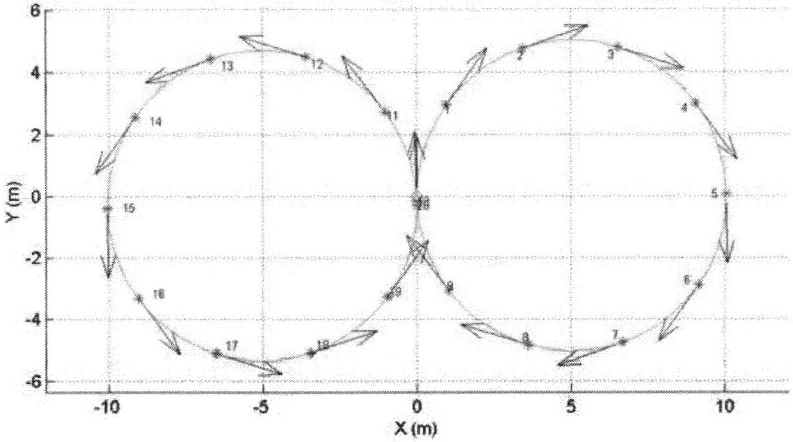

Figura 3.3. Representación plana de la trayectoria del centro de masas del submarino con cambio del sentido del momento cada 10 segundos. Los números indican el tiempo en segundos.

En nuestra opinión, estas conclusiones de la Mecánica Clásica no se conciliaban con el comportamiento de la peonza o del giróscopo. La cuestión que se planteaba era si este comportamiento era una singularidad de estos cuerpos. Personalmente no podía entender que determinados cuerpos tuviesen una dinámica específica diferente al resto de los móviles.

El movimiento del cilindro dotado de rotación propia y traslación era evidente: Describía una trayectoria plana aparentemente circular. Modificando cualquier variable, se modificaba la trayectoria: si la velocidad lineal se reducía, la trayectoria se hacía elíptica. Si se paraba, el móvil quedaba vertical, adrizándose de nuevo cuando la hélice iniciaba su impulsión.[211]

En estas pruebas pudo comprobarse, sin que en nuestra opinión pudiera plantearse ningún posible error de interpretación, que el móvil dotado de rotación propia, transformaba la acción del segundo par en un movimiento de precesión, adicionándose el

---

[211] Barceló, G.: *Teoría de interacciones dinámicas.* Guion del vídeo. 2002.

campo representativo de la velocidad lineal de traslación, con el campo no homogéneo de velocidades provocado por el par de interacción. No podíamos entender que el comportamiento del móvil, que respondía a la simulación matemática realizada, y a nuestras previsiones razonadas, pudiera ser el resultado de efectos hidrostáticos o hidrodinámicos no definidos: el móvil describía trayectorias precesionales circulares, mientras se mantenía constante la velocidad de rotación y la velocidad lineal. Al reducir esta, el radio de la trayectoria resultaba menor, de tal forma que podían obtenerse trayectorias elípticas modificando la velocidad de traslación del móvil. Precisamente esta correlación entre velocidad y efecto resultante era inversamente proporcional a la que, lógicamente pudiera resultar de un fenómeno hidrodinámico.

Para velocidad de traslación cero, el móvil, cómo pudo comprobarse con los cilindros de aluminio, mantenía simultáneamente la rotación sobre su eje longitudinal y otra de precesión de radio cero, sobre un eje perpendicular al anterior. Si se modificaba el sentido de giro, cambiando la hélice propulsora, cambiaba también el sentido de giro de la trayectoria. Fueron realizadas numerosas simulaciones matemáticas de las pruebas experimentales. Una simulación de la prueba experimental fue realizada por el profesor Delfín Silió. En la figura 3.3 se muestra la trayectoria resultante de la simulación, considerando un sentido del par durante los primeros 10 segundos y el contrario en los restantes 10 segundos (se simula el movimiento durante 20 segundos). La trayectoria calculada para este supuesto, es un “ocho”, constituido por dos círculos iguales tangentes.

La simulación inicial realizada quedaba confirmada, y las hipótesis enunciadas para comprender el comportamiento de los cuerpos dotados de momento angular habían sido comprobadas.

Por lo tanto, estas pruebas confirmaron claramente que el prototipo se comportaba como habíamos previsto.

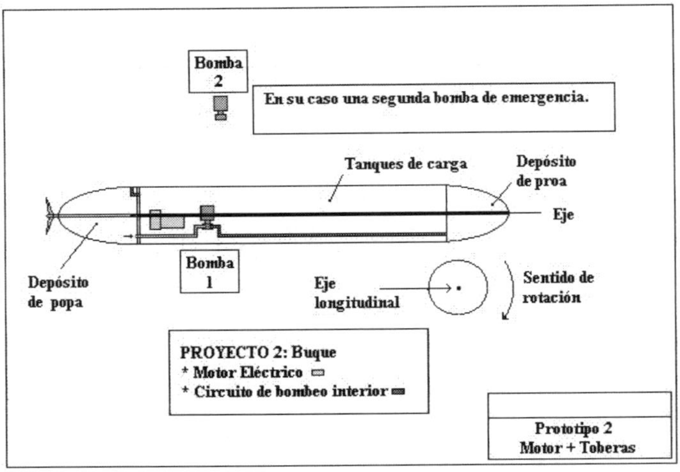

Figura 3.4. Prototipo II: Diseño del submarino controlado a distancia, con dos depósitos para agua: 1. Bomba; 2. Bomba de emergencia. (Según Manuel Benavente).

Nuestra hipótesis principal era la siguiente: *En nuestra prueba experimental pudimos confirmar lo que habíamos intuido en la simulación realizada, esto es, que se acoplaba el campo de velocidades de traslación del submarino, con el campo de velocidades generado por el par de fuerzas determinado por el vector del peso y el de flotación. El resultado era la trayectoria circular observada en el prototipo I, como también lo prueba el vuelo del bumerán o el peculiar baile de la peonza.*[212]

3.3.1- Pruebas finales: Prototipo II

Una vez realizada esta prueba inicial con un móvil sometido a un par externo constante, se trataba de realizar un nuevo ensayo

[212] Barceló, G.: *Analysis of Dynamics Fields in No inertial Systems,* World Journal of Mechanics, Vol. 2 No. 3, 2012, pp. 175-180. doi:10.4236/wjm.2012.23021. http://www.scirp.org/journal/wjm

que permitiese dirigir el móvil a babor o estribor. Para ello era necesario disponer de un par de acción de sentido variable.

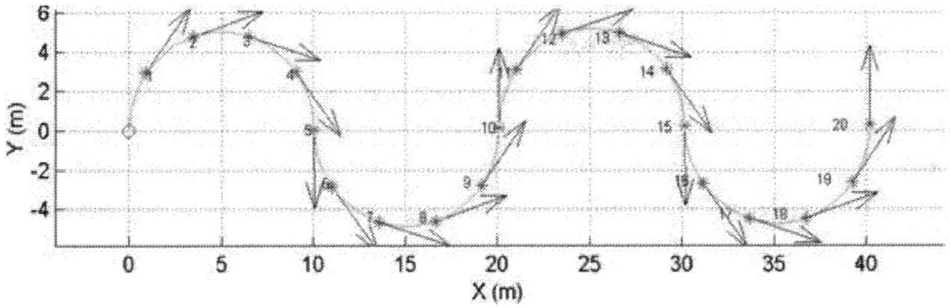

Figura 3.5. Representación de la trayectoria simulada del submarino, con un cambio de sentido del momento aplicado cada 5 segundos.[213]

Podíamos obtener este resultado mediante una hélice con inversión, pero eso supondría modificar también el sentido de la velocidad lineal del cuerpo, o incluso también, con otros artificios, modificando el sentido de la rotación del móvil sobre su eje longitudinal. Como solución alternativa se diseñó un dispositivo de tanques que permitiese transvasar agua entre dos depósitos, situados a popa y a proa, con el fin de modificar el sentido y también la fuerza del par externo de acción. Este nuevo modelo, denominado prototipo II, estaba pues equipado con un mecanismo para ejercer un par variable (Figura 3.4 y también animación *3 4 Prototipo II:* http://advanceddynamics.net/wp-content/uploads/2014/02/34Prototipo_II.mp4).

Transfiriendo el agua entre ambos depósitos, se modificaba la posición del centro de masas del prototipo II, lo que permitía sumergir la proa o popa, y así modificar el par de interacción gravitatoria. Tras los primeros, ensayos pudimos advertir que las pruebas realizadas con el prototipo II confirmaban completamente

[213] Barceló, G.: *El vuelo del bumerán.* Ed. Marcombo 2006, Barcelona. Página 298 y también en: G. Barceló, *Un Mundo en rotación,* Editorial Marcombo Barcelona. 2008. Página 132. http://www.dinamicafundacion.com/

la teoría. Se gobernaba el submarino a babor o a estribor, conforme con la variación del par gravitacional. Según la hipótesis dinámica de la Teoría de Interacciones Dinámicas (TID). El prototipo II podía ser gobernado sin timón (ver figura 3.5 y animación *3 5 Prototipo II Simulación:* http://advanceddynamics.net/wp-ontent/uploads/2014/02/35Prototipo II Simulaci n .mp4).

Al ser sometido a rotaciones no coaxiales simultáneas, el cuerpo rígido originaba campos de velocidades no homogéneos. Estos campos generan campos de aceleración anisótropos, que pueden interpretarse como campos de fuerzas inerciales creados en el espacio por efecto de rotaciones no coaxiales simultáneas. El resultado de mis experimentos confirmaba que el gobierno del móvil era posible, tanto a estribor, como a babor, de acuerdo con el par gravitatorio (ver animación *3 6 Prototipo II Navegación:* http://advanceddynamics.net/wp-content/uploads/2014/02/36Prototipo II .mp4). El submarino se podía gobernar sin pala de timón, conforme a los supuestos previstos en nuestras hipótesis.

También que, conforme a nuestras hipótesis iniciales, podía existir correlación nomológica entre rotación y orbitación y, por tanto, que un cuerpo con momento angular intrínseco[214] y velocidad de traslación, sometido a un par real no coincidente espacialmente, transforma su acción inducida en un movimiento de precesión.

El viernes 8 de febrero se iniciaron las pruebas en el canal de ensayos de la escuela Ingenieros Navales de Madrid, y a continuación en el estanque del Parque Tierno Galván de Madrid.

---

[214] Landau, L. D. and Lifshitz, E. M.: *Mechanics*, Third Edition: Volume 1 (Course of Theoretical Physics), Butterworth-Heinemann, Oxford, 1976 and Landau and Lifshitz: *Mecánica I*, Ed. Reverte. 1994, pages 23/24.

El 22 de marzo de 2002 se realizaron nuevas pruebas con este prototipo, obteniendo, como resultado, el gobierno del móvil tanto a estribor como a babor, en función del par gravitatorio. El submarino se podía gobernar sin timón, conforme a los supuestos previstos en la Teoría de Interacciones Dinámicas.

El resultado de nuestros experimentos confirmaba nuestra aporía: puede existir correlación entre rotación y orbitación y, por tanto, que un cuerpo con momento angular intrínseco y velocidad de traslación, sometido a un par real no coincidente, transforma su acción inducida en una precesión que, en caso de que el par fuese constante, generará una trayectoria de precesión de órbita cerrada. [215]

El resultado es que un cuerpo en movimiento de traslación y con rotación simultánea, sometido a un par de fuerzas constante no coaxial, mantendrá un equilibrio dinámico también constante y aparentemente inmutable.

El peculiar comportamiento de los objetos de revolución dotados de rotación intrínseca alrededor de su eje principal, había generado nuestra atención Como resultado de nuestra disconformidad a aceptar la justificación reservada por la Mecánica Clásica al comportamiento de los cuerpos que giran sobre un eje con un punto de apoyo, en un campo de fuerzas, o incluso en el espacio, tras la observación de los experimentos realizados, y como resultado de las conclusiones lógicas alcanzadas, se podía inferir que, cuando actúa sobre un cuerpo dotado de rotación intrínseca un momento no coaxial, se generan interacciones dinámicas, de tal forma que, si disponía de una trayectoria rectilínea, esta se haría curvilínea, mientras siguiese actuando el referido momento no coaxial.

[215] Barceló, G.: *Teoría de interacciones dinámicas*. Guion del vídeo. 2002.

En estos casos no es necesario suponer la existencia de una fuerza central, aunque el movimiento resultante sería similar a la trayectoria de un cuerpo sometido a una fuerza central. En la figura 3.5 se muestra trayectoria simulada del submarino, con un cambio de sentido en el momento aplicado.

Generalizando estos comportamientos en el espacio, los cuerpos sólidos de revolución sometidos a sucesivos pares de fuerzas, o incluso los cuerpos dotados de momento angular intrínseco y en determinadas circunstancias, podrán comportarse conforme a unas leyes generales no enunciadas hasta la fecha.

En consecuencia, en los casos en que se produzca simultáneamente una rotación intrínseca y un movimiento de precesión orbital, podría inferirse que existen interacciones dinámicas generadas por un par que actúa sobre el cuerpo dotado de rotación intrínseca, sin que resulte requisito necesario la existencia de una fuerza central, aunque el movimiento resultante fuese semejante al que describiría un cuerpo sometido a una fuerza central.[216]

3.4- Análisis de resultados.

Los resultados obtenidos en los experimentos realizados eran para nosotros concluyentes. No obstante era necesario hacer una valoración de los mismos. Tradicionalmente, la física había reservado hasta ahora, a fenómenos semejantes que observamos en la naturaleza, la justificación teórica de efectos aerodinámicos. Se refieren los textos al efecto de una pelota que se desvía en razón de un fenómeno aerodinámico (ver figura 3.6), y se justifica este comportamiento con el *efecto Magnus*.

---

[216] Barceló, G.: *Un mundo en rotación*. Epígrafe 5.6.2, página 133. Editorial: Marcombo Barcelona. 2008.
http://www.dinamicafundacion.com/

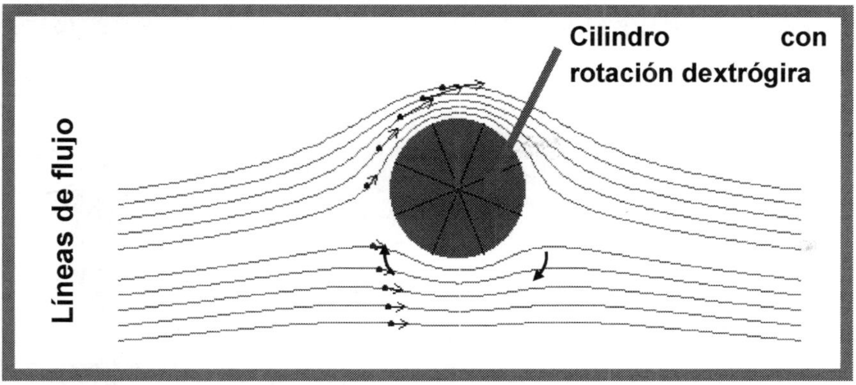

Figura 3.6. Campos de velocidades y presión del fluido alrededor de un cilindro con rotación intrínseca.

Contrasta esta explicación con la falta de cálculos precisos que permitan confirmar matemáticamente tal aseveración. Se justifica esta carencia en base a la dificultad de determinar el algoritmo matemático correcto, y con este simple razonamiento, se da por buena la hipótesis propuesta de la posible causa física del fenómeno observado, sin más comprobación. No hemos podido encontrar ningún texto o documento que aporte los cálculos necesarios con el debido rigor científico, como para poder asegurar que la desviación de la trayectoria de un proyectil o de una pelota se deba necesariamente al *efecto Magnus*, o a otro efecto aerodinámico concreto. Lo cual no significa que neguemos la existencia de estos fenómenos dinámicos.

Difícilmente puede probarse, en nuestra opinión, que los resultados obtenidos en nuestros experimentos se deban a efectos aerodinámicos, hidrodinámicos o al *efecto Magnus*, y no sean, realmente, el resultado que experimentalmente buscábamos, cómo prueba de las hipótesis propuestas.

Además, las trayectorias comprobadas experimentalmente, y que correspondían a las simulaciones matemáticas realizadas, no coincidían con las obtenidas de las ecuaciones de movimiento resultantes de las formulaciones de la Mecánica Clásica, vistas en el epígrafe 2.4.

3.5- Otros ensayos

Realizamos otras pruebas con otros prototipos, por ejemplo con un catamarán que soportaba un cilindro con rotación, sobre su eje longitudinal. Se obtuvieron los mismos resultados previstos en nuestras hipótesis (ver animación *3 7 Catamarán:* http://advanceddynamics.net/wp-content/uploads/2014/02/37Catamar n .mp4).

Otros investigadores también han realizado posteriormente otras pruebas experimentales semejantes, también con éxito, y que pueden ser visualizadas en video (Ver figura 3.7):

Fenómenos como "precesión" y el "Efecto Giroscópico"[217] *han sido considerados como atípicos, creando gran curiosidad e interés en aplicaciones para la construcción de artefactos y juegos. Su comportamiento es aún considerado un tema extraño en la ciencia de la mecánica.*

El artículo de Gabriel Barceló: "Análisis de los campos dinámicos en sistemas no inerciales",[218] *y su video adjunto con pruebas experimentales, tenía como objetivo explicar y apoyar las hipótesis propuestas en la Teoría de Interacción Dinámicas (TID). Los móviles utilizados en esos experimentos, sin embargo, no me parecían enteramente inerciales, debido a que la propulsión utilizada para el avance rectilíneo del submarino, era un motor y su hélice, lo que también implicaba un movimiento de rotación.*

---

[217] Goldstein, H.: *Classical Mechanics.* Addison Wesley, Lectures, MA, 1994

[218] Barceló, G.: *Analysis of Dynamics Fields in Non-inertial Systems,* Vol. 2, No. 3, World Journal of Mechanics (WJM), June 2012.

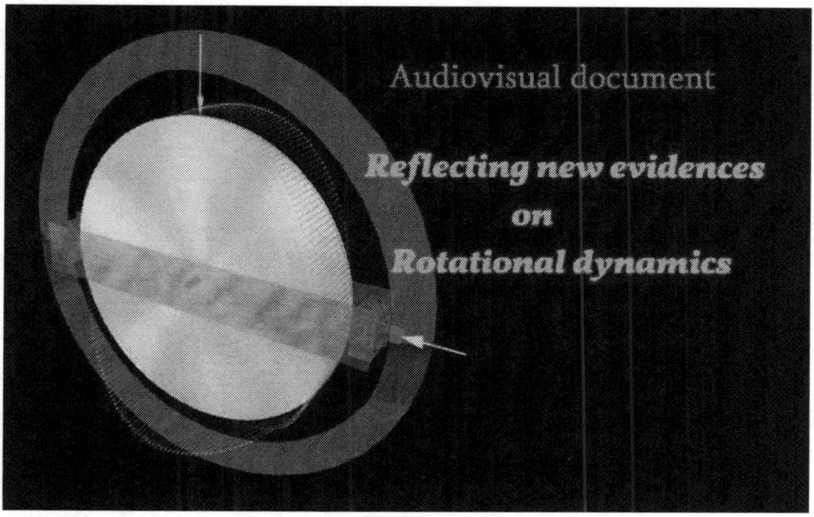

Figura 3.7. Vídeo que ilustra otras pruebas experimentales.[219]

La investigación llevada a cabo por G. Barceló me pareció tan interesante, que diseñé nuevos experimentos, con el propósito de lograr un móvil con un impulso claramente inercial. El presente artículo y vídeo[220] *aspiran a proporcionar un más claro apoyo empírico a la teoría.*

Lo que esta teoría propone es que, partiendo de un cuerpo solido rígido o de un sistema de partículas materiales dotadas con movimiento lineal y también con momento angular intrínseco, esto es, con un valor distinto de cero de velocidad angular, cuando el sistema experimenta cualquier otro momento angular: un par no colineal con el momento angular intrínseco principal, entonces sucede algo singular: el centro de masas del sistema manifiesta una variación de su momento rectilíneo inicial en cuanto a

---

[219] *https://www.dropbox.com/s/0nkgmy45ipru45z/TID20130218eng.mp4*

[220] Pérez. L. A.: *Reflejando nuevas evidencias sobre dinámica rotacional*, 2013. Video. Español: https://www.youtube.com/watch?time_continue=21&v=keFgx5hW7ig
Inglés: http://vimeo.com/68763196

dirección, es decir, manifiesta una desviación de su trayectoria rectilínea inicial.

Los campos de velocidad generados por el llamado par resultante o par de interacción dinámica, son consecuencia dinámica de la acción conjunta entre el momento angular principal y el par secundario no colineal aplicado.

Las cantidades de movimiento, vectores inerciales no homogéneos (campos de velocidades o cantidades de movimiento de las partículas en rotación) generados como resultado de dicho par secundario, lo que se denomina la precesión angular, se suman al vector momento rectilíneo del sistema cerrado, es decir, se acoplan dinámicamente al movimiento inercial total intrínseco del sistema.

En resumen, el fenómeno es debido al hecho de que estos nuevos campos se acoplan dinámicamente con el campo de velocidades de los desplazamientos rectilíneos del centro de masas del sistema.

......La trayectoria observada, responde a la suma algebraica (acoplamiento) de los campos inerciales.[221]

Esta forma de desviarse de su trayectoria está prevista y descrita por la TID, mediante una simple ecuación, de forma que se relaciona la velocidad inicial del sistema con la final mediante un operador rotacional. El radio de curvatura dado en cualquier punto de la trayectoria del centro de masas del sistema se obtiene de la ecuación mencionada.[222]

---

[221] Pérez. L. A.: *New Evidence on Rotational Dynamics.* World Journal of Mechanics, Vol 3, nº 3, 2013, págs. 174-177.
Doi: 10.4236/wjm.2013.33016. http://www.scirp.org/journal/wjm
http://dx.doi.org/10.4236/wjm.2013.33016
[222] Pérez. L. A.: *Reflejando nuevas evidencias sobre dinámica rotacional*, 2013. Guion del Vídeo

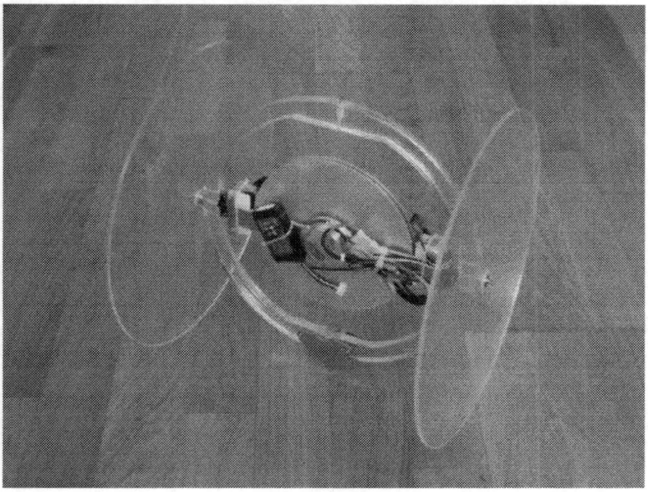

Figura 3.8. Presentación, sobre el suelo, del móvil usado por Al. Pérez para demostrar la teoría.

3.5.0- Detalles experimentales

El investigador Al. Pérez diseñó un instrumento específico como prototipo para realizar nuevas pruebas en 2013.

El instrumento físico es un sistema rígido, mecánicamente capaz de proporcionar un movimiento inercial a una masa solida homogénea, que gira sobre un eje principal de inercia; también es capaz de provocar la acción mecánica de un par no colineal con el momento angular inicial de la masa.

Español:
https://www.youtube.com/watch?time_continue=21&v=keFgx5hW7ig
Inglés: http://vimeo.com/68763196

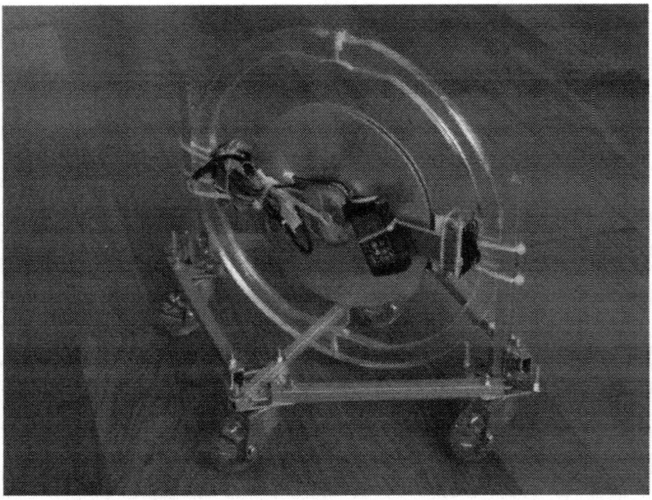

Figura 3.9. Prototipo terrestre II con ruedas giratorias

Para realizar la prueba, el instrumento operaba sobre ruedas, sobre una superficie plana y lisa. En el primer prototipo estas ruedas eran discos (Figura 3.8), y en el segundo, ruedas giratorias (Figura 3.9).

En la figura 3.10 se propone un esquema conceptual de las variables: impulso rectilíneo, momento angular principal y par secundario aplicado al móvil que era necesario evaluar.

En primer lugar, a fin de hacer una prueba correcta, el sistema tenía que estar provisto de dos características mecánicas simultáneas: un momento angular, y un impulso rectilíneo.

El momento angular se aporta mediante un simple impulso angular que es dado por la activación de un motor central que hace que el disco adquiera velocidad angular. Una vez que el impulso angular ha acabado, es decir, cuando el motor se desactiva, el disco tiene un momento angular intrínseco que es inercial.

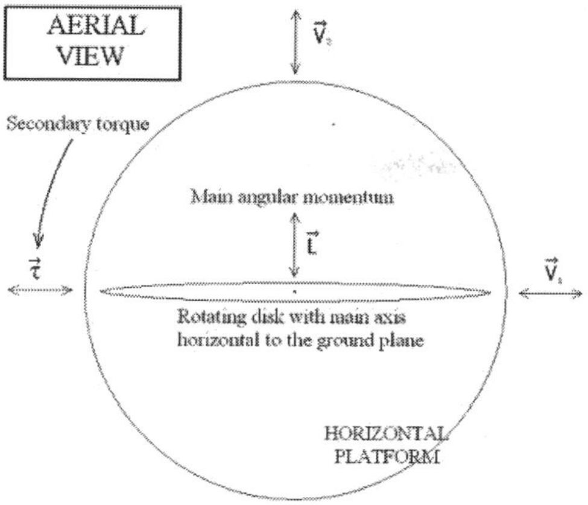

Figura 3.10. Prueba experimental: Vista aérea esquemática acerca de los posibles lugares, direcciones y formas de estos tres elementos diferentes: impulso rectilíneo, momento angular principal y par secundario aplicado al cuerpo.[223]

Mientras esto sucede todavía, se aplica un impulso rectilíneo mediante una simple presión paralela al plano de tierra, o situando el instrumento sobre una superficie ligeramente inclinada, dando de esta forma un movimiento rectilíneo al sistema en la dirección en que las ruedas giran normalmente.

Hay que señalar que las velocidades angular y rectilínea son ambas inerciales, aunque estén negativamente aceleradas debido a múltiples fricciones.

Una vez que el sistema está provisto de sus movimientos inerciales, es accionado un par secundario en ángulo recto con el momento angular principal, mediante dos servo-motores que actúan simultáneamente.

[223] Pérez. L. A.: *New Evidence on Rotational Dynamics.* World Journal of Mechanics, Vol. 3, nº 3, 2013, págs. 174-177, doi: 10.4236/wjm.2013.33016. http://dx.doi.org/10.4236/wjm.2013.33016. http://www.scirp.org/journal/wjm

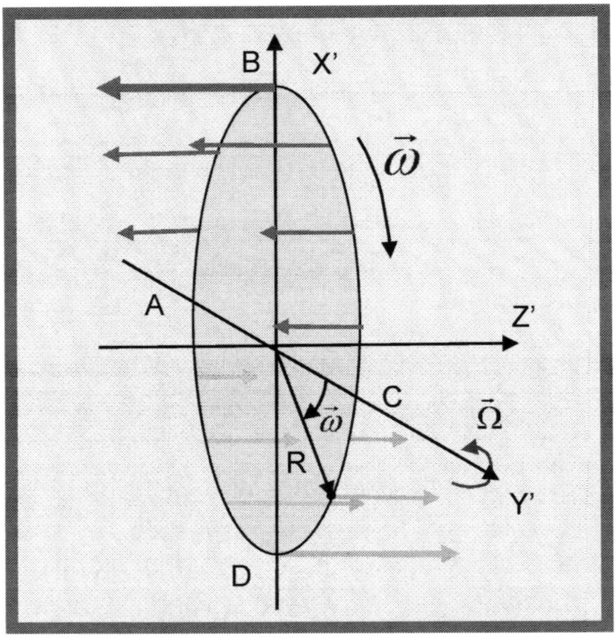

Figura 3.11. Campos de velocidades generados por el par no coaxial: distribución de velocidades en una sección de un cilindro o disco dotado con momento angular alrededor de su eje Z´, y posteriormente sometido a un par sobre el eje Y´.

Este par se aplica internamente desde dentro del sistema, y aun así, como lo predice la TID, la desviación de la trayectoria del centro de masas del prototipo, se manifiesta visualmente como se muestra en el experimento. (Ver video: https://www.youtube.com/watch?time_continue=21&v=keFgx5hW7ig)

A fin de realizar las pruebas, el instrumento funciona disponiendo de diferentes tipos de ruedas sobre una superficie plana y lisa. Se ejerce un primer impulso para que adquiera un momento inercial rectilíneo.

Después de repetidas pruebas con diferentes formas de apoyos para que el sistema pudiera ser empujado horizontalmente suavemente sobre el suelo, pude confirmar las hipótesis dinámicas que la TID expone.

Los campos de velocidades generados se acoplan dinámicamente con el campo inercial de velocidad rectilínea, dando como resultado la prevista desviación de su trayectoria original. Otra prueba fue realizada con el sistema sobre cuatro ruedas giratorias (Figura 3.9).

El sistema estaba dotado de un momento angular inercial no acelerado, así como de un impulso rectilíneo, también inercial.

Es importante destacar que el par secundario se activa perpendicular al momento angular principal, cuando el motor principal está inactivo.

Inicialmente, el sistema debe tener un momento angular intrínseco que llamaremos momento angular principal. Cuando esto está sucediendo y un par actúa sobre el sólido, este par es perpendicular a dicho momento angular principal.[224]

La figura 3.11 muestra una representación gráfica de las velocidades de los campos generados por el par: distribución de velocidades en una sección de un cilindro o disco dotado con momento angular alrededor de su eje Z´, y posteriormente sometido a un par sobre el eje Y´, como en los experimentos realizados.

[224] Pérez. L. A.: *New Evidence on Rotational Dynamics*. World Journal of Mechanics, Vol. 3, nº 3, 2013, págs. 174-177, doi: 10.4236/wjm.2013.33016. http://dx.doi.org/10.4236/wjm.2013.33016. http://www.scirp.org/journal/wjm

3.5.1- Resultados de las pruebas

A pesar de las dificultades en realizar el experimento sobre el suelo, con las inevitables aceleraciones negativas debidas a la fricción con la superficie de la tierra, con el aire, y también a las existentes en los cojinetes y motores, fue posible realizar las pruebas.

Si no existieran esas fricciones, las medidas que podrían tomarse, respecto de ambas velocidades, como de los radios de curvatura instantáneos, hipotéticamente permitiría verificar el marco teórico que el profesor Barceló expone en su ***Teoría de Interacciones Dinámicas*** *a través de diversas publicaciones y artículos.*

El campo inercial está acoplado, vectorialmente adicionado, a cualquier campo de velocidad del centro de masas del sistema.

El diagrama de movimientos y acciones a realizar en el sistema a fin de obtener el comportamiento predicho por la teoría se muestra en la figura (Fig. 3.10).

...La diferencia sustancial entre estos experimentos, descansando sobre ruedas giratorias, con el de la prueba del submarino desarrollado por Gabriel Barceló Rico-Avello es que, en este caso, tanto el momento rectilíneo, como el momento angular principal son ambos inerciales (aunque negativamente acelerados debido a múltiples fricciones).

Siendo ambos momentos, rotación y traslación, de carácter inercial, el par secundario se activa y se evidencia que el centro de masas del sistema se desvía de la dirección marcada por su vector de velocidad rectilínea.

Las nuevas hipótesis dinámicas, propuestas por el Profesor Gabriel Barceló, han sido empíricamente demostradas, confirmando que los campos de velocidades generados por el par de interacción dinámica, se acoplan dinámicamente con el campo inercial rectilíneo del sistema.[225]

A partir del estudio de este y otros fenómenos derivados de las observaciones de los cuerpos dotados de momento angular, sometidos simultáneamente a la acción de pares no colineales con aquel, llegamos a la conclusión de la necesidad de perseverar aún más en estos estudios. El hecho de haber ignorado estos supuestos, que constituyen una importante área de la dinámica no inercial, puede haberse debido a la falta de una herramienta matemática adecuada. Por lo tanto, sugerimos la búsqueda de un nuevo aparato matemático, de una nueva álgebra, que todavía no existe hoy en día, para entender la dinámica rotacional, y también la necesidad de un emprendimiento nuevo sobre la investigación y el estudio de los campos de velocidad o campos inerciales de la materia bariónica.[226]

Este artículo y el vídeo adjunto, confirman la anterior propuesta expuesta por el Profesor Barceló en su artículo, "Analysis of Dynamics Fields in Non-inertial Systems", publicado en el Vol. 2, No. 3, Junio 2012, en "World Journal of Mechanics", incluso en condiciones realmente inerciales. Por lo tanto, entiendo que la referida ***teoría es un nuevo paradigma de comportamiento en dinámica****.*

---

[225] Pérez. L. A.: *New Evidence on Rotational Dynamics*. World Journal of Mechanics, Vol 3, nº 3, 2013, págs. 174-177, doi: 10.4236/wjm.2013.33016. http://www.scirp.org/journal/wjm http://dx.doi.org/10.4236/wjm.2013.33016

[226] Pérez. L. A. *Reflejando nuevas evidencias sobre dinámica rotacional*, guion del video, 2013.
Español:
https://www.youtube.com/watch?time_continue=21&v=keFgx5hW7ig
Inglés: http://vimeo.com/68763196

Creo que estas conclusiones modifican las bases de la dinámica racional e incorporan nuevos criterios de gran impacto y significación.[227]

3.6- Conclusiones tras las pruebas

Se han descrito los ensayos iniciales y las pruebas experimentales más importantes desarrolladas durante más de treinta años en el proyecto de investigación. Además de las referidas en este capítulo, se realizaron otras muchas pruebas y experimentos con otros prototipos especialmente diseñados, o con numerosos instrumentos y modelos.

Las pruebas se realizaron con móviles en el aire, en el agua o en tierra, por lo que el resultado homogéneo obtenido en las diferentes verificaciones confirmaba nuestras hipótesis y reafirmaban nuestra teoría.

No existía, tras la reiteración de pruebas tan variadas, la posibilidad de asignar los resultados obtenidos a fenómenos no previstos, o a efectos aerodinámicos o de otro tipo. **Las pruebas confirmaban, sin margen de error, la Teoría de Interacciones Dinámicas propuesta.**

Como ya expresó Galileo Galilei: *El gran libro de la naturaleza siempre está abierto ante nuestros ojos, y la verdadera filosofía está escrita en él.*[228]

---

[227] Pérez. L. A.: *New Evidence on Rotational Dynamics*. World Journal of Mechanics, Vol 3, nº 3, 2013, págs. 174-177, doi: 10.4236/wjm.2013.33016. http://www.scirp.org/journal/wjm http://dx.doi.org/10.4236/wjm.2013.33016

[228] Galileo Galilei: *Il Saggiatore,* 1623. Ed. Sarpe, 1984 - Volumen 35 Grandes Pensadores.

4- REINTERPRETACIÓN DEL COMPORTAMIENTO DE LOS CUERPOS.

Tras nuestras pruebas experimentales y habiendo confirmado nuestras hipótesis dinámicas iniciales, tanto nuestro equipo investigador, como terceras personas ajenas, parecía que la generalización que proponíamos, referida a cuerpos en el espacio, era factible. El análisis dinámico del comportamiento de los cuerpos en rotación realizado en capítulos anteriores, en nuestra opinión, podía aplicarse a cualquier cuerpo en el espacio dotado de momento angular.

Tras estos experimentos previos, llegamos a la conclusión de que podía inferirse que la **inercia rotacional** (ver epígrafe 2.2.2), es una propiedad inherente a la masa. Es un atributo que se mantiene constante y que determina, cuando existe un movimiento de rotación intrínseco, su imposible composición vectorial con otros movimientos de rotación, en determinados supuestos.

Tras la realización de diversas pruebas y experimentos, podíamos afirmar con rotundidad que en la realidad física, el comportamiento dinámico de los cuerpos sólidos rígidos dotados de momento angular, sometidos a sucesivos momentos no coáxicos, atiende a leyes de distinta naturaleza que las que determinan la dinámica de los otros cuerpos.

4.0. - Diagrama secuencial.

Vimos anteriormente cómo, en nuestra opinión, debe entenderse el comportamiento en el espacio de los cuerpos dotados de momento angular, advirtiendo cómo en la naturaleza puede generarse un par de interacción dinámico inducido, cómo es el *par giroscópico*, en un cuerpo dotado de momento angular, cuando es sometido a nuevos pares de fuerzas no coincidentes espacialmente con el momento angular existente

TABLA 4.0

DIAGRAMA DINÁMICO SECUENCIAL

Supuesto de cuerpo en movimiento dotado de momento angular intrínseco.

↓

Acción de nuevo par no coaxial.

↓

Se genera una
Interacción dinámica inercial: Par de interacción.

↓

El par de interacción produce una:
Distribución no homogénea de velocidades y aceleración centrípeta de precesión

↓

Creación del campo de velocidades resultantes

↓

Generándose una composición dinámica de movimientos: Acoplamiento del campo de velocidades lineales de la trayectoria, con el campo de velocidades resultantes.

↓

Situación dinámica consiguiente final:
Momento angular intrínseco inicial constante
+ Nueva trayectoria.

Esta reinterpretación, puede generalizarse a todos aquéllos fenómenos dinámicos que se han venido denominando como con *efecto giroscópico*. No obstante, trataremos aquí de probar que este comportamiento no es debido a un *efecto* o causalidad singular, si no que corresponde a unas leyes generales que cumplen los cuerpos en el espacio cuando están dotados de momento angular, y que, como acabamos de afirmar, genera una dinámica diferenciada de la de los restantes cuerpos.

Esta dinámica se caracteriza por la reacción inercial de la materia, cuando está dotada de momento angular, y en el ámbito de estas hipótesis se produce la secuencia de interacciones dinámicas de la Tabla 4.0.

Este diagrama tiene un carácter simplemente ilustrativo, con el fin de permitir comprender con mayor facilidad la teoría que se expone, y el verdadero comportamiento inercial de los cuerpos dotados de momento angular.

4.1- Composición de movimientos

A partir del análisis realizado, y como generalización del mismo, hemos determinado el comportamiento en el espacio de un cuerpo con rotación sometido a sucesivos momentos no coaxiales.

Se trata ahora de analizar la composición de movimientos que realmente se producen en el supuesto de que el cuerpo disponga de una velocidad lineal y de una trayectoria en el espacio.

El movimiento en el espacio del sólido con rotación, sometido a sucesivos pares, se compondrá de cuatro variables características:

1. *Un giro del cuerpo a lo largo de su eje de revolución propio, lo que denominaremos cómo* ***rotación propia o intrínseca****.*

2. *Un giro del eje de rotación propia, lo que denominaremos como* ***precesión****.*

3. *Una velocidad de traslación del cuerpo, lo que denominaremos cómo **velocidad lineal**.*

4. *Una variación de la orientación del eje de rotación propio a lo largo del movimiento, lo que denominaremos cómo **nutación**.*[229]

En el caso de que un momento exterior sea inducido por las fuerzas gravitatorias, éste será no nulo cuando exista distancia entre el c.d.m. y el punto de aplicación de la reacción. Existirá un par gravitatorio en el supuesto de un sólido con rotación intrínseca, cuando el extremo de su eje se apoya en una superficie, pero también en el espacio, cuando las reacciones aerodinámicas o hidrodinámicas, determinan un centro de empuje o flotación no coincidente con su centro de gravedad.

Las conclusiones que a continuación se expresan, corresponden al estudio experimental, realizado en colaboración con Alejandro Álvarez, sobre el comportamiento de los sólidos rígidos de revolución girando alrededor de uno de sus ejes de simetría, sin punto fijo y con velocidad inicial en su c.d.m., al cual se le aplica un momento exterior perpendicular constantemente al eje de rotación propia. La cinemática y dinámica final será la combinación, tanto del movimiento rotatorio, como del "traslacional" del cuerpo. En este supuesto, y conforme a las pruebas experimentales realizadas, el comportamiento observado es el siguiente:

- Para el caso general de rotación: precesión, rotación propia y nutación, la trayectoria será de tipo tridimensional (la nutación bamboleará el eje de rotación propia). Si la nutación es despreciable la trayectoria estará contenida en un plano que contiene

---

[229] Barceló. G.: *Un mundo en rotación*. Página 244. Editorial: Marcombo Barcelona. 2008.

al segundo momento y al vector velocidad de precesión.

- La trayectoria del cuerpo depende tanto de la rotación a la que esté sometido cómo de la velocidad lineal $\vec{V}$ que éste posea y del momento del segundo par actuante. En caso de mantenerse constantes estas variables, y para una velocidad angular de precesión **Ω**, la trayectoria será una circunferencia de radio:

$$|r| = |V| / |\Omega| \qquad (4.0)$$

- La trayectoria curvilínea resultante del cuerpo, se obtiene sin la acción de fuerza exterior, en la dirección de la aceleración centrípeta de precesión. Las únicas fuerzas aplicadas, despreciando las resistivas e hidrodinámicas, son el par del peso y del empuje de flotación y la fuerza de propulsión, y esta actúa en la dirección del vector velocidad. Su único efecto sería el cambiar el módulo de éste, no su dirección, ni sentido.

- Es posible cambiar la trayectoria del c.d.m de un sólido rígido de revolución, y con velocidad angular según el eje de revolución, mediante la acción de un momento perpendicular a este eje, no siendo necesaria la acción de fuerzas con componentes según la perpendicular a dicha trayectoria inicial. En estas condiciones el c.d.m describirá una trayectoria curvilínea sin necesidad de que actúe una fuerza real aplicada según el radio de curvatura de ésta. Carece *a priori* de sentido, pues, realizar en este caso la evaluación de fuerzas conforme a la segunda ley de Newton: **F= ma**, en dirección perpendicular a la trayectoria, puesto que si bien hay una evidencia real de un cambio en la trayectoria, y por tanto una aceleración, no existe una fuerza exterior a la que se pueda hacer responsable de este hecho.

- Existen evidencias de un acoplamiento selectivo entre el movimiento de traslación y el movimiento inducido por la acción del nuevo par actuante.

- La rotación propia del sólido se mantiene constante y no queda afectada por la acción del nuevo par.

4.1.0- Cantidad de movimiento

Para justificar el comportamiento de los cuerpos en el espacio dotados con momento angular intrínseco, podemos aplicar conceptos usuales de la mecánica newtoniana: la *cantidad de movimiento*, *velocidad*, *aceleración* y *fuerza*, y efectuar un análisis de las velocidades de los movimientos que se acoplan en cada punto **m** de un disco giratorio, y su variación.

Recordemos lo expresado en el epígrafe 0.2, Conjeturas, y en las figuras 0.2, sobre pruebas experimentales en la composición de movimientos. En los casos de un movimiento de traslación de un disco en rotación, todos los puntos o partículas tendrán el mismo vector adicional, simultáneamente con el existente procedente del movimiento de rotación (Ver figura 4.0). Por lo tanto, no se producirá ninguna variación relativa en la composición de las velocidades de movimiento resultante.

En el caso de una nueva rotación debido a un par adicional alrededor del mismo eje, tanto positiva como negativa, no habrá tampoco ninguna variación relativa en los diferentes puntos del disco. Aumentará o disminuirá su velocidad de rotación, pero sin producir una modificación relativa de la cantidad de movimiento de cada partícula.

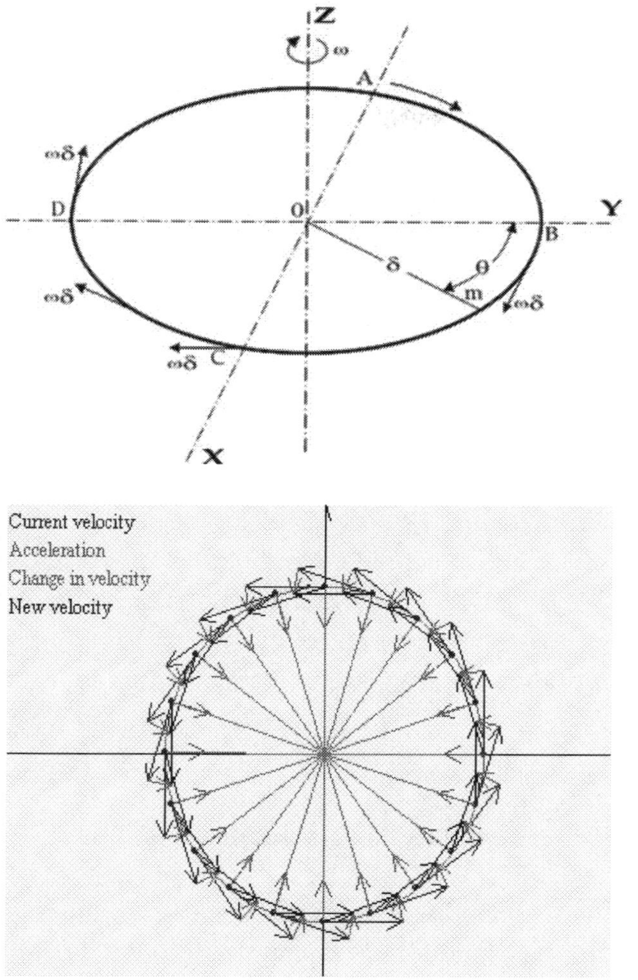

Figura 4.0. Distribución de velocidades y aceleraciones: Sometiendo el disco a un giro **ω** *alrededor de su eje de simetría Z, cada uno de sus puntos tendrá una velocidad* **ω** ***δ,*** *para el radio de giro* ***δ*** *(Ecuación 3.1)***.** *Se genera una distribución de velocidades, de aceleraciones, de cambios de velocidad y de nuevas velocidades, como se ilustra en la figura inferior.*

Sin embargo, en el caso de cuerpos sometidos a sucesivos pares, no coincidentes espacialmente en dirección, su análisis dinámico requiere el conocimiento de la variación relativa de la cantidad de movimiento en cada punto o partícula del sólido. Dicho estudio nos permitirá entender el comportamiento real de los cuerpos sometidos a tales condiciones dinámicas. Recordar los gráficos del apartado 2.5.

Ahora analizaremos la velocidad resultante de cada partícula **m** del disco, cuando es sometido a un giro alrededor de su eje Z (véase la figura 4.0). Cualquier partícula tendrá, en cualquier momento, una velocidad lineal constante: **ωδ**, siendo δ el radio de giro, como vimos en el apartado 3.3 y en la ecuación 3.1. Puede observarse que este par inicial no necesita mantenerse constante porque, en caso de que el cuerpo gire alrededor de un eje de revolución, la inercia rotacional permitirá mantener ese efecto durante un tiempo suficiente para que el comportamiento dinámico del cuerpo quede demostrado, a pesar del hecho de que, como ya hemos indicado, algunos autores como por ejemplo Alexandre Koyré[230] no acepten el concepto de inercia rotacional, (recordar epígrafe 2.2.0 - Inercia y movimiento).

4.1.0.0- Distribuciones de velocidades lineales

Si sometemos simultáneamente el disco a un giro alrededor de su eje Z y otro alrededor de su eje X (véase la figura 2.12), la velocidad de cada partícula **m**, será, en cualquier momento la resultante de los dos movimientos a los que está sometida:

1º Una velocidad constante $\vec{V}_1$ (Ecuación 3.1), sobre el plano del disco (véase la figura 4.0), debido a la rotación alrededor del eje Z con una velocidad angular **ω**.

2º La velocidad $\vec{V}_2 = \Omega \cdot \delta \cdot \cos(\Theta)$, perpendicular al disco (véase las figuras 2.12 y 4.1) e inicialmente paralela al eje

[230] Koyré, Alexandre: *Galilean studies.* Ed. Hermann. 1966. París.

Z, debido a la rotación alrededor del eje X, con una velocidad angular **Ω.**

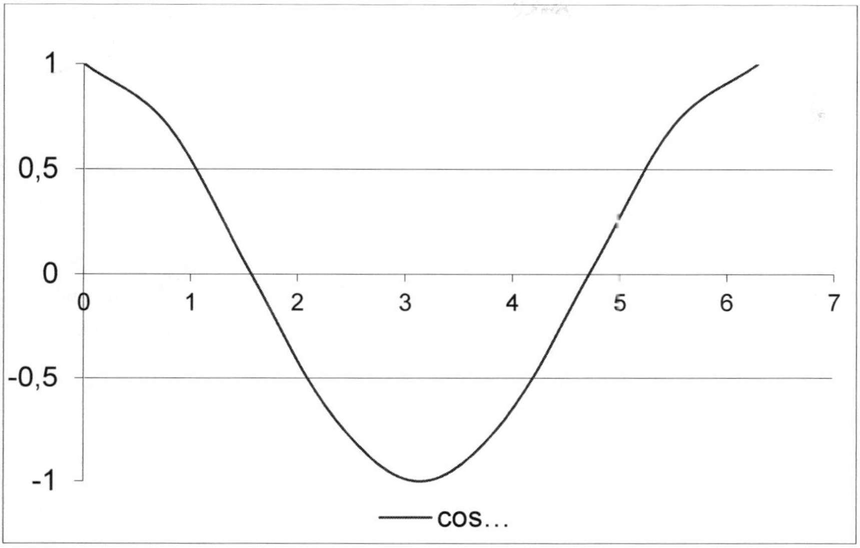

Figura 4.1. Representación de la función coseno (ωt). Función entre (-1,1), que representa la distribución de velocidades lineales de las partículas situadas en la misma circunferencia, generada con la segunda rotación.

Puede observarse que mientras que $\vec{V}_1$ es constante para todos los puntos del mismo radio δ, $\vec{V}_2$ es función de **y=δ Cos Θ,** y por lo tanto, su variación es cosenoidal, como se indica en la figura 4.1. Para el conjunto de los puntos de radio δ que constituyen una circunferencia:

Rotación alrededor del eje Z:

$$\vec{V}_1 = W \cdot \delta \ \mathbf{= constante}. \qquad (4.1)$$

Rotación alrededor del eje X:

$$\vec{V}_2 = \Omega \cdot \delta \cdot \cos(\Theta), \ \mathbf{y= \delta \cos (\Theta)} \qquad (4.2)$$

La composición lineal de las velocidades para cada punto del disco ya no es uniforme, ni relativamente homogénea. El giro alrededor del eje X ha incorporado un nuevo componente de velocidad lineal variable, de conformidad con la posición de cada punto.

4.1.0.1- Distribuciones de aceleraciones

Obviamente, si la velocidad lineal resultante de cada punto ha variado en magnitud o dirección, se generará una aceleración con las siguientes componentes:

Aceleración tangencial: $\frac{dv}{dt} = \frac{d^2s}{dt^2}$ (4.3)

Siendo: *s* el arco descrito en el tiempo *t:*

Aceleración centrípeta: $v \cdot w = w^2 \cdot \delta = \frac{v^2}{\delta}$ (4.4)

La aceleración correspondiente a cada una de los referidos vectores de velocidad lineal será:

1. Dado el hecho de que **w** δ sólo varía en la dirección, pero no en módulo, la aceleración resultante será exclusivamente la aceleración centrípeta **w²** δ**, igual** para todos los puntos del mismo radio**.**

2. La componente **Ω** δ **coseno Θ** es variable alrededor del eje Z, como se observa en las figuras 2.10 y 4.1: la distancia de cada punto al eje de giro no es constante en el tiempo, aumenta gradualmente en magnitud en dirección **-Z** a partir del punto A, hasta alcanzar un máximo en el punto B, y luego disminuye gradualmente hasta cero,

aumenta de nuevo en la dirección opuesta hasta un máximo en el punto D y finalmente disminuye nuevamente hasta cero en el punto A, correspondiente al eje X.

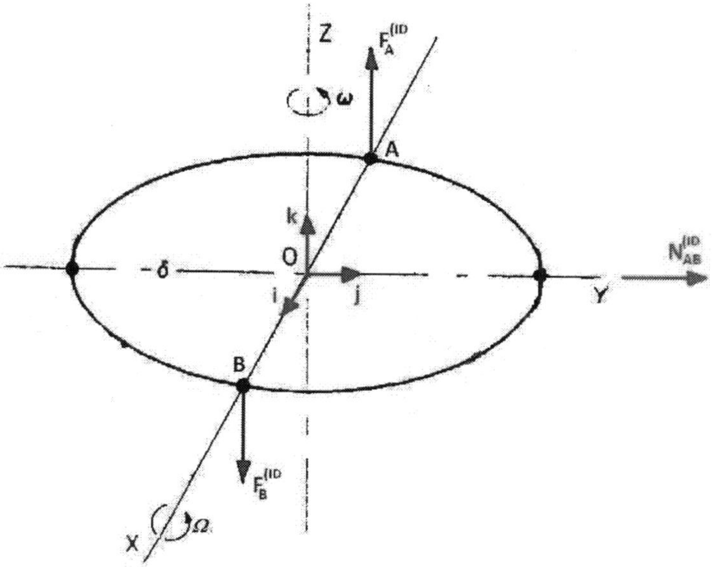

*Figura 4.2. El disco sometido a un giro ω alrededor del eje Z y simultáneamente a otro alrededor del eje X, se comporta en consonancia con la resultante de los vectores de cantidad de movimiento y aceleración de cada uno de sus puntos. Estas aceleraciones determinan fuerzas inerciales **F_A** y **F_B** en cada semicírculo, generando un par N_{AB}.*[231]

El argumento de la función **coseno Θ** (véase la figura 4.1), depende de la velocidad de giro **ω,** y su valor es **ωt**. La posición del punto cambia mientras el cuerpo gira con la velocidad **ω**. La aceleración en cualquier momento, siendo $v = \Omega\delta\cos(\Theta)$, será:

[231] Rodríguez, A.: *Análisis de las simetrías tras la permutación de dos ejes.* 2011. Informe para Advanced Dynamics.

$$a_2 = \frac{d(\Omega\delta\cos(\Theta))}{dt} = -\Omega\delta\,\mathrm{sen}(\Theta)\frac{d\Theta}{dt} = -\Omega\delta\,\mathrm{sen}(\Theta)w \quad (4.5)$$

$$a_2 = -w\Omega y \quad (4.6)$$

Siendo **x = δ seno θ,** y por lo tanto la distancia de cada punto al eje X. El signo negativo significa que la aceleración tiene diferente sentido que la velocidad, ya que, como puede observarse en la figura 2.12, su variación senoidal hará negativo el punto B y, por tanto, la aceleración -**w Ω x** no coincide en sentido con la velocidad.

La aceleración depende de la función **seno θ,** los valores de la aceleración y, por tanto, los de la fuerza, están limitados entre valores iguales y de diferente signo. Al mismo tiempo, la aceleración se anulará cuando la velocidad alcanza su valor máximo y viceversa porque la velocidad depende de la función **coseno** θ.

4.1.0.2- Distribuciones de fuerzas

De acuerdo con la segunda ley de Newton, estas aceleraciones expresan la existencia de una fuerza, con la misma dirección y sentido que la aceleración, y de módulo proporcional a esa aceleración. Por lo tanto, podemos afirmar la existencia de las siguientes fuerzas:

1- Fuerza centrípeta, dirigida hacia el eje Z. Como el cuerpo es simétrico, todas estas fuerzas efectivas forman un sistema equilibrado. De conformidad con el **principio de D'Alembert**, este equilibrio dinámico permitirá asegurar que no hay ninguna fuerza externa que actuando sobre el disco, modifica su estabilidad dinámica.

2- La variación de la velocidad generada por la rotación alrededor del eje X permite la observación de una fuerza $\mathbf{f}_{(x)}$, variable en función de la coordenada X. Esta fuerza efectiva será máxima en los puntos A y B con el valor $\omega\ \Omega\ \delta$, y con sentido opuesto en cada uno de esos puntos, y cero en los puntos del eje Y (véase la figura 4.2). La fuerza $\mathbf{f}_{(x)}$ que genera la aceleración en cada punto será:

$$F_{(x)} = ma_2 = -m\ \omega\ \Omega\ y \qquad (4.7).$$

Podemos representar la resultante de las fuerzas efectivas en cada semicírculo, por los vectores $\boldsymbol{F_A}$ *y* $\boldsymbol{F_B}$. Estas fuerzas tendrán como resultante un **par de interacción** N_{AB} para todos los puntos del disco con momento $\mathbf{M}_F$ en relación al eje Y:

$$M_F = \Sigma\ 2\ f_{(x)}\ x = -\Sigma\ 2m\ \omega\ \Omega\ x^2 \qquad (4.8)$$

En resumen, un giro Ω alrededor del eje X aplicado a un disco en el espacio con rotación sobre su eje de simetría Z, generará un **par de interacción dinámica** con un momento en relación al eje X y con módulo proporcional a $\omega\ \boldsymbol{\Omega}$.

Para determinar el módulo de este par de fuerzas, vamos a integrar cada una de las fuerzas resultantes en cada partícula, suponiendo que ω y $\boldsymbol{\Omega}$ son constantes, obtenemos:

$$M_F = 2\ \omega\ \Omega\ \Sigma\ x^2 = 2\ \omega\ \Omega\ I_y \qquad (4.9)$$

Siendo I_y el momento de inercia del disco con respecto al eje Y.

Puesto que el disco es un sólido de revolución simétrico con respecto a sus ejes, tendremos que:

$$I_x = I_y \qquad (4.10)$$

Y por lo tanto:

$$I = I_z = 2\, I_x \qquad (4.11)$$

Siendo I el momento de inercia del disco respecto a su eje vertical, y principal eje de giro. La resultante de las fuerzas de interacción dinámica será un nuevo par $\vec{D}$ alrededor del eje Y, con momento:

$$\vec{D} = I\,\Omega x \omega \qquad (4.12)$$

Hemos deducido, de nuevo, la ecuación propuesta por Jouffret y referenciada en el epígrafe 2.2.6 para el **Par de Interacción Dinámica**.

Si realizamos una permutación de los ejes X e Y, la estructura matemática que describe el *par de interacción dinámica* permanece constante, simplemente reemplazando los índices conforme al intercambio de puntos: lo que nos permite proponer que la función matemática que hemos utilizado para modelar la interacción dinámica entre pares tiene una estructura covariante.

4.1.0.3- Conclusiones del análisis

Este análisis nos permite proponer las siguientes conclusiones: Si un cuerpo, simétrico en relación a dos ejes rectangulares (X e Y), gira con una velocidad angular constante ω alrededor de un tercer eje z perpendicular a las anteriores, y el cuerpo es sometido a un nuevo par P, iniciará un movimiento de precesión en la dirección del momento del segundo par que actuó, por efecto de un nuevo par de interacción dinámica $\vec{D}$, proporcional a su momento de inercia y a las velocidades angulares de precesión y de rotación.

*La velocidad angular **Ω** se denomina **velocidad de precesión,** y el **Momento de Interacción Dinámica** $\vec{D}$, será perpendicular al eje de ambas rotaciones y el sentido de la precesión será tal que* *hará girar al eje de rotación principal Z, hacia el eje del segundo par. Se cumplirá así la regla de los tres dedos de la mano izquierda, asignando al vector que representa la rotación principal el sentido determinado por el pulgar de la mano izquierda. Este par de interacción, que se genera al hacer girar cualquier sólido de revolución en rotación sobre otros ejes, es el también denominado* ***par giroscópico*** *identificado en otros fenómenos, pero mediante este análisis pueden proponerse leyes de comportamientos generales, simples y causales.*[232]

Por efecto del momento angular existente, cualquier nuevo par de diferente dirección, generará un movimiento del eje de ese momento, en la dirección del par. De nuevo, llegamos por medio de este sencillo análisis de la dinámica inercial al enunciado del **Principio de la tendencia de los ejes de rotación hacia el paralelismo** de Sire y Foucault, mencionado anteriormente.

En las figuras 2.12 y 2.13, hemos advertido que tanto la velocidad, cómo la aceleración de cada partícula del cuerpo, son funciones trigonométricas, pero de distinta naturaleza, como ya hemos indicado, cuando una crece por ser senoidal, la otra decrece por ser cosenoidal, y cuando una se anula la otra toma su valor máximo.

Ya propusimos que este comportamiento, se debe al hecho de que la derivada del coseno del ángulo es igual a menos el seno del mismo ángulo multiplicado por la derivada de su ángulo, siendo esta derivada la velocidad angular del cuerpo sobre el eje inicial, (Ver epígrafe 2.5.0).

Por lo tanto, la variación de la posición relativa de las partículas debido a una nueva rotación alrededor de un eje diferente al existente de rotación, genera en el cuerpo una variación de su

---

[232] Barceló, G.: Un mundo en rotación. Página 208. Editorial: Marcombo Barcelona. 2008.
http://www.dinamicafundacion.com/

velocidad lineal, que no es uniforme para todas las partículas del disco situadas en el mismo radio. Esta variación instantánea crea una distribución de aceleraciones en el disco que es la causa de la aparición de las fuerzas efectivas inerciales, que se hacen evidentes como un *momento de interacción dinámica*.

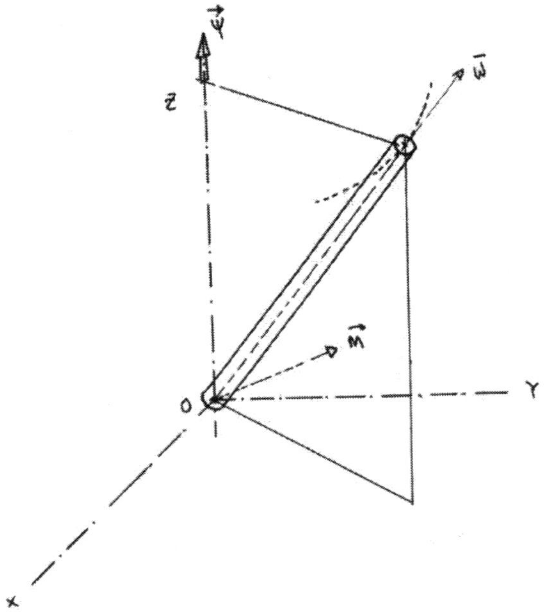

Figura 4.3. Cilindro con rotación intrínseca alrededor de su eje principal y sometido a un segundo par externo. (Según interpretación de Alejandro Álvarez)

4.1.1- Sólido con fulcro

La figura 4.3 muestra un cuerpo de simetría de revolución, con un punto de apoyo y sometido a una rotación propia sobre su eje principal debida a un par externo instantáneo, y posteriormente a otro nuevo par externo no coincidente espacialmente con el anterior.

La situación del plano que contiene a la circunferencia que describe el c.d.m. del sólido, supuesta nula la nutación, depende cómo se ha dicho, de las características mecánicas de éste, y de las condiciones iniciales: posición de partida del c.d.m. respecto a un plano de referencia, por ejemplo plano OXY y velocidad inicial de rotación propia del objeto.

En este supuesto, es evidente que si el punto de apoyo es fijo, la velocidad de traslación es nula en ese punto, generándose un "equilibrio" que permite mantener al eje de rotación propia del sólido con la inclinación adecuada, haciendo abstracción de las fuerzas disipativas. Podemos admitir la hipótesis de que se produce un equilibrio entre la diferencia de energías potenciales del sólido, desde el inicio hasta su posición de equilibrio, y su energía cinética de precesión.

Pero si somos coherentes con las observaciones descritas, en el punto de apoyo podrá existir deslizamiento, y en ese supuesto, tendremos también en el mismo una velocidad de traslación. Por tanto, en ese supuesto puede estimarse que también existe traslación en los restantes puntos del cuerpo.

Al observar este desplazamiento, que hemos convenido en denominar cómo de **precesión**, advertimos que está constituido por dos componentes: Un giro del eje de rotación propia que hemos denominado como **aceleración centrípeta de precesión** u orbitación, y una **velocidad lineal de precesión** del cuerpo.

La aceleración centrípeta es la resultante del par de interacción que, a su vez, es la resultante de la acción del segundo par externo. Por el momento, vamos a admitir que el módulo de la velocidad lineal de precesión es el mismo que la velocidad inicial del cuerpo, en ese mismo punto. En resumen, podemos suponer que las fuerzas del segundo par externo, es decir, en nuestro caso, el peso, han generado un equilibrio dinámico con un movimiento de características constantes. **Podemos entender este equilibrio dinámico en el caso de que el vector de**

velocidad de traslación lineal se adiciona con el vector que representa la velocidad lineal generada por el segundo par, manteniendo la velocidad inicial de rotación intrínseca constante.

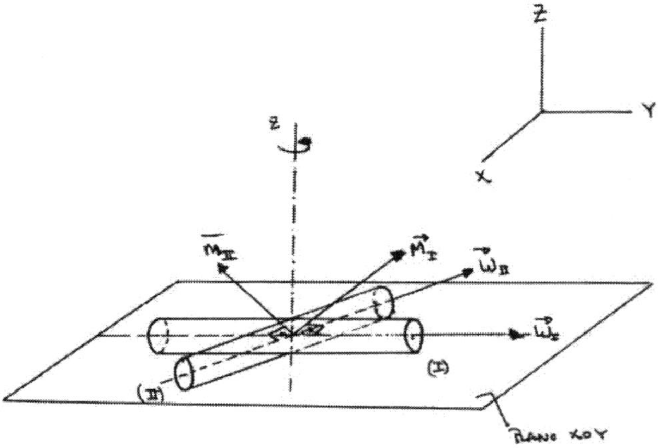

Figura 4.4. Cilindro en el espacio, con rotación intrínseca y sometido a un par externo no coaxial (Según interpretación de Alejandro Álvarez).

En nuestro proceso de investigación, estas hipótesis parecían obvias cuando analizábamos detalladamente el movimiento de una peonza. Cuando el punto inferior de su eje descansa en un plano y dispone de suficiente inercia rotacional, su eje iniciará un movimiento de caída en el momento que soltemos la peonza, que podemos interpretar como un nuevo giro de este eje, no coincidente con su propia rotación intrínseca.

4.1.2- Sólido en el espacio

En la figura 4.4 se muestra un objeto cilíndrico con una rotación inicial sobre su eje principal, debida a un par externo inicial instantáneo, y que es sometido a un segundo par exterior, en todo momento perpendicular al eje de rotación propia. Este gráfico representa el experimento de los cilindros con rotación propia, flotando en el agua (ver epígrafe 3.1).

En el caso de un sólido rígido sin punto fijo no existirán ligaduras, puesto que no existe contacto físico con otro cuerpo capaz de transmitir éstas. En estas condiciones el movimiento del cuerpo, sin ligaduras, no estará *a priori* cohibido por ningún elemento y será "libre". En estas circunstancias, el objeto también describirá un movimiento de precesión en torno a un eje que pasa por su centro de gravedad y que será perpendicular al segundo momento externo.

En el supuesto de que no exista velocidad lineal inicial del cuerpo, observaremos cómo **mantiene simultáneamente dos rotaciones**, sobre dos ejes diferentes, sin adición vectorial de las mismas. La precesión inducida se limita, en este supuesto, a una nueva rotación; este es el caso de la figura 4.4.

4.1.2.0- Movimiento de traslación uniforme

Deseamos estudiar la cinemática y dinámica de un sólido rígido de revolución con rotación propia debido a un par instantáneo externo, y sometido posteriormente a otro par exterior perpendicular al eje de rotación propia, y que a su vez posee una velocidad de traslación constante en módulo y dirección, siendo esta la de su eje de rotación. Este sería el caso de nuestras experiencias con el submarino o prototipo II (ver epígrafe 3.3.1).

La adición de una velocidad constante $\vec{V}_G$ a un sólido de revolución con rotación propia, sometido también a un momento perpendicular a su eje de rotación, conforme a la teoría clásica, generará una trayectoria rectilínea del c.d.m. Como puede advertirse en la figura 4.5, la combinación de ambas cinemáticas debería, en principio, no variar la trayectoria del centro de masas del móvil.

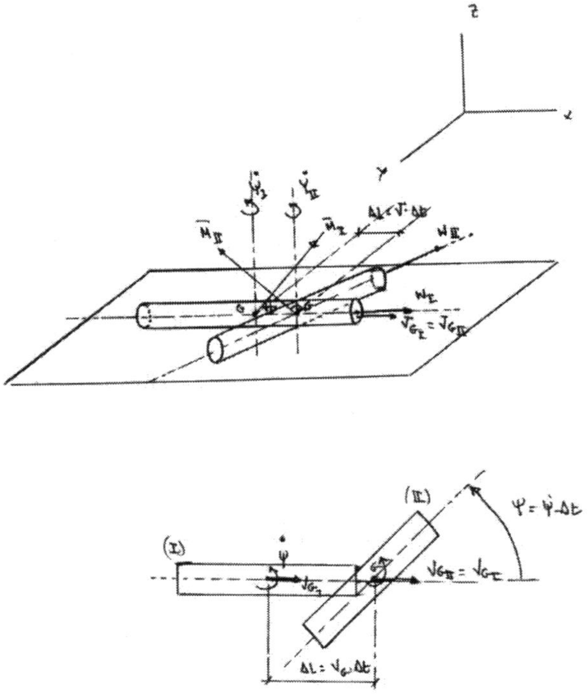

Figura 4.5. Composición selectiva de las velocidades de un cuerpo en el espacio: acoplamiento de velocidades de un cuerpo, en el espacio con velocidad traslacional $\boldsymbol{V_G}$*, con momento angular alrededor de su principal eje de simetría, y sometido a un par externo no coaxial*

Por consiguiente, en la Mecánica Clásica, como ya hemos expresado, el cambio de la trayectoria del centro de gravedad, en el caso de velocidad lineal fija inicial, sólo se produce si una fuerza está actuando sobre ella. En cualquier caso, el centro de gravedad modificará su trayectoria como resultado de las fuerzas aplicadas.

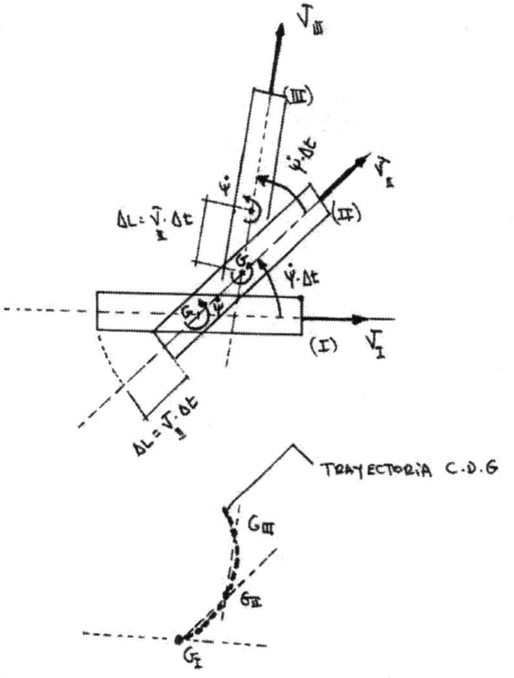

Figura 4.6. La posición del centro de gravedad G_n varía en función del acoplamiento entre el campo de la velocidad lineal y el campo de velocidades de traslación generado por el par no coaxial.

4.1.2.1- Acoplamiento de movimientos

Es evidente que en nuestras observaciones hemos advertido cómo el submarino, y los restantes móviles, modificaban su trayectoria, sin existir una fuerza externa en esa dirección y sentido. Por tanto, salvo que pudiera probarse que en nuestros experimentos se generan efectos aerodinámicos o hidrodinámicos que inciden sobre el c.d.m. del cuerpo, o cualquier otro fenómeno dinámico no explicitado, debería aceptarse la existencia de una reacción inercial de interacción, que concilie las observaciones realizadas con nuevas leyes que determinen el verdadero comportamiento de los cuerpos en movimiento.

Esta conciliación se produce si admitimos el efecto real de la reacción de interacción inducida por el segundo par actuante, y el acoplamiento de esta reacción inercial con el movimiento de traslación del cuerpo, de tal forma que entre los dos momentos sucesivos: I; y II de la figura 4.5, el cilindro gira sobre un eje vertical, perpendicular al segundo momento, por efecto de la reacción de interacción dinámica.

En este caso, **se produce una composición de velocidades lineales por adición vectorial entre la velocidad inicial y la resultante de la velocidad lineal generada por el segundo par**. El resultado final es el movimiento de precesión, simultáneamente con la rotación inicial alrededor de su eje longitudinal.

La cinemática final, en este modelo simplificado, será la combinación de la precesión del cuerpo, supuesta nula la nutación, tal y como muestra la figura 4.6, más la debida a la velocidad que posee el cuerpo en su centro de masas, situado en el eje de rotación propia.

Del análisis cinemático de las figuras, y de la observación del comportamiento del submarino en las pruebas experimentales, pueden hacerse ciertas observaciones:

1. *La trayectoria de los puntos del cuerpo es de tipo curvilíneo. Para el caso general: orbitación, rotación propia y nutación, la trayectoria de cada punto del sólido será de tipo tridimensional, (como indicamos, la nutación "bamboleará" el eje de rotación propia). Si la nutación es despreciable, cada una de esas trayectorias estará contenida en el plano determinado por el segundo momento exterior y la velocidad de traslación.*

2. La trayectoria de los puntos del cuerpo dependerá obviamente del par actuante, de la rotación a la que esté sometido el cuerpo, y de la velocidad lineal inicial que éste posea. En el caso en que no se produzcan variaciones en el fenómeno rotatorio: incremento-decremento del momento exterior, acción sobre alguna de las velocidades angulares, o sobre el módulo de la velocidad, esas trayectorias serán de tipo circular. En otras hipótesis la trayectoria cambiará, pudiendo ser elíptica.

3. En contra de las hipótesis admitidas hasta ahora en la mecánica racional, se produce en estos supuestos acoplamiento entre el movimiento del centro de masa y la interacción suscitada por el segundo par actuante, manteniéndose la rotación propia invariable y desacoplada.[233]

Las acciones dinámicas aplicadas sobre el cuerpo son las que determinan la cinética observada. Éstas se pueden dividir en dos partes, las debidas a la *rotación* y las debidas a la *traslación*, entendida cómo acción sobre la trayectoria del centro de masas.

En un análisis dinámico, supondremos la existencia de una fuerza de resistencia proporcional al avance del cuerpo. En la rotación, esta fuerza se opondrá, por un lado, a la precesión del cuerpo y, por otro lado, tenderá a disminuir la velocidad de rotación propia y la nutación, si existe, también se opondrá a sí mismo al movimiento del cuerpo, es decir, existirá una fuerza resistente en la dirección del vector de velocidad. Por lo tanto:

- En el caso de la rotación del cuerpo, las únicas acciones dinámicas aplicadas son, supuesto abandonado el cuerpo con una rotación propia inicial, el momento exterior y las

---

[233] Barceló, G.: *Un mundo en rotación.* Epígrafe 9.5.1, página 255. Editorial: Marcombo Barcelona. 2008. http://www.dinamicafundacion.com/

acciones sobre precesión, nutación y rotación propia. En cualquiera de los casos estas acciones, se reducirían a momentos que tenderán a variar la velocidad angular del sólido y la posición de éste respecto a una referencia.

- La traslación que sufre el cuerpo se dirige en todo momento en la dirección de su velocidad lineal, por tanto la fuerza resistente y por ende la fuerza "propulsora" del motor de nuestro submarino tendrán esa misma dirección. Dado que ambas fuerzas pasan, dada la simetría del cuerpo, por su c.d.m., en esta hipótesis no darán momentos respecto de este y, por tanto, no variarán el momento resultante del fenómeno rotatorio. Sí que podría haber, caso de que estas fuerzas no se equilibrasen, una cierta deceleración del vector velocidad.

En nuestros experimentos, podemos suponer que tanto la rotación del cuerpo, cómo su velocidad lineal se mantienen constantes en modulo, en el entendimiento de que las fuerzas resistivas de rozamiento, anulan la posible aceleración angular o lineal debida al motor electromecánico del submarino.

En estos supuestos, el resultado obtenido corresponde con las previsiones teóricas, generadas tras una argumentación lógica: *Se produce un acoplamiento selectivo entre el movimiento de traslación del cuerpo y el resultante del nuevo par actuante, en el supuesto de que el sólido disponga de momento angular intrínseco no coaxial.*

Como se advierte en la figura 4.6, el cuerpo con rotación intrínseca modifica su trayectoria en la medida que la posición del centro de gravedad G_n varía en función del acoplamiento entre el campo de la velocidad lineal y el campo de velocidades generado por el nuevo par no coaxial. Este acoplamiento significa que el móvil recibe una rotación perpendicular a su eje principal, precisamente sobre un eje que pasa por su centro de masas, a la vez que, por razón de su velocidad avanza, resultando la trayectoria observada y que se ilustra en la figura 4.6.

En este supuesto, el momento angular intrínseco inicial, en ausencia de pérdidas disipativas, se mantendrá constante, salvo que el nuevo par sea coincidente en dirección. Por lo que también, la velocidad de rotación inicial, en ese supuesto, se mantendrá constante e independiente de los ejes de referencia.

Es necesario destacar que, en el caso de la experiencia del submarino, la velocidad de precesión coincide en dirección con el eje de rotación inicial, pero en el caso de una peonza no existe esa coincidencia. Por tanto, entendemos que no debe proponerse ninguna cuestión especial a este respecto.

4.1.2.2- Velocidad variable

Somos de la opinión de que todo lo expresado en el caso anterior, es aplicable también cuando la velocidad inicial del cuerpo es variable, generándose en este caso, trayectorias espirales, conforme a las simulaciones realizadas, (ver epígrafe 5.6, Cuarta simulación, y figuras 5.16 y 5.17). La aceleración o deceleración del móvil determinara el tipo de espiral de la trayectoria.

4.1.3- Conclusiones

Las siguientes conclusiones corresponden a nuestros estudios experimentales sobre el comportamiento de *sólidos rígidos de revolución* con giro alrededor de su eje de simetría, sin un punto fijo, con una velocidad inicial en su centro de masas, y sometidos a un momento externo no coaxial, constantemente perpendicular al eje de rotación intrínseca, que hemos expuesto en el capítulo anterior. La dinámica final será, por tanto, la combinación del movimiento de rotación generado por el segundo par no coaxial, con el "movimiento" del cuerpo. La trayectoria final del centro de masas, como la del sólido, estará por tanto, definida por ambos movimientos, y puede ser rectificada actuando sobre la rotación, a través de uno de sus componentes de velocidad angular del sólido, o a través del momento externo aplicado o actuando sobre su velocidad lineal. En este caso, el comportamiento observado en nuestros experimentos nos permite proponer las siguientes conclusiones:

- En el caso general de rotación: precesión, rotación intrínseca y nutación, la trayectoria será de tipo tridimensional (la nutación hará oscilar al eje de rotación intrínseca). Si la nutación es insignificante, la trayectoria estará en un plano que contiene el segundo momento y el vector velocidad de precesión.

- La trayectoria del cuerpo dependerá de la rotación a la que está sometida, de su velocidad de traslación $\vec{V}$, y también del segundo par. En este caso, si estas variables se mantienen constantes y con una velocidad angular de precesión **Ω,** la trayectoria será una circunferencia de radio:

$$|r| = |V| / |\Omega| \qquad (4.13)$$

- La trayectoria curvilínea del cuerpo resulta de la acción de la fuerza del par externo, en la dirección de la aceleración centrípeta de precesión. Las únicas fuerzas aplicadas son el par de peso y el empuje de flotación, y la fuerza de propulsión actuante en la dirección del vector velocidad. La fuerza del par externo solo cambiará la dirección de la velocidad de traslación, no su módulo ni forma.

- Es posible cambiar la trayectoria del centro de masas de un sólido rígido de revolución con velocidad angular en línea con el eje de revolución, por medio de la acción de un momento perpendicular a este eje, y no siendo necesaria una acción de otras fuerzas con componentes perpendiculares a esa trayectoria inicial. En estas condiciones el centro de gravedad dibujará una trayectoria curvilínea, sin ser necesaria una fuerza real aplicada actuando en dirección del radio de la curva descrita por el centro de gravedad del móvil. En este caso, por tanto, no es necesario llevar a cabo la evaluación de fuerzas, en una dirección perpendicular a la trayectoria porque incluso, si existe una evidencia real de un cambio de la trayectoria y por tanto, una aceleración, no hay una fuerza externa presente que pueda ser responsable de este hecho.

- Hay evidencia de un acoplamiento selectivo entre el movimiento de traslación y el movimiento inducido por la acción de un nuevo par actuante no coaxial.

- La rotación intrínseca del sólido se mantiene constante y no es afectada por la acción del par.

4.2- Equilibrio dinámico.

En el ámbito de la *filosofía de la naturaleza*, podemos recordar el principio de Henri-Louis Le Chatelier, (1850 - 1936), que expresa: *Si un sistema en equilibrio es perturbado, el sistema evoluciona para contrarrestar dicha perturbación, llegando a un nuevo estado de equilibrio. Este principio realmente es equivalente al principio de la conservación de la energía.*

Este precepto es de aplicación en dinámica: *Los sistemas se resisten a un cambio que los aparte de su estado de equilibrio. Cuando se busca desplazarlo, alejándolo del estado de equilibrio local, el sistema modifica su estado de manera que tiende a oponerse al gradiente aplicado, con lo cual vuelve al atractor de su anterior equilibrio local. Cuanto mayor es el gradiente perturbador en un sistema dado, tanto mayor es el efecto, de buscar el restablecimiento de las condiciones del atractor anteriormente vigente.*[234]

En ausencia de rozamiento, parece evidente que tras nuestras observaciones, la acción de un par constante no coincidente espacialmente, con el eje de rotación propio de un sólido de revolución, en rotación sobre éste, generará un ***equilibrio dinámico***, también constante. La ***inercia rotacional*** de la masa mantendrá el giro inicial sobre su eje principal debido al primer par actuante. Si ese eje inicial es de revolución, el primer par podrá ser instantáneo, y no necesariamente constante.

Se producirá simultáneamente una constante interacción dinámica entre el segundo par y su propia interacción, debido a que el propio movimiento de precesión supone una modificación espacial del momento angular. Esta interacción dejará de producirse en el instante que deje de actuar el segundo par.

Podemos reiterar que, en el supuesto de estar el cuerpo apoyado en un punto y situado en un campo de fuerzas conservativo, en este ***equilibrio dinámico***, el eje de rotación propia del sólido que se encuentra, por ejemplo, en un campo gravitatorio, como ya hemos dicho, se situará con una inclinación adecuada, al alcanzarse también el equilibrio entre la diferencia de energías potenciales del sólido, desde el inicio hasta su posición de equilibrio, y su energía cinética de precesión.

En este ***equilibrio dinámico*** se podrá llegar a advertir, en un análisis cinemático, tres rotaciones distintas: La propia sobre su eje principal del elipsoide de inercia, la de orbitación y la de nutación.

---

[234] Barceló, G.: *Un mundo en rotación.* Cap. 1 y epígrafe 1.4, página 30. Editorial: Marcombo Barcelona. 2008. http://www.dinamicafundacion.com/

Por extensión de lo ya expresado, la nutación será el resultado de la interacción resultante y de la debida a variaciones de los parámetros iniciales. Esta variación puede producirse en el régimen transitorio inicial, por modificación de las variables dinámicas: transformación de la energía cinética del sistema en energía potencial, o por pérdidas disipativas.

Con la nutación, el cuerpo en rotación situado en un campo gravitatorio, y su centro de gravedad, van modificando su energía cinética y su energía potencial, para llegar a un punto de equilibrio, de tal forma que la energía potencial gravitatoria provee la energía cinética necesaria para el movimiento de precesión.

En el caso de un cuerpo con rotación intrínseca situado en un campo gravitacional, y con un punto de apoyo, el par formado por el peso y la reacción del apoyo generan un nuevo par de interacción, y éste, a su vez, tiende a hacer que el cuerpo gire en torno a un nuevo eje. Como reacción, esta acción generará nuevamente un segundo par de interacción, en muchos casos imperceptible, que, a su vez, generará el movimiento de nutación. Con la interpretación dinámica que proponemos, la nutación es el resultado del tercer giro a que está sometido el cuerpo, debido al efecto del segundo par de interacción.

Debe tenerse en cuenta que la interacción dinámica es recurrente, por lo que teóricamente infinitos pares de interacción se generarán, realmente imperceptibles debido a su mínimo valor.

4.3- Modelo físico-matemático

Deseábamos plantear una dinámica rotacional sustentada en un modelo físico-matemático coherente con los resultados experimentales obtenidos. Matemáticamente no existía salvedad alguna que impidiese concebir otro modelo para representar, con mayor idoneidad, el comportamiento de la naturaleza.

En nuestros estudios, hemos llegado a la conclusión de que el comportamiento dinámico de un cuerpo rígido en movimiento en el espacio está determinado por la dinámica de los campos que se generan en él. En el caso de rotación simple, el campo de velocidad generado es isótropo. Sin embargo, si el cuerpo es sometido a una rotación adicional no coaxial con la primera, se genera un nuevo campo de velocidad anisótropo, como ya se ha indicado anteriormente.

Los campos no homogéneos generados en el cuerpo en movimiento son los que hacen que cambie su trayectoria, ya que, el acoplamiento de campos, causa la variación de la dirección de su velocidad de traslación.

4.3.0- Análisis matemático.

El problema que se planteaba tras nuestros ensayos, era que la mecánica racional determina, mediante los instrumentos matemáticos que utiliza, otro comportamiento diferente al comprobado experimentalmente por nosotros. Vimos en el epígrafe 2.4 el planteamiento de las ecuaciones del movimiento mediante los métodos de Newton - Euler, Lagrange o Hamilton.

En el supuesto de nuestro experimento con el submarino, en el que el sólido se encontraba libre en el espacio, con una velocidad inicial $\vec{V}_{(0)}$, con momento angular y sometido a un nuevo par no coaxial, el resultado era el mismo utilizando cualquiera de los métodos de cálculo de la Mecánica Clásica racional: el centro de gravedad seguiría una trayectoria recta con velocidad constante $\vec{V}_{(0)}$, y el cuerpo iniciaría un nuevo movimiento de giro sobre su centro de gravedad, cómo resultante del existente y el generado por el nuevo par actuante.

No obstante, el comportamiento real de la naturaleza, paradójicamente no coincide con este resultado matemático, si se acepta el resultado de nuestros experimentos. Esta aparente contradicción puede conciliarse, si se reconoce que en cualquiera de las formulaciones de la Mecánica Clásica se ha partido de ciertos supuestos que, en nuestra opinión, no corresponden al verdadero comportamiento dinámico de los cuerpos en la naturaleza:

1. Se parte de la existencia de desacoplamiento entre el movimiento del centro de gravedad y el movimiento de rotación del cuerpo.

2. Se supone que existirá acoplamiento entre el momento angular existente y el generado por el nuevo par aplicado.

3. Se supone que los cuerpos en rotación y, por tanto, las ecuaciones de la dinámica rotacional, cumplen el álgebra vectorial.

Es pues necesario, en nuestra opinión, revisar todas estas hipótesis de partida de la Mecánica Clásica e incorporar al cálculo matemático, los operadores que determinen el verdadero comportamiento inercial de la naturaleza, y que permitan representar el fenómeno de las interacciones dinámicas mediante el algoritmo matemático adecuado.

Además, se utilizan en los métodos de cálculo sucesivos sistemas de referencia para determinar el estado dinámico del móvil y su situación. En nuestra opinión, este proceder es innecesario para analizar los estados dinámicos de un cuerpo en rotación. Conociendo el comportamiento inercial de los cuerpos dotados de momento angular, puede prescindirse de los sistemas de referencia externos al cuerpo para determinar su circunstancia dinámica. Solo serían necesarios para conocer su posición relativa.

En la dinámica rotacional de sistemas no inerciales es necesario incorporar al algoritmo matemático las hipótesis de acoplamiento de velocidades que realmente se generan.

En este supuesto, siguen siendo válidos los principios y teoremas de los que parte la Mecánica Clásica, pero con una interpretación distinta y diferenciada para el supuesto de los cuerpos dotados de momento angular, ya que para estos, y en determinados casos:

- *No hay composición de movimientos de rotación conforme al álgebra vectorial.*
- *No se cumple el principio de proporcionalidad entre fuerzas y aceleraciones, en el supuesto de pares de fuerzas no coaxiales.*
- *Las magnitudes de rotación, partiendo del ángulo y sus derivadas, no se adicionan algebraicamente.*
- *Tampoco es de aplicación la ley conmutativa vectorial.*
- *Existe acoplamiento discriminante entre el movimiento de traslación y el generado por la reacción inercial de interacción resultante del segundo par actuante.*
- *El momento angular inicial no se acopla con el resultante de otras acciones posteriores.*
- *Las reacciones de interacción generadas por sucesivas rotaciones no coaxiales, deberán incorporarse a la formulación matemática.*
- *No es necesario utilizar sistemas de referencia externos al cuerpo.*
- *Las ecuaciones matemáticas resultantes, lo serán para un estado dinámico de partida concreto y para una*

excitación específica, pudiendo variar sus resultados en función de los estados dinámicos anteriores, o de las excitaciones que se suscitan.

- *El estado dinámico de un cuerpo sólo podrá quedar determinado por secuencias lógicas, que podrán ser representadas por programas informáticos.*[235]

En determinadas circunstancias, la rotación constante de un cuerpo sobre un eje principal de su elipsoide de inercia, impide una composición de rotaciones, de tal forma que si actúa un nuevo par con eje no coincidente con la rotación existente, esta se mantendrá, y el cuerpo reaccionará modificando su trayectoria, añadiendo a la rotación inicial, un movimiento de precesión u orbitación en el espacio, cómo si aparentemente estuviese sometido a una fuerza central.

También es importante reiterar que la evolución del estado dinámico de un cuerpo no queda determinado por una única ecuación, si no por secuencias lógicas, que podrán ser representadas por programas informáticos, ya que el resultado en un momento dado, no solo depende de los parámetros de partida, sino también de la tipología de las excitaciones, sus secuencia, y de los movimientos ya existentes.

4.3.1- Espacio de referencia

La dinámica rotacional exige definir un espacio cuatridimensional específico activo Euclidiano $\mathbf{E}^n$, en el cual no todas las magnitudes mecánicas se comportarán exactamente conforme al

---

[235] Barceló, G.: *El vuelo del Bumerán*. Pág. 280. Ed. Marcombo: Barcelona, 2006.
http://www.dinamicafundacion.com/

álgebra vectorial, o a la formulación de la dinámica racional clásica.

Magnitud es la propiedad por la que los objetos matemáticos pueden ser identificados, y comparados con otros objetos de la misma clase.

El análisis de las relaciones entre las distintas magnitudes físicas, mediante la identificación de sus dimensiones fundamentales, nos permite identificar matemáticamente y físicamente nuestra tesis.

Comenzamos nuestro **análisis dimensional** con las siguientes magnitudes de mecánica racional:

- **El tiempo**: es una medida de la duración de los eventos y de sus intervalos. Los eventos pueden ordenarse desde el pasado hasta el presente o viceversa. Un *instante* es un momento de tiempo infinitesimal, un lapso de tiempo cuyo transcurso es instantáneo. Dimensión: [**T**].

- **Masa**: la cantidad de materia **m** asociada a la partícula. Dimensión: [**M**].

- **Longitud**: magnitud física que determina la distancia, es decir, la cantidad de espacio existente entre dos punto. Dimensión: [**L**].

Es de destacar que, en la Mecánica Clásica, no se entiende que el desplazamiento angular sea una verdadera magnitud, ya que se considera este atributo como adimensional. Esta interpretación se justifica por el hecho de que su medida, en radianes, es el cociente de dos longitudes, el arco y el radio. En nuestra opinión, este criterio impide hacer un análisis real del movimiento de los cuerpos con rotación. Además, parece arbitrario identificar cualitativamente una magnitud por su unidad de medida en un determinado sistema, y no por sus verdaderas características dimensionales.

Las variables utilizadas para una formulación coherente de la mecánica han de ser compatibles con la verdadera naturaleza del fenómeno físico que definen. El **espacio físico** estará constituido por puntos, y asociado a un espacio vectorial. En este espacio físico, la **referencia** se define como el conjunto de un origen y una base vectorial del espacio vectorial asociado. Podemos definir en este espacio vectorial: **posición, orientación, dirección y capacidad de movimiento.**

A pesar del criterio generalizado actual, en nuestro análisis existirán las siguientes magnitudes principales del espacio físico:

[**T**] [**M**] [**L**] [**A**]

Siendo [**A**] el **Desplazamiento Angular, que** es el arco de la circunferencia recorrido por la masa puntual en su trayectoria circular. Aparentemente análogo a la **Longitud**, pero con propiedades marcadamente diferenciadas, razón por la que entendemos, se justifica su identificación y definición como magnitud independiente.

La magnitud **Longitud** se comporta conforme al álgebra convencional, pero la magnitud [**A**], que también podemos definir como **arco angular**, tendrá la siguiente especificidad:

1. *No cumple la Ley algebraica de adición vectorial.*

2. *No cumple la Ley conmutativa.*

3. *Se cumplirá la operación de adición, pero el resultado dependerá de su prelación en el tiempo.*

4. *Podrá no ser de aplicación ninguna operación algebraica de esa magnitud, consigo misma, salvo la adición.*

5. *En las operaciones derivadas, deberá tenerse en cuenta también la siguiente especificidad al actuar sobre un sólido:*

- *Si dA/dt es distinto de cero, la adición de una nueva derivada de esta magnitud no se sumará algebraicamente, generando una reacción independiente, salvo que coincidan en dirección.*

- *Si* $\vec{L}$ *es el momento angular intrínseco del sólido y* $\vec{M}$ *el momento de un nuevo par de fuerzas que se aplica, tendremos que:*

  $\vec{M} = \frac{d\vec{L}}{dt}$, *Siendo independientes* $\vec{L}$ *y* $\Delta\vec{L}$, *no generándose la adición de ambas, actuando sin acoplamiento, salvo que coincidan en dirección.*

- *Si dA/dt es distinto de cero, la acción de un par* $\vec{P}$, *constituido por dos fuerzas* $\vec{F}$ *iguales, sobre el sólido con velocidad de traslación* $\vec{V}$, *produce un desplazamiento del eje del cuerpo en la dirección del par, perpendicular a* $\vec{F}$ *en lugar de según su dirección, modificando la dirección del vector* $\vec{V}$, *pero no su módulo.*

- *La acción de* $\vec{P}$ *produce una variación constante de la dirección de la velocidad* $\vec{V}$. *Si*

> *cesa la acción de* $\vec{P}$*, cesa inmediatamente la variación de la dirección de la velocidad* $\vec{V}$.[236]

Nos parece trascendente identificar esta magnitud, y recordar su especificidad, tan diferente a la magnitud **Longitud**, con la que se le quiere identificar en la Mecánica Clásica.

En la dinámica de sistemas no inerciales, en este espacio, los axiomas de la Mecánica Clásica para sistemas inerciales también serán aplicables. Sin embargo, aun siendo los mismos axiomas de la Mecánica Clásica que incorporan los términos o conceptos que han sido anteriormente definidos, y que determinarán las referencias básicas en su desarrollo conceptual posterior, estos axiomas no son necesariamente aplicables a la magnitud [**A**].

El uso de este espacio dinámico específico para la dinámica rotacional, y la utilización de los operadores matemáticos que tengan en cuenta el verdadero comportamiento inercial de la materia en rotación y sus interacciones dinámicas, nos permitirá disponer de una nueva dinámica rotacional no inercial, y de los algoritmos matemáticos adecuados, vinculando los resultados experimentales, con los obtenidos mediante el cálculo. Por otro lado, no podemos entender que pueda concebirse una mecánica rotacional, sin definir la magnitud de desplazamiento angular.

4.3.2- Incidencia del par de interacción y del operador matemático.

En el caso de un cuerpo axialmente simétrico, con rotación alrededor de su eje Z, siendo este último un eje principal de su

---

[236] Barceló, G.: *Un Mundo en Rotación*, epígrafe. 12.4, pág.321. Marcombo, Barcelona, 2008.

elipsoide de inercia, la acción de un par $\vec{P}$, con **momento** $\overrightarrow{\boldsymbol{M'}}$, por ejemplo coincidiendo con el eje X, generará un *par de interacción dinámica,* perpendicular al plano XY, que induce a un movimiento de precesión de velocidad angular Ω en el plano XY.

Mientras el par externo esté actuando, se generará un par de interacción constante. Este par de interacción es el también llamado *par giroscópico* y, mientras éste está actuando, el movimiento de precesión será uniforme y se mantendrá la trayectoria orbital.

Aquí podemos definir el operador matemático **Γ** que transforma el momento aplicado $\overrightarrow{\boldsymbol{M'}}$ en otro:

$$\vec{\boldsymbol{D}} = \boldsymbol{\Gamma} \times \overrightarrow{\boldsymbol{M'}} \tag{4.14}$$

Siendo:

$\overrightarrow{\boldsymbol{M'}}$ = Momento aplicado.
$\vec{\boldsymbol{D}}$ = Momento inercial resultante.
Γ = Operador Matemático Inercial.

Siendo $\vec{\boldsymbol{D}}$ el resultado del producto matricial del momento que actúa $\overrightarrow{\boldsymbol{M'}}$ y del operador Γ

Donde, por ejemplo: $\overrightarrow{\boldsymbol{M'}}$ = (R.F', 0, 0), y $\vec{\boldsymbol{D}}$= (0, 0, I. ω x Ω),

En el supuesto de un cuerpo de revolución dotado de las velocidades:

Velocidad angular sobre un eje principal de inercia: **ω** = (0, ω, 0)

Velocidad lineal de su centro de masas: $\vec{\boldsymbol{V}}_0$ = (0, V_0, 0),

Al ser sometido a un nuevo par de momento $\overrightarrow{M'}$, perpendicular al eje de rotación, generará un movimiento de precesión, a su vez perpendicular a ese momento aplicado, y de velocidad angular: $\mathbf{\Omega} = (0, 0, \Omega)$.

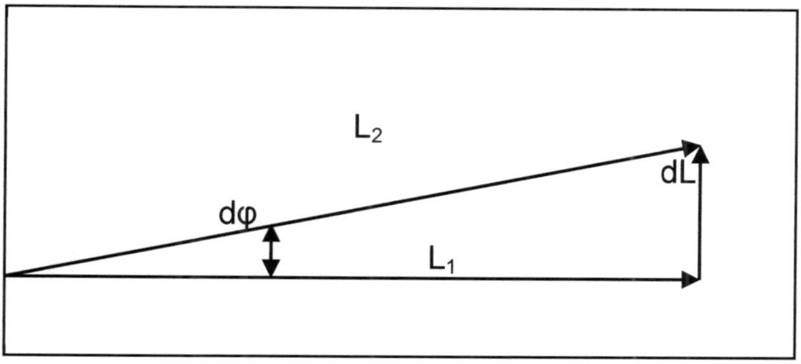

Figura 4.7 Variación del momento angular $\vec{L}$ en el movimiento de precesión del cuerpo

De modo que, ω se mantendrá constante y el cuerpo describirá una trayectoria de orbitación, manteniendo su velocidad $\vec{V}_0$ constante en módulo.

Siendo $\vec{F}$ una fuerza perpendicular al radio de giro $\vec{R}$, el valor del momento aplicado debido a esta fuerza será:

$$\overrightarrow{M'} = \vec{R} \times \vec{F} \tag{4.15}$$

Por otro lado, si φ es el ángulo barrido por el eje del cuerpo en su movimiento de precesión, la velocidad angular de precesión puede definirse como:

$$\Omega = d\varphi/dt \tag{4.16}$$

En la figura 4.7, se puede apreciar con una cierta aproximación que:

$$d\varphi = |d\mathbf{L}| / |\mathbf{L}| \qquad (4.17)$$

Y por lo tanto:

$$\mathbf{\Omega} = (|d\mathbf{L}| / |\mathbf{L}|) / dt \qquad (4.18)$$

Sabiendo $\vec{L}$ =I.ω y $\overrightarrow{M'}$= d$\vec{L}$/ dt, podemos escribir, a partir de la definición anterior que:

$$|I\ \omega x\Omega| = |L.\ [(dL / L) / dt]| = |dL/dt| = |\overrightarrow{\boldsymbol{M'}}| \qquad (4.19)$$

Siendo L constante, tendremos que $L = L_1 = L_2$

Por tanto, concluimos que el *operador matemático* **Γ** se define de la siguiente manera:

$$R^3 \longrightarrow R^3$$

$$(x, 0, 0) \xrightarrow{\ \Gamma\ } (0, 0, x)$$

Que transforma un momento $\overrightarrow{\boldsymbol{M'}}$= (R.F', 0, 0) en otro $\vec{D}$= (0, 0, IωxΩ), el cual es igual en módulo, pero la dirección en la que se aplica es diferente.

La transformación que produce este operador matemático sobre los momentos se verifica en la evolución que sufre un momento $\overrightarrow{\boldsymbol{M'}}$ = (R.F', 0, 0) aplicado a un cuerpo en rotación con ω= (0, ω, 0) constante, y en el que la velocidad angular del movimiento de precesión que tiene lugar, como consecuencia de la aplicación del momento $\overrightarrow{\boldsymbol{M'}}$, es: Ω = (0, 0, Ω), siendo $\vec{\boldsymbol{L}}$= (0, I.ω, 0).

La única componente de la velocidad lineal del cuerpo que ha sido modificada por la aplicación del momento $\overrightarrow{M'}$, sobre dicho cuerpo, es la componente en la dirección del vector unitario **i**, que he pasado de ser cero en la situación inicial, cuando todavía no se había aplicado sobre el cuerpo el momento $\overrightarrow{M'}$, a ser **-Ω. r** en la situación final, de modo que ω se mantendrá constante, y la velocidad final del cuerpo será $\vec{V}$ = (-Ω r, V_o, 0), siendo r el radio de la trayectoria.

Podemos hablar aquí de un *tensor operador hemisimétrico* ***Γ,*** como el operador matemático que transforma el momento aplicado $\overrightarrow{M'}$ en otro inercial (4.14), como resultado de su producto vectorial.

Cuando **Γ** = (x, y, z). Si M' = (RF', 0, 0) y D = (0, 0, IωΩ), entonces:

$$\Gamma \wedge M' = \begin{vmatrix} \vec{i} & \vec{j} & \vec{k} \\ x & y & z \\ RF' & 0 & 0 \end{vmatrix} = (0, RF'z, -RF'y)$$

Pero este producto matricial es igual al par de interacción dinámica $\vec{D}$, por lo que:

$$(0,0,Iw\Omega) = (0, RF'z, -RF'y) \Rightarrow \begin{cases} y = \dfrac{-Iw\Omega}{RF'} \\ z = 0 \end{cases}$$

Por lo tanto, el operador Γ, podría ser entendido como un tensor inercial, cuyo producto vectorial con el momento $\overrightarrow{\boldsymbol{M'}}$, daría como resultado el momento inercial $\overrightarrow{\boldsymbol{D}}$**,** y su valor está definido por la matriz:

$$\Gamma = (0, -\frac{Iw\Omega}{RF'}, 0) \qquad (4.20)$$

A partir de la definición matemática de $\vec{D}$ puede deducirse que **Γ**, así como $\overrightarrow{\boldsymbol{M'}}$, son ortogonales a $\vec{\boldsymbol{D}}$ (porque $\vec{\boldsymbol{D}}$ es su producto vectorial).

Además, podemos suponer que **Γ** es ortogonal a $\overrightarrow{\boldsymbol{M'}}$ y, por lo tanto:

$$\langle \Gamma, M' \rangle = 0 \Leftrightarrow \langle (x, -\frac{Iw\Omega}{RF'}, 0), (RF', 0, 0) \rangle = 0 \Leftrightarrow RF'x = 0 \Leftrightarrow x = 0$$

Es evidente que, en estas circunstancias, el cuerpo de referencia no cambiará su trayectoria debido a una fuerza central, de modo que estos fenómenos pueden producir confusión al interpretarse, debido a una falta de conocimiento del comportamiento real de los cuerpos con rotación intrínseca.

En resumen, podemos afirmar que sería posible que en el espacio, ***los cuerpos con momento angular, sometidos a pares no-coaxiales, debido a interacciones dinámicas inerciales, inicien un movimiento de precesión de tal forma que si se mantiene el momento angular inicial y el segundo par se conserva constante, se mantendrá una trayectoria orbital sin necesidad de fuerzas centrales.***

En este análisis hemos aplicado un operador matemático. Sin embargo, el comportamiento dinámico de los sistemas másicos puede ser mejor interpretado, desde un punto de vista físico, como debido a que se produce un desacoplamiento entre las rotaciones generadas en el cuerpo. La razón de este extraño comportamiento de la naturaleza es, en nuestra opinión, debido a la inercia de los cuerpos, por lo que el acoplamiento se produce, como ya hemos indicado, entre la velocidad de desplazamiento y el nuevo movimiento generado por el segundo par actuante, no coaxial con la rotación existente, precisamente debido a que la inercia rotacional impide ese acoplamiento de rotaciones en la masa.

Más adelante reiteraremos esta interpretación del comportamiento de los cuerpos, basada en las interacciones dinámicas que se generan cuando son sometidos a sucesivas rotaciones no coaxiales.

4.4-Reacciones inerciales

En 2.2 hemos estudiado el concepto de inercia y su evolución histórica. Pero en este nuevo análisis, nos gustaría reiterar de nuevo los dos conceptos de inercia:

La **inercia tangencial** es equivalente a la masa, y cuantitativamente utilizamos las mismas unidades para ambas.

En cambio, la **Inercia rotacional** en un cuerpo en rotación, es el producto de su masa por el cuadrado de su distancia al eje de rotación, y por tanto, utilizaremos las mismas unidades de medida que para el **momento de inercia.**

Por otro lado, mientras que en un cuerpo sólido existirá un único movimiento de su centro de masas, y podremos hablar de una única inercia tangencial, por el contrario, como ya hemos expresado, el cuerpo podrá mantener simultáneamente diferentes rotaciones no coaxiales, pudiendo entender que pueden existir diferentes inercias rotacionales para un mismo sólido. Todas estas inercias rotacionales generarán una tendencia a mantener constante cada movimiento de rotación, mientras que la inercia tangencial tenderá a mantener, de forma estable la trayectoria, según la tangente en cada momento.

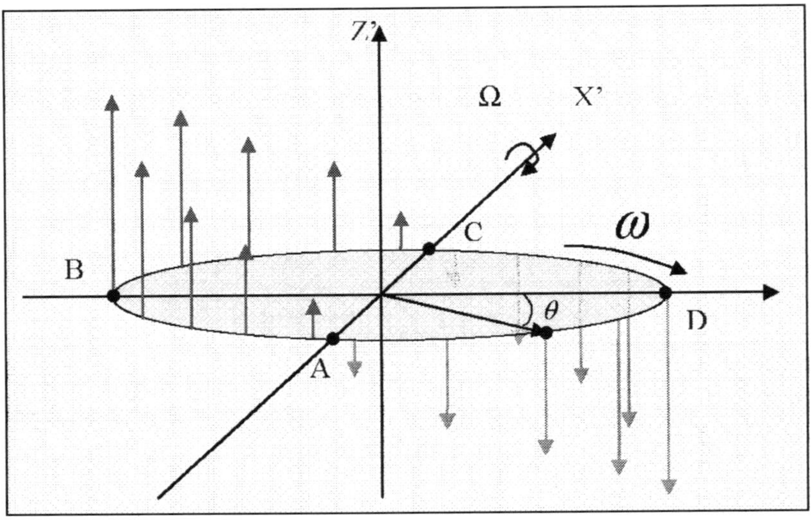

Figura 4.8. En un cuerpo con velocidad de rotación ω sobre su eje principal, cuando es sometida a una nueva rotación no coaxial de velocidad Ω, se genera un campo no homogéneo de velocidades.

Puede justificarse el comportamiento de los cuerpos dotados de momento angular, en razón de la reacción inercial de su masa (véase la figura 4.8): *la inercia rotacional del cuerpo, sometido ya a un movimiento de rotación y traslación, no podría "acarrear" un nuevo giro sobre otro eje intrínseco, cómo resultado de la composición de movimientos rotatorios.* En determinadas circunstancias, el segundo par de acción resulta pues *"insuficiente"* para modificar la rotación existente, manteniéndose ambas rotaciones sin adición vectorial: Por un lado la generada por el nuevo par actuante, y por otro la rotación ya existente previamente.

En el supuesto de que el cuerpo disponga inicialmente de una velocidad lineal $\vec{V}_0$, la composición o acoplamiento se producirá entre esta y el movimiento resultante del nuevo desplazamiento angular, manteniéndose constante la velocidad angular inicial, de tal forma que, en estos casos, puede afirmarse que la **inercia rotacional** es independiente de la **inercia tangencial**.

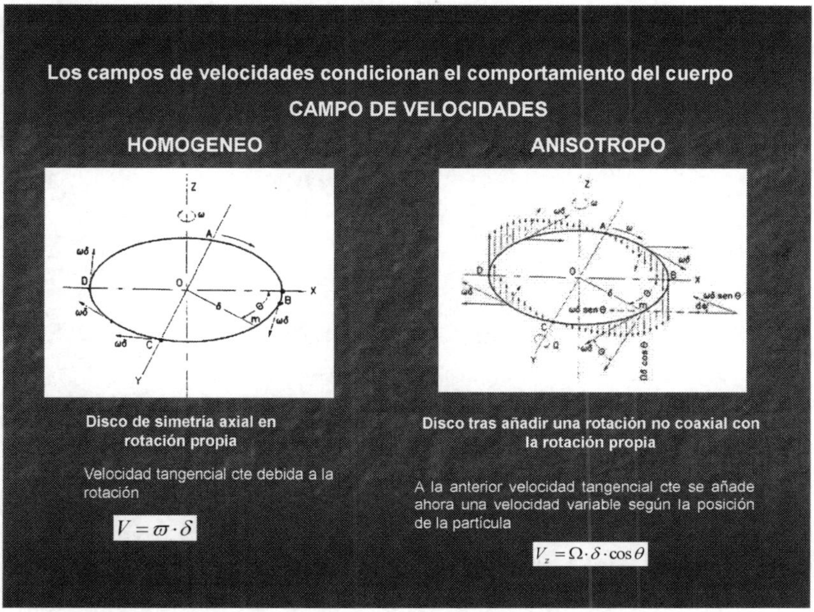

Figura 4.9. Los campos de velocidades determinan el comportamiento del cuerpo. Análisis comparativo de los campos de velocidades generados en una rotación y sometiendo el cuerpo a dos pares no coaxiales sucesivos.

En consecuencia, en los cuerpos en los que se producen interacciones dinámicas, encontraremos unas características propias y diferenciadas en su comportamiento, pudiendo referirnos a una **Inercia de Interacción Dinámica**, definiéndola cómo la *tendencia que tienen todos los cuerpos en rotación a seguir girando en el mismo plano y sobre el mismo eje*. Este comportamiento de los cuerpos ha sido definido también cómo **rigidez en el espacio**.

La rigidez en el espacio es una cualidad conocida en la Mecánica Clásica, como consecuencia de la primera ley del movimiento de Newton, y por aplicación del concepto de inercia a los cuerpos en rotación.

Por otro lado, y como ya hemos expresado, los cuerpos dotados de momento angular, pueden alcanzar un ***equilibrio dinámico***, de tal forma que, en el supuesto de un campo gravitatorio, como ya hemos comentado, se producirá también un ***equilibrio energético*** entre la diferencia de energías potenciales del sólido, desde el inicio hasta su posición de equilibrio, y su energía cinética de precesión.

Este comportamiento de la materia nos permite definir, en los cuerpos dotados de rotación intrínseca, una ***Invariancia Rotacional***, como característica por la cual puede alcanzar un equilibrio dinámico y energético, aparentemente inmutable y constante, en razón a su comportamiento inercial.

Esta ***Invariancia Rotacional*** puede entenderse como una característica intrínseca, independiente de cualquier sistema de referencia.

4.5- Deducción

Esta nueva dinámica rotacional no inercial y no newtoniana, para cuerpos sólidos rígidos acelerados, puede ser inferida mediante, al menos, dos vías diferenciadas:

- **Deducción relativista.**
- **Deducción racional.**

4.5.0- Deducción relativista

Por vía abstracta, matemáticamente puede inferirse un sistema de ecuaciones que permitan concebir las interacciones fundamentales que llegan a generarse en la naturaleza. En estas ecuaciones puede observarse como la matriz de una rotación tetra-dimensional de un marco de referencia, está asociada con el campo de inercia T^{i}_{jk} *originado por la rotación, y pueden deducirse nuevas ecuaciones del movimiento, expresión generalizada de las ecuaciones de movimiento en la teoría gravitatoria de Einstein.*[237]

4.5.1- Deducción racional

En los supuestos de rotaciones no coaxiales simultáneas, se producen en el cuerpo rígido campos de velocidades no homogéneos. Estos campos con distribuciones no homogéneas, generan campos de aceleraciones anisótropos.

Esta deducción racional puede ser ampliada mediante un análisis en el ámbito de la teoría de campos y de sus ecuaciones.[238] Nos concentraremos en este último supuesto.

En el caso de un disco plano que gira alrededor de su eje de simetría (figura 4.8), podemos identificar un campo de velocidades debido a la rotación del disco. Reiteramos las siguientes conclusiones:

- *Todas las partículas situadas en la misma circunferencia tendrán el mismo módulo de velocidad tangencial, pero con una orientación diferente. De esta forma, obtenemos un campo homogéneo y equilibrado de velocidades como el resultado del giro del disco sobre su eje de simetría, ver figura 4.9 izquierda y figura 4.0.*

---

[237] Barceló, G.: *Un Mundo en Rotación*, epígrafe. Pág.426. Ed. Marcombo, Barcelona, 2008.

[238] Barceló, G.: *On the equivalence principle.* 61° Congreso Internacional de Astronáutica, Instituto Americano de Aeronáutica y Astronáutica, Praga, CZ. 2010.

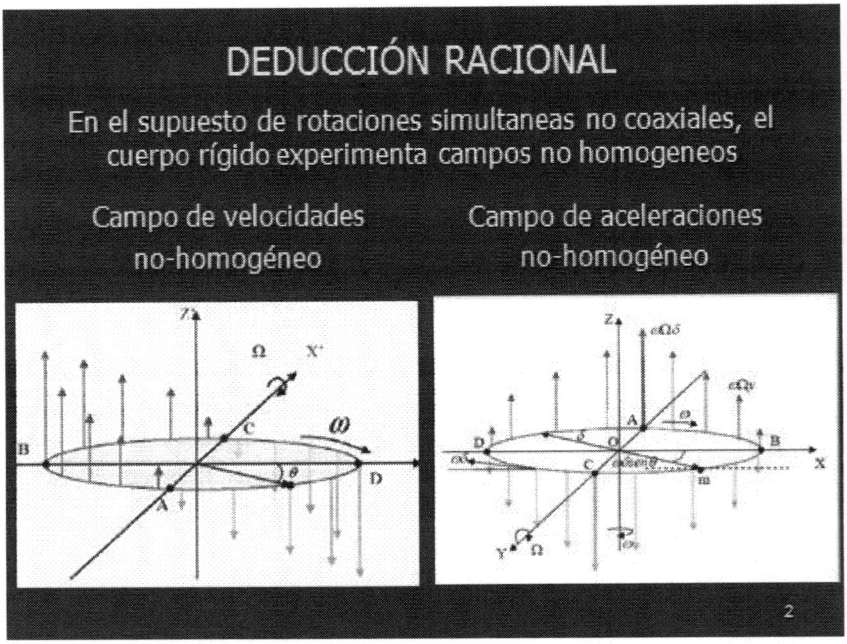

Figura 4.10. Deducción racional. Los campos de velocidades y aceleraciones que se generan en un cuerpo sometido a dos pares no coaxiales sucesivos, no son homogéneos.

- *En los supuestos de rotaciones no coaxiales simultáneas, el cuerpo rígido experimenta campos de velocidad no homogéneos, figura 4.8. Estos campos generan campos de aceleración anisótropos. Estos campos de aceleración, figura 4.10, puede ser interpretados como campos de fuerzas inerciales, creados en el espacio por efecto de rotaciones no coaxiales simultáneas.* [239]

[239] Barceló. G.: *Analysis of Dynamics Field Systems Accelerated by Rotation. Dynamics of non-inertial systems.* Congress DeMSET-2011, Miami. EE.UU. http://dinamicafundacion.com/blogs/media/DeMSET_2011_GBarcelo.pdf

4.5.2- Modelo Conceptual comprobado

Podemos definir estos nuevos conceptos para nuestra mejor comprensión de la dinámica de sistemas acelerados:

Velocidad instantánea: Velocidad lineal inicial generada por un nuevo par no coaxial

Aceleración instantánea: Incremento de la velocidad en la unidad de tiempo, debido a una nueva rotación no coaxial.

Velocidad resultante: Velocidad lineal final de las partículas de un móvil, sometido a dos rotaciones no coaxiales.

Para explicar el comportamiento de nuestras últimas pruebas experimentales (véase epígrafe 3.3), nos propusimos analizar la variación de las diferentes magnitudes dinámicas, en el seno del propio cuerpo. En el móvil, se generan campos de velocidades, por ejemplo, el campo V_T de velocidades de traslación lineal (ver animación *4 0 campo velocidad traslación:* http://advanceddynamics.net/wp-content/uploads/2014/02/40campo_veloc_translacion.mp4) y el campo V_G de velocidades lineales generadas en la rotación alrededor de su eje de simetría (ver Figura 4.0- *Distribución de velocidades y aceleraciones*), pero también es necesario identificar simultáneamente la naturaleza del campo de velocidades generado por la nueva rotación, producida por el par no-coaxial.

Como ya expresó Jouffret en el siglo XIX, para definir nuestro modelo dinámico, tendremos que tener en cuenta la inercia de las partículas del cuerpo y sus velocidades. En el caso de un cilindro provisto de momento angular sobre su eje principal (véase figura 2.10) y, a continuación, sometido a un nuevo par sobre un eje horizontal perpendicular, en cada hipotética sección, se generan distribuciones específicas de velocidades y aceleraciones.

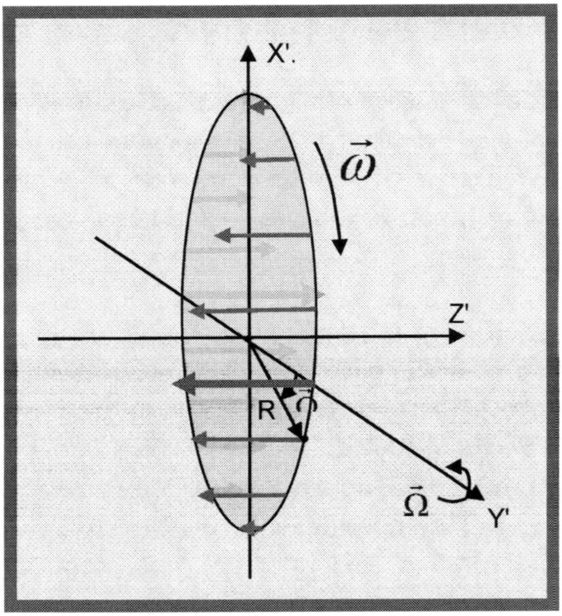

Figura 4.11. Distribución de aceleración en una sección específica de un cilindro provisto con momento angular sobre su eje principal y, a continuación, sometido a un par perpendicular sobre un eje horizontal.

Como se observa en la figura 4.10, habrá también campos dinámicos de velocidad y de aceleración. Pero cada uno de estos campos también evoluciona de manera diferente, y dependiendo de las acciones que afectan al móvil. Incluso su representación dependerá del momento al que nos refiramos.

La figura 4.11 muestra la distribución de aceleración en una sección específica de un cilindro provisto de momento angular sobre su eje principal y, a continuación, sometido a un par perpendicular sobre un eje horizontal. Comparando esta distribución con la de la figura 4.8, vemos que son claramente diferentes.

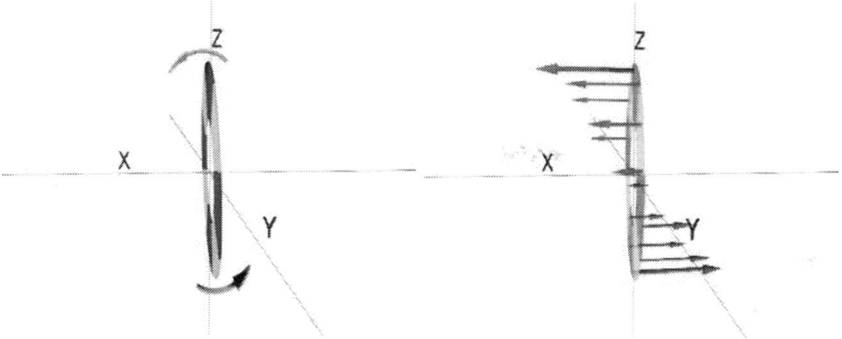

Figuras 4.12. El nuevo giro que se origina sobre el eje Y (ver figura izquierda), crea un nuevo campo de velocidades instantáneas en una sección del móvil (véase la figura de la derecha).

Podemos entender el comportamiento que observamos en nuestras pruebas experimentales, por medio de la mencionada teoría de campos. Supongamos que podemos analizar los campos de velocidades que se generan en una sección del submarino. (véase la figura 4.12).

El par de fuerzas del peso y de flotación, generan una segunda rotación Ω, no coaxial con la existente ω, sobre su eje longitudinal (véase la figura 4.12 derecha), que determina la generación de campos de velocidades y de aceleraciones anisótropos. Pero ocurre algo excepcional: ***esta nueva distribución inicial de velocidades se modifica cuando la sección o disco está girando sobre su eje longitudinal***. [240]

La representación de las velocidades en la figura 4.12, a la derecha, es instantánea, por lo que no representa el comportamiento real de la naturaleza.

---

[240] Bauluz, E. y Barceló, G.: *Nuevas hipótesis dinámicas.* Guion del vídeo, Madrid, 2011.

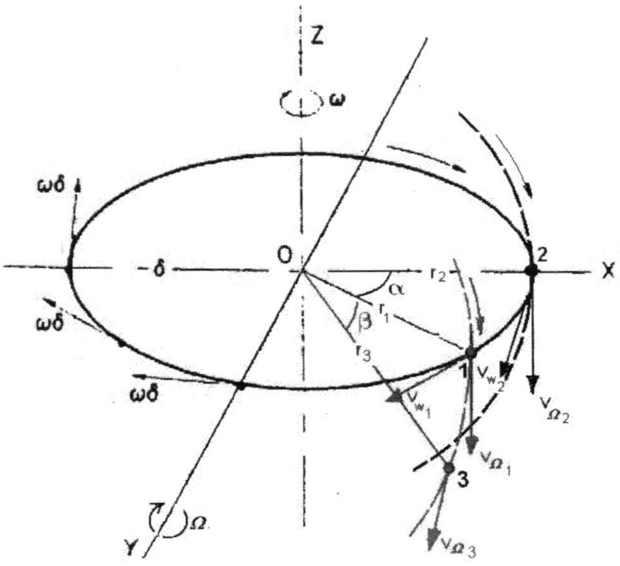

Figura 4.13. Representación de la evolución de las velocidades instantáneas generadas por la segunda rotación Ω. La partículas situada en la posición 1, va a la posición 3 debido a esta nueva rotación Ω.[241]

La figura 4.12 derecha, es una imagen idealizada que presentamos para comprender mejor la evolución de este campo de velocidades, pues estas velocidades instantáneas evolucionan según las velocidades de rotación Ω y *ω*, como se muestra en la figura 4.13. En esta figura identificamos la velocidad: V_{w1} velocidad lineal del punto 1 cuando sólo actúa el primer par, generando una velocidad angular ω, y la velocidad $V_{\Omega 2}$ velocidad lineal del punto 2, en el supuesto ideal de que sólo actuase el segundo par, generando una velocidad angular Ω.

[241] Rodríguez, A.: *Análisis de las simetrías tras la permutación de dos ejes.* 2011. Informe para Advanced Dynamics S.A.

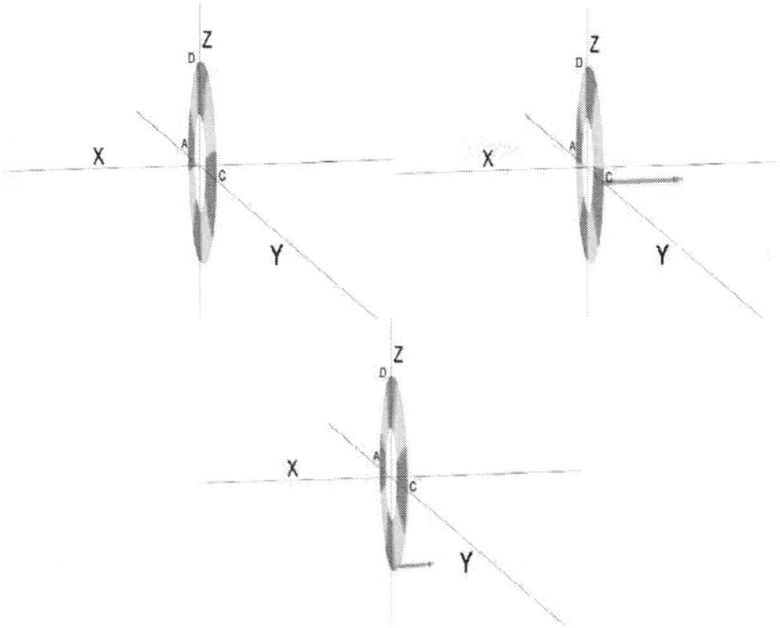

Figuras 4.14. Variación de la cantidad de movimiento de una partícula del disco que gira alrededor de su eje de simetría longitudinal X.

Al girar el disco sobre su eje de simetría longitudinal (ver figura 4.14, y animación *4 1 Generación de un nuevo campo:* http://advanceddynamics.net/wp-content/uploads/2014/02/41Generaci n de un nuevo campo .mp4), *obtenemos una nueva distribución de velocidades resultantes como se aprecia en la pantalla* (ver video)[242]*. Por ejemplo, la cantidad de movimiento del punto A, debida a la nueva rotación sobre el eje perpendicular, inicialmente será cero.*

---

[242] Bauluz, E.: *Nuevas hipótesis dinámicas.* Madrid, 2011. Este video mostraba los experimentos llevados a cabo por Advanced Dynamics para demostrar y justificar la teoría de interacciones dinámicas: www.advanceddynamics.net. El video también está disponible en: http://vimeo.com/62601974 y en: http://dl.dropbox.com/u/48524938/VTS_Ingles.mov; http://www.youtube.com/watch?v=vSUkd4sIHGQ&feature=c4-overview&list=UUgDHgaGi2I2rmZNoanNbVWQ

Pero a medida que gira con esta nueva rotación, ese mismo punto también está girando sobre el eje de simetría, por lo que su cantidad de movimiento se irá incrementando, de tal forma que al llegar al punto C, la cantidad de movimiento será máxima. A partir de este punto se irá reduciendo de nuevo la cantidad de movimiento de ese punto, ya que con la nueva rotación, su cantidad de movimiento tendrá sentido contrario, y se restara a la que ya poseía, hasta anularse de nuevo en el punto A.

Al mismo resultado, pero con signo negativo, llegamos si iniciamos nuestro análisis en el punto C.

El resultado es que, de conformidad con el análisis de los campos de velocidades generados, el par de fuerzas debido al peso y a la flotación han generado un nuevo campo de velocidades resultantes, que genera una rotación del cuerpo sobre un eje distinto al de ese par externo de gravitación que ha actuado.

De esta forma confirmábamos que la rotación generada por el par gravitacional de interacción, no respondía a las leyes de la Mecánica Clásica, ni al álgebra vectorial: al cabo de media vuelta, la segunda rotación se iniciaba sobre un eje perpendicular al par que la generaba, y no sobre el eje del par de fuerzas definido por el peso y el empuje de flotación. ...sigamos analizando el verdadero comportamiento del móvil. [243]

El momento lineal de cada partícula debido al nuevo par gravitacional, es variable en función de su posición relativa al movimiento intrínseco de rotación del cuerpo, pero también el momento de la cantidad de movimiento lineal.

---

[243] Bauluz, E. y Barceló, G.: *Nuevas hipótesis dinámicas*. Guion de vídeo, Madrid, 2011.

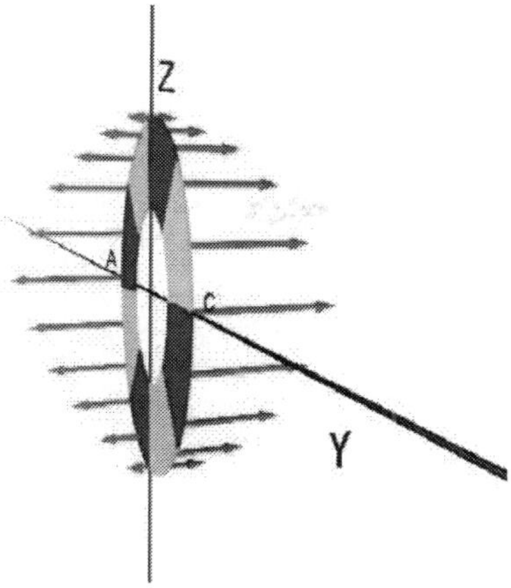

Figura 4.15. Distribución de velocidades Vc resultantes en una sección de un cilindro dotado de momento angular sobre su eje X, y posteriormente sometido a un par sobre un eje Y perpendicular.

Si los dos primeros campos, V_T de traslación y V_G generado con la rotación axial, han quedado claramente definidos, existe un tercer campo V_C de velocidades resultantes que, como hemos visto, evoluciona de forma específica. Se genera como una nueva rotación no coaxial, pero la rotación principal modifica su configuración en cada punto de la masa. De este modo, podemos identificar un nuevo campo de velocidad anisótropa, debido al par del peso, pero de diferente magnitud en cada punto material del disco o sección, dependiendo de su posición en relación con el nuevo eje teórico de rotación. Cada partícula de masa cambia su velocidad lineal por la acción de ese momento variable, en cada una de las posiciones que describe en una rotación de 360°.

Después de una rotación completa, el resultado será la generación de un campo de velocidades con una nueva ley de distribución, como se aprecia en la figura 4.15, y en la animación *4 2 Campo resultante:* http://advanceddynamics.net/wp-content/uploads/2014/02/42Campo_resultante.mp4.

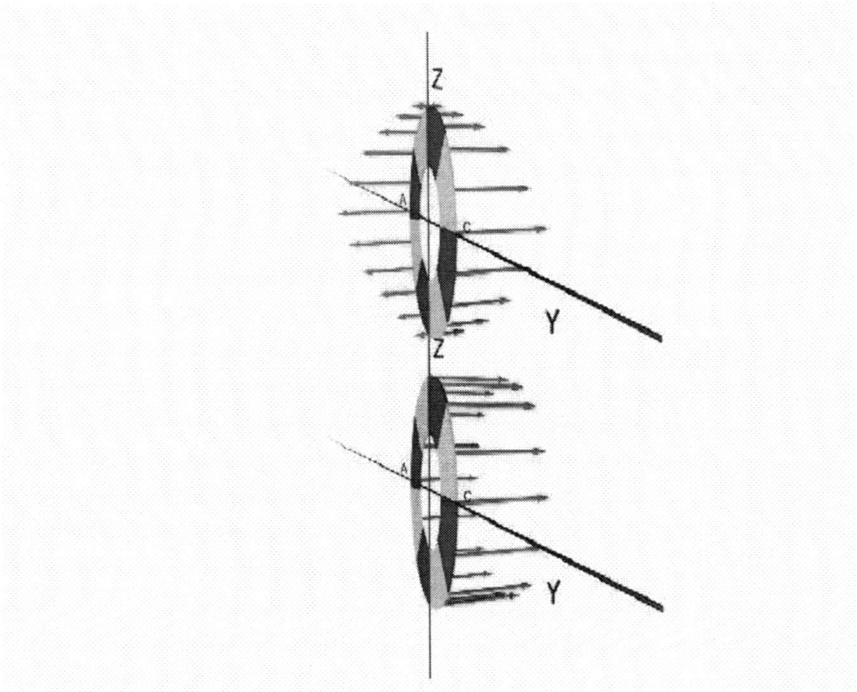

Figura 4.16. Acoplamiento de velocidades: El campo de velocidades anisótropo V_c, generado por el par secundario (Figura superior), se acopla dinámicamente con el campo de velocidades de traslación V_T (Figura inferior), generando un nuevo campo de velocidades V_R que determina la trayectoria curva del móvil.

En la figura 4.15 se advierte el campo de velocidades resultante tras una rotación del disco de 360 grados, que presenta una distribución claramente distinta a la inicial de la figura 4.12. Se advierte como este nuevo campo crea una nueva rotación sobre el eje Z. Este campo es el de las velocidades resultantes por la acción del segundo par.

Se plantea la cuestión de determinar, si el cilindro tiene momento lineal de traslación, cuál de las distribuciones de velocidad inducidas por las rotaciones se acopla con ese campo de velocidades de traslación del cilindro. ***Según nuestra hipótesis,***

interpretamos que la nueva distribución de velocidades Vc inducida sobre las partículas del cuerpo, se acopla con su movimiento de traslación. *En este caso se produce un acoplamiento de ambos movimientos.*

Habiendo identificado los campos que afectan a la masa, la cuestión ahora es definir cómo las magnitudes de los campos podrían superponerse o acoplarse. Podríamos aplicar la hipótesis de Poinsot asumidas en la Mecánica Clásica, y reconocer que los campos debidos a las rotaciones se acoplan entre sí, independientemente de los campos de traslación. Sin embargo, después de la observación detallada de estos fenómenos, el grupo de investigación de Advanced Dynamics, llegó a la conclusión de que no había fundamentos para mantener la hipótesis Poinsot.[244]

En todos los casos, y de conformidad con la Teoría de Interacciones Dinámicas, podemos afirmar que: La distribución de velocidades anisótropa generada por el momento del peso, es decir, el campo de velocidad Vc, se acopla algebraicamente con el campo de velocidades de traslación inicial V_T, *generando la trayectoria curva.*

En consonancia con nuestras hipótesis, este nuevo campo de velocidades no homogéneo se acopla dinámicamente con el campo de velocidades de traslación (véase la figura 4.16 y la animación *4 3 Acoplamiento de velocidades:* http://advanceddynamics.net/wp-content/uploads/2014/02/43Acoplamiento_de_velocidades.mp4). *Esto significa que ambos campos se adicionan algebraicamente, mientras que la rotación sobre el eje longitudinal permanece independiente.*

---

[244] Poinsot, L.: *Théorie nouvelle de la rotation des corps,* 1851. Publisher Bachelier. Colecciones de la Universidad de Oxford. https://archive.org/details/thorienouvelled00poingoog

Hemos deducido que la trayectoria observada se justifica, si suponemos que el campo de velocidad de la rotación del disco o rotor alrededor de su eje de simetría se mantiene independiente, y ***el campo de velocidad de traslación, se acopla con el campo de velocidad anisótropo generado por la rotación debido al par del peso****.*[245]

Esta trayectoria curva puede estar representada por un campo de velocidad V_R, obtenido por adición algebraica del campo de velocidad inicial de traslación V_T, con el campo de no homogéneo de velocidades Vc, creado por el par no-coaxial. El campo de velocidades de traslación final genera la trayectoria resultante, como se aprecia en la animación *4 4 Campo de velocidades final:* http://advanceddynamics.net/wp-content/uploads/2014/02/44campo_de_velocidades_final.mp4.

Esta es nuestra principal hipótesis: Nuestras pruebas experimentales confirma lo que habíamos percibido en la simulación: que el campo de velocidades de traslación del submarino se acoplaba con el campo de velocidades generado por el par de fuerzas constituido por el vector de peso y el de flotación. El resultado era la trayectoria circular observada en el submarino, como también pudo ser observado en el vuelo de un boomerang, o en el baile de la peonza.[246]

De esta forma, y mediante un análisis de los campos de velocidades generados, ha quedado claramente justificado el comportamiento de los cuerpos acelerados por rotaciones no coáxicas, y la razón de las reacciones inerciales que se suscitan en estos casos en la materia. Los fenómenos de *interacciones dinámicas*, o con *efecto giroscópico* según la Mecánica Clásica,

---

[245] Cano, J.: *The Pendulum of Dynamic Interactions.* Journal of Applied Mathematics and Physics, Vol.3 No.9, September 2015, 1186-1198. Publicado en Internet: DOI: 10.4236/jamp.2015.39146.

[246] Bauluz, E. y Barceló, G.: *Nuevas hipótesis dinámicas.* Guion del vídeo, Madrid, 2011.

quedan plenamente explicados con este análisis de los campos generados.

Creemos que esta descripción dinámica del fenómeno analizado refleja fielmente el verdadero comportamiento de la naturaleza, y ayuda a explicar claramente las reacciones inerciales de la masa de los cuerpos.[247]

Por otro lado, podemos afirmar que las *Interacciones Dinámicas,* tienen la dimensión de momento de una fuerza, y la función matemática que hemos utilizado para modelarlas tiene una estructura covariante.

4.6.- Balance energético

La energía cinética *Ecr* de rotación de un cuerpo de masa **m,** con velocidad de rotación ω, será:

$$Ecr = \tfrac{1}{2} I \omega^2 \qquad (4.23)$$

En este supuesto, la energía cinética total de un cuerpo *Ec*, que rote sobre un eje con velocidad ω y orbite simultáneamente con una velocidad angular $\boldsymbol{\Omega}$, será:

$$Ec = Ecr + Ecp \qquad (4.24)$$

Siendo:

Ecp = Energía cinética de precesión.

[247] Bauluz, E. y Barceló, G.: *Nuevas hipótesis dinámicas.* Guion del vídeo, Madrid, 2011.

Si este cuerpo se encuentra en un campo gravitacional, la variación de su energía potencial ΔEp, en ausencia de otras fuerzas exteriores, será igual a la variación de su energía cinética:

$$\Delta Ep = \Delta Ecr + \Delta Ecp \qquad (4.25)$$

No obstante, salvo pérdidas disipativas, el resultado será:

$Ecr = Constante.$ $\qquad \Delta Ecr = 0$ $\qquad$ y, por tanto, $\quad \Delta Ep = \Delta Ecp$

De esta forma, es fácil comprender que en base al principio de conservación de la energía, en los fenómenos de interacción dinámica suscitados en un campo gravitatorio, se alcance un equilibrio dinámico entre la pérdida de energía potencial y el incremento de energía cinética de precesión.

En el caso de la peonza, por ejemplo, el eje de rotación mantiene una inclinación determinada cuando alcanza el equilibrio entre la diferencia de energías potenciales del sólido, desde el inicio hasta esa posición de equilibrio, y el incremento de energía cinética de precesión, en el entendimiento de que la pérdida de energía potencial en el campo gravitatorio se transforma en incremento de energía cinética del movimiento de precesión. Si esta peonza es metálica, y la excitamos periódicamente con un impulso electromagnético, podremos mantenerla en constante movimiento, si el incremento de energía por este impulso se iguala a las pérdidas disipativas del sistema. En este fenómeno se basa un divertimento que inicialmente se comercializaba en los museos de ciencia norteamericanos, y que mientras no se agota la pila, mantiene a la peonza en constante movimiento.[248]

---

[248] Barceló, G.: *Un mundo en rotación.* Epígrafe 9.9, página 262. Editorial: Marcombo Barcelona. 2008.
http://www.dinamicafundacion.com/

4.7- Comportamiento dinámico

Como resultado de nuestro análisis podemos proponer que el comportamiento dinámico de los cuerpos, atiende a una secuencia lógica que puede representarse con un programa informático, pero no exactamente con una única ecuación matemática.

En vez de ecuaciones, como es habitual en la Mecánica Clásica, el estado dinámico de un sistema puede identificarse biunívocamente con un modelo lógico, que pude ser representado con una secuencia razonada. El programa informático que nos permitiría determinar el estado dinámico de un sistema, podría corresponder a las especificaciones que a continuación se indican.

4.7.0- Condiciones Iniciales.

Supongamos un cuerpo de revolución, de masa **m** que se mueve en el espacio en una trayectoria rectilínea de velocidad $\vec{V}_0$. El valor de esta velocidad podrá ser desde cero a la velocidad de la luz.

4.7.1- Acciones externas.

El móvil podrá ser sometido indistintamente a las siguientes acciones externas, y se comportará conforme a como se indica:

1. <u>Ninguna acción externa.</u> El cuerpo mantendrá constante su comportamiento dinámico.

2. Fuerza **F**, en este supuesto la reacción dinámica vendrá determinada por una aceleración del centro de masas del cuerpo conforme a la Segunda Ley de Newton:

   F= ma.

3. Par de fuerzas **M,** en este supuesto la reacción dinámica vendrá determinada por una rotación acelerada del cuerpo conforme a la ecuación:

$$\vec{M} = I\vec{\alpha}$$

4. Simultáneamente una fuerza **F** y un par de fuerzas **M,** en este supuesto se simultaneará la actuación de ambas acciones conforme a la dinámica vectorial.

4.7.2- Temporalidad de las acciones.

En nuestro análisis supondremos dos posibles alternativas:

1. **Acciones constantes.** En este supuesto la acción externa se supone constante en el tiempo.

2. **Acciones discretas.** En este supuesto las velocidades adquiridas se mantienen constantes, una vez que la acción externa ha dejado de actuar.

4.7.3- Acciones externas sucesivas.

En este nuevo supuesto debe entenderse que las acciones se suceden en el tiempo, con posterioridad a las acciones externas iniciales, por lo que el cuerpo se podrá encontrar en alguno de los supuestos dinámicos resultante de las especificaciones anteriores.

En este caso, el comportamiento del cuerpo también atenderá a las ecuaciones de la dinámica vectorial, excepto en el supuesto de que el cuerpo este dotado previamente de momento angular, debido a la primera acción externa.

En este supuesto, la actuación de un nuevo par de fuerzas externas **M**´ sobre el cuerpo generara la siguiente reacción, en función de las siguientes hipótesis:

1. <u>Coincidencia del eje del momento angular existente y del eje del nuevo par externo que actúa:</u> En el supuesto que coincidan en dirección ambos ejes, el comportamiento del sólido responderá a las leyes de la dinámica vectorial, produciéndose la adición algebraica de ambos movimientos de rotación.

2. <u>No coincidencia.</u> En este supuesto, el movimiento de rotación existente se mantendrá en sus mismas condiciones dinámicas, pero será necesario incorporar un **operador matemático** que transforma el nuevo momento aplicado **M**´ en otro inercial: **D= Γ^M**´.

   No se producirá acoplamiento entre la rotación existente y la acción del nuevo par **M**´.

   Se producirá acoplamiento entre la velocidad inicial $\vec{V}_0$ y la acción resultante del nuevo par **M**´. Este acoplamiento dinámico dará como resultado un movimiento de precesión de velocidad angular **Ω.**

Puede observarse como las distintas magnitudes de la dinámica rotacional no son homogéneas en su comportamiento. Las reacciones que se suscitan dependen del estado dinámico previo del móvil, por lo que las acciones que producen determinadas excitaciones, no son necesariamente repetibles o reversibles.

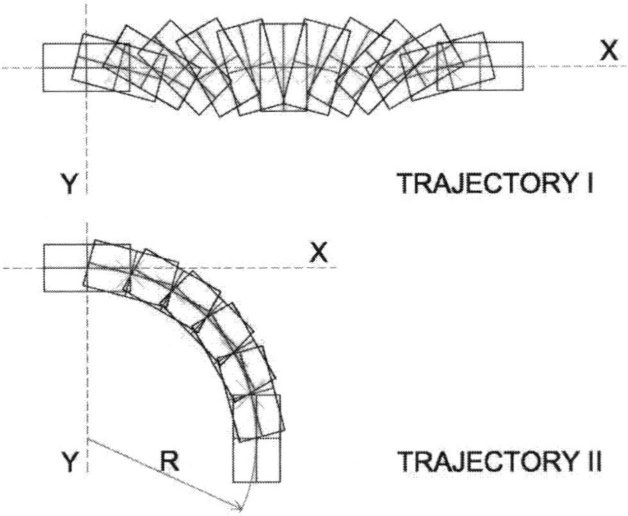

Figura 4.17. Trayectoria I prevista por la Mecánica Clásica y trayectoria II deducida con la Teoría de Interacciones Dinámicas (TID). Experimentalmente hemos observado y confirmado reiteradamente la segunda trayectoria.[249]

4.8- COMENTARIOS

En nuestra opinión, estimamos que los principios y los teoremas de la Mecánica Clásica siguen siendo válidos, pero con una interpretación específica y diferenciada en el ámbito de la mecánica de sistemas no inerciales. En el caso de cuerpos dotados de momento angular intrínseco, la rotación del cuerpo alrededor de un eje de simetría evitará que se genere una

[249] Cano, J.: *The Pendulum of Dynamic Interactions*. Journal of Applied Mathematics and Physics, Vol.3 No.9, September 2015, 1186-1198. Published Online:
DOI: 10.4236/jamp.2015.39146.
http://www.scirp.org/journal/jamp

composición de rotaciones. Si actúa un nuevo par sobre un eje no coincidente espacialmente con la rotación existente, ésta se mantendrá. Y el cuerpo reaccionará modificando su trayectoria, añadiendo a la rotación inicial una precesión o movimiento orbital en el espacio, como si pareciera estar sometido a una fuerza central.

Sugerimos que el cuerpo, en lugar de seguir una trayectoria lineal, como se esperaría de las ecuaciones de Newton-Euler de la Mecánica Clásica (Trayectoria I en la figura 4.17), seguirá un trayectoria curvilínea, como ya hemos reiterado que hemos observado en nuestras pruebas experimentales, y ello debido, al acoplamiento de los campos de velocidades resultantes en cada punto del cuerpo (Trayectoria II en la figura 4.17).

Existen otros autores[250] que comparten estas mismas o semejantes hipótesis, con el fin de mejor comprender el comportamiento dinámico de los cuerpos o partículas en estas circunstancias. Esto es, cuando el móvil dispone de velocidad de traslación, rotación intrínseca, y simultáneamente está sometido a un momento no-coaxial con su propia rotación.[251]/[252]

Es importante subrayar que nos hemos venido refiriendo indistintamente a dos pares sucesivos: un cuerpo dotado con momento angular intrínseco y sometido a un nuevo par. Debido a

---

[250] Pérez. L. A.: *New Evidence on Rotational Dynamics.* World Journal of Mechanics, Vol 3, nº 3, 2013, págs. 174-177, doi: 10.4236/wjm.2013.33016. http://www.scirp.org/journal/wjm http://dx.doi.org/10.4236/wjm.2013.33016, y Dorado González, M.: *Dinámica de sistemas con spin: un nuevo enfoque. Fundamentos y aplicaciones.* ADI, Ser Ed. Madrid, 2013.

[251] Dorado González, M.: *Equation of motion of systems with internal angular momentum.*- II. arXiv: física/0603207.

[252] Ramos, A.M: *Un problema inverso emergente en el estudio de los movimientos con rotaciones intrínsecas no coaxiales de un disco.* XX Congreso de Ecuaciones Diferenciales y Aplicaciones y X Congreso de Matemática Aplicada. Sevilla, septiembre 2007. Presentación de la ponencia del mismo nombre, siendo autores J.I. Díaz y A.M. Ramos.

la inercia, los cuerpos de revolución mantienen su rotación constante, o casi constante, cuando son sometidos a un par instantáneo, coincidente con un eje de revolución, incluso durante un largo tiempo, en las condiciones de cualquier experimento en la tierra. Por lo tanto, a fin de disponer de las condiciones necesarias para realizar las pruebas experimentales, es suficiente la aplicación instantánea del par **M** inicial sobre su eje de revolución, en el caso de cuerpos con simetría axial, y posteriormente la aplicación del segundo par **M´**, no coaxial.

En ese caso, podemos determinar el comportamiento de los cuerpos dotados de momento angular intrínseco, cuando son suscitados por nuevos pares no coincidentes. La sucesiva acción de los momentos resultantes de estos pares: **M** y **M´**, no genera la acción de adición algebraica: **M** + **M´**, si no que resulta una interacción dinámica: **M** y **D** (recordar epígrafe 4.3.2), dependiendo el resultado de la prelación temporal de los momentos que actúan.

Siendo la velocidad inicial de la trayectoria del cuerpo $\vec{V}_0$, y ω su velocidad angular inicial, al ser sometido a un segundo par **M´** no coaxial, su centro de gravedad iniciará un movimiento de precesión Ω de radio:

$$|\mathbf{r}| = \vec{V}_0\ |\mathbf{L}|\ /\ |\mathbf{M'}| \qquad (4.26)$$

Esta nueva trayectoria se mantendrá, mientras actúe el segundo par, resultando una circunferencia si se mantienen constantes las variables. Y esto es debido a la aparición del *Momento de Interacción Dinámica* **D**, cuyo valor estará determinado por la ecuación (4.12).

Esta interacción dinámica, llamada *par giroscópico* en Mecánica Clásica, puede definirse como un *operador ortogonal* respecto al par **M'**, y generará un movimiento de precesión de velocidad angular **Ω,** definido por la ecuación:

$$|\Omega| = |M'| \,/\, |L| \tag{4.27}$$

Es evidente que en estos casos, el cuerpo de referencia no modifica su trayectoria debido a una fuerza central, de modo que en estos fenómenos puede producirse una confusión de interpretación debido a la ignorancia del comportamiento real de los cuerpos dotados de rotación intrínseca.

Este comportamiento podría estar justificado por las reacciones inerciales de la masa del cuerpo: la inercia rotacional del cuerpo, ya sometidos a un movimiento de rotación y otro lineal, no puede generar un nuevo giro en torno a otro eje intrínseco, como resultado de la composición de los movimientos de rotación. En estas circunstancias, el par será, pues, incapaz de modificar la rotación existente, y ambas rotaciones se mantienen sin adición o superposición.

Como ya se mencionó en el punto 2.1, cuando analizábamos el concepto de cantidad de movimiento, este comportamiento de la naturaleza es debido al hecho que la **derivada del coseno de un ángulo es igual al seno del mismo ángulo, con signo negativo, multiplicado por la derivada de su ángulo**, siendo esa derivada la **velocidad angular del cuerpo alrededor del eje de rotación inicial**. Esta reacción inercial se acopla con el movimiento de traslación, de tal forma que la acción del par modifica la trayectoria del centro de gravedad del sólido dotado de momento angular.

El resultado es que este cuerpo provisto de momento angular intrínseco, sometido a un nuevo par real, transforma su acción inducida en un movimiento de precesión, que en caso de mantenerse constante el nuevo torque, generará una trayectoria cerrada y plana, si no existe nutación (órbita plana), limitada al plano definido por la velocidad inicial y el eje de este nuevo par.

Todas estas normas pueden aplicarse también al caso de que el cuerpo esté sometido a restricciones, como sería el caso de un punto de apoyo con o sin movimiento deslizante.

El equivalente a la segunda ley de Newton para cuerpos en rotación:

$$\vec{M} = I\vec{\alpha} \qquad (4.28)$$

Sigue teniendo plena validez, de modo que el momento de inercia *I*, multiplicado por la aceleración angular α es igual al par $\overrightarrow{M}$. Sin embargo, es necesario subrayar dos importantes excepciones: la primera es que el comportamiento del cuerpo, sometido a esta acción, será distinto en función de la coincidencia de los ejes. Reiteramos que si el eje de rotación inicial coincide con el del segundo par que actúa, se producirá una variación de la velocidad angular, de acuerdo con la ecuación anterior. No obstante, si no son coincidentes espacialmente, la aceleración resultante afectará exclusivamente a la velocidad lineal del cuerpo en su dirección, pero no en su módulo. La velocidad inicial, por efecto del nuevo par, mantendrá su módulo constante, modificando su dirección mientras la acción del par se mantenga.

En segundo lugar, como la resultante de la velocidad de traslación modifica su dirección, la trayectoria del móvil también cambiará, pero no en el sentido de la fuerza que actúa, sino en la dirección del momento, debido al efecto generado por el par de interacción dinámica.

El resultado es que un cuerpo con movimiento lineal y simultáneamente con rotación, sometido a un nuevo par constante no coincidente, mantendrá una dinámica constante y un aparentemente inalterable equilibrio dinámico, en lugar de sufrir una aceleración constante de su rotación, como establece la Mecánica Clásica. ¿No es este precisamente el movimiento de los planetas?

Figura 4.18. Alejandro Álvarez y Gabriel Barceló en la presentación de poster sobre la TID en el Primer Congreso Internacional de Matemáticas en Ingeniería y Arquitectura.[253]

Es necesario destacar que en la naturaleza, es habitual la rotación intrínseca de los cuerpos, por ejemplo, en el caso del universo, la rotación de los cuerpos celestes[254]. Pero en ellos, puede advertirse que el centro geométrico, no coincide con el centro de masas, ni con el centro de gravedad o de atracción de masas, en el ámbito de la mecánica newtoniana. Esto significa

---

[253] Primer Congreso Internacional de Matemáticas en Ingeniería y Arquitectura. Universidad Politécnica de Madrid. Escuela Técnica Superior de Ingenieros de Caminos, Canales y Puertos. Madrid, junio 2007.

[254] Barceló, G.: *Una nueva Dinámica Rotacional de Interacciones para el planeta Saturno,* 2006. http://dinamicafundacion.com/wp-content/uploads/2014/02/UNA-NUEVA-DINAMICA-ROTACIONAL-DE-INTERACCIONES-PARA-EL-PLANETA-SATURNO.pdf

que las supuestas fuerzas de atracción gravitatoria, se conviertan en momentos no coaxiales con las rotaciones intrínsecas del cuerpo, generándose supuestos acelerados por rotaciones, no inerciales, que no pueden ser resueltos con las formulaciones de la Mecánica Clásica.

Deseamos reiterar que en estos casos, aunque el movimiento resultante parezca aparentemente inducido por una fuerza central, no existe tal, ya que sólo es necesaria la acción de un nuevo par real no coaxial. El nuevo movimiento de precesión se produce a causa de las reacciones inerciales de la masa, sin necesidad de fuerza central.

Para terminar este capítulo podemos recordar a George Berkeley (1685-1753), al expresar: *Y ciertamente, bien vale la pena que nos esforcemos en investigar con la más esmerada atención los primeros principios del conocimiento humano, que los examinemos y analicemos bajo todos sus aspectos, entre otras razones por haber cierto fundamento para pensar que las dificultades y obstáculos que halla la mente en su búsqueda de la verdad no provienen de oscuridad o complejidad en las cosas mismas que investiga, ni de la natural debilidad y limitación de las facultades cognoscitivas, sino más bien* ***de haber tomado como seguros puntos de partida, ciertos principios falsos que debieran haberse desterrado.***[255]

[255] Berkeley, George: *Principios del Conocimiento Humano.* (Introducción IV), 1710. Alianza editorial, 1992.

5- TEORÍA GENERAL DE LA MECÁNICA

Para la adecuada investigación, desarrollo y divulgación de la ciencia mecánica, sugerimos que es necesario estructurar de nuevo este conocimiento. Vamos a proponer en este capítulo la formulación matemática de nuestra teoría, y también un modelo cualitativo para almacenar y estructurar el conocimiento mecánico del sólido rígido. Hemos desarrollado un modelo cognitivo que nos ayuda a representar y conservar este campo de la física. Todo tipo de conocimiento mecánico del sólido rígido debería ser organizado y estructurado conforme a un criterio unificado para una mejor comprensión global, y un uso más idóneo y eficiente, evitando la incorporación de conceptos ficticios o no reales para describir las manifestaciones observadas, o impidiendo la incorporación desestructurada de fenómenos aparentemente anómalos. Es este el objeto de esta obra y de este capítulo, en concreto.

Ya nos hemos referido en el capítulo 0 a que la Mecánica Clásica ha sido concebida para el análisis de sistemas dinámicos inerciales, en los que se cumplen las leyes enunciadas por Newton, y en las que se basan múltiples aplicaciones tecnológicas, de probado resultado.

No obstante, no disponemos de una estructura lógica del conocimiento, conceptualmente definida, para los sistemas dinámicos no inerciales, ni definidas y ordenadas sus leyes de comportamiento para estos supuestos.

Pero en la naturaleza, los sistemas en movimiento, sometidos a acciones que generan aceleraciones, son los habituales, siendo excepcionales los sistemas dinámicos inerciales. En concreto, en la naturaleza son habituales los sistemas sometidos a aceleraciones, y en concreto, a aceleraciones por rotaciones.

Figura 5.0. Portada de la revista World Journal of Mechanics, que incluye el artículo: Analysis of Dynamics Fields in No inertial Systems, y en la que aparece uno de los prototipos utilizados por el autor de estos ensayos experimentales.[256]

El consenso científico ha aceptado que se fuese desarrollando como paradigma una disciplina concreta, la Mecánica Clásica, cuando realmente esta debería de ser una especialidad, de una estructura de conocimiento mucho más amplia.

Entendemos que deberíamos ser más ambiciosos y generalistas, e intentar iniciar el desarrollo de la ordenación de una TEORÍA GENERAL DE LA MECÁNICA, que se refiera a cualquier tipo de estado mecánico o movimiento observable, en condiciones inerciales o no inerciales.

Como ya hemos indicado, hasta la fecha, no se había expresado una correlación matemática en las leyes de la mecánica que relacionase el movimiento orbital, con el de rotación de los

[256] G. Barceló: *Analysis of Dynamics Fields in No inertial Systems*, World Journal of Mechanics, Vol. 2 No. 3, 2012, pp. 175-180. doi:10.4236/wjm.2012.23021. http://www.scirp.org/journal/wjm

cuerpos celestes, pese a que tal fenómeno está presente constantemente en la naturaleza.

En nuestro estudio, se investigaron sistemas inerciales y no inerciales, para comprender mejor la respuesta de los cuerpos rígidos sometidos a rotaciones no coaxiales simultáneas.

Como resultado de este estudio, he propuesto hipótesis que exigen extender este análisis a la teoría de campos, a fin de explicar la dinámica de los cuerpos sólidos rígidos sometidos a aceleraciones por rotaciones no coáxicas.

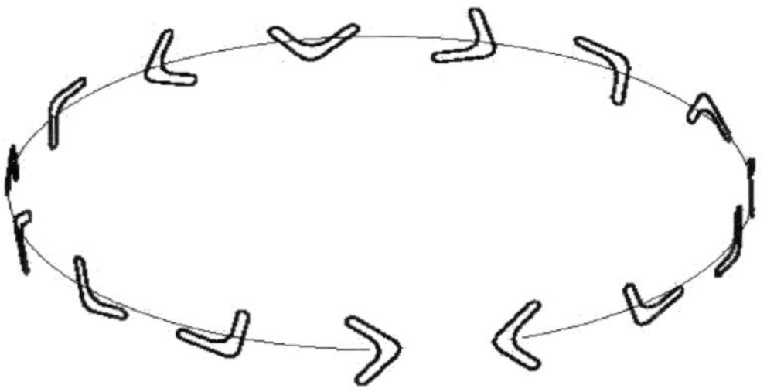

Figura 5.1. Representación esquemática del vuelo del bumerán, como ejemplo del comportamiento de un cuerpo sólido rígido con simetría axial, sometido a diferentes momentos externos no coaxiales.

La correcta interpretación de la superposición de los campos causada por pares de fuerzas o momentos es importante, y concretamente, nos referiremos a la composición de los campos de velocidad generados por acciones no coaxiales aplicadas (Ver epígrafe 2.8 y 4.3.0).

He analizado el movimiento de los objetos sometidos a múltiples rotaciones, cuyo peculiar comportamiento es intrigante. Creo que mis conclusiones modifican las bases de la dinámica racional e incorporan nuevos criterios de gran impacto e importancia.[257]

En la figura 5.0 representamos la portada de la revista *World Journal of Mechanics*, en la que aparecía el artículo: *Analysis of Dynamics Fields in No inertial Systems*, en el que por primer vez se exponía esta teoría en idioma inglés.

Estudiaremos campos físicos, especialmente los circunscritos a la masa en movimiento, cuyas magnitudes dinámicas analizamos. Esos campos físicos pueden variar con el tiempo y en el espacio.

Tras nuestro análisis inicial, propuse nuevas hipótesis dinámicas y un nuevo modelo matemático para representar la dinámica de sistemas bajo rotaciones simultáneas no coáxicas, sobre la base de una interpretación racional de la superposición de los movimientos. Para este propósito, he analizado los campos de velocidad y aceleración que se generan en un objeto con momento angular intrínseco, cuando es sometido a otros momentos no coaxiales y se evaluaron nuevos criterios para el acoplamiento de las velocidades.

En mayo de 2013, un nuevo artículo fue publicado en World Journal of Mechanics redactado por el investigador Al. Pérez, con nuevas evidencias experimentales que confirmaban nuestra tesis. Acompañaba el texto un vídeo[258] con los experimentos realizados, que apoyaban la teoría.

El autor afirmaba: *He leído el mencionado artículo con cierto escepticismo... Sin embargo, el tema era tan interesante para mí*

---

[257] G. Barceló: *Analysis of Dynamics Fields in No inertial Systems*, World Journal of Mechanics, Vol. 2 No. 3, 2012, pp. 175-180. doi:10.4236/wjm.2012.23021. http://www.scirp.org/journal/wjm

[258] Pérez, L. A.: *Reflejando nuevas evidencias sobre dinámica rotacional*. El vídeo se puede ver en estas direcciones de Internet:
https://www.dropbox.com/s/0nkgmy45ipru45z/TID20130218eng.mp4,sen
http://vimeo.com/68763196

que he diseñado mis propias pruebas experimentales con el fin de disponer de un móvil claramente inercial. Y añadía al final del video*: ...Las nuevas hipótesis dinámica, propuestas por el Profesor Gabriel Barceló, han quedado, pues, empíricamente demostradas...* [259]

Para proponer una *Teoría General de la Mecánica* vamos a establecer nuevas definiciones conceptuales específicas y modelos idealizados. También propondremos los principios y axiomas necesarios para iniciar el desarrollo de su estructura conceptual.

Posteriormente, realizaremos un análisis más detallado de los cuerpos sólidos rígidos con simetría axial, y propondremos una teoría dinámica específica para estos. Por lo tanto, deduciremos, a partir de los axiomas que se proponen, las leyes del comportamiento dinámico de cuerpos másicos con simetría axial. Estas leyes, y la ecuación del movimiento obtenida, pueden utilizarse para predecir el comportamiento futuro de sistemas dinámicos que, hasta ahora, podían ser entendidos como caóticos. Y, por último, en este capítulo, nos referiremos a la posibilidad de concebir otras leyes de dinámica rotacional, si partimos de otras hipótesis dinámicas diferentes.

Numerosos ejemplos de estos fenómenos dinámicos pueden ser encontrados en la naturaleza, como el vuelo del bumerán de la figura 5.1. En el tomo II nos referiremos ampliamente a múltiples casos y ejemplos de la naturaleza, de cuerpos sometidos simultáneamente a aceleraciones por rotaciones no coáxicas, y en concreto, al vuelo del bumerán.

---

[259] Pérez, L. A.: *New evidence of rotational dynamic*. World Journal of Mechanics, P. 174-177. Vol. 3, nº 3, 2013. http://www.scirp.org/journal/wjm y http://dx.doi.org/10.4236/wjm.2013.33016

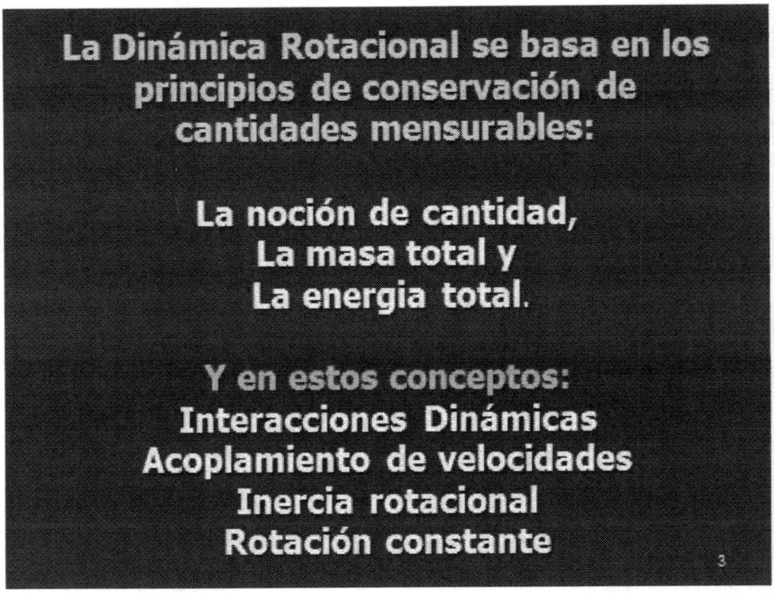

Figura 5.2. Principios y conceptos de la Dinámica Rotacional

5.0- Hipótesis general

La mecánica del sólido rígido es aquella que estudia el movimiento, y el equilibrio de sólidos materiales ideales, en los que no suponemos deformaciones.

Para la deducción de sus leyes generales, proponemos una nueva estructura del conocimiento mecánico del sólido rígido basada en los ***Principios de conservación de cantidades mensurables*** (Ver figura 5.2)*:*

- ***cantidad de movimiento,***
- ***masa total y***
- ***energía total.***

Estos principios son ya conocidos de la Mecánica Clásica, por lo que entendemos que nos es necesario repetirlos aquí.

5.0.0- Nuevos conceptos

Aplicaremos los mismos conceptos y modelos idealizados de la Mecánica Clásica, como por ejemplo, el ***sólido rígido***, los ***campos dinámicos***, y la noción de ***punto en un espacio homogéneo e isótropo*** (véase 2.1.0).[260] Podemos reiterar estos conceptos, y añadir, entre otros:

- **Característica de la materia.**

El parámetro característico de la materia es su masa. La masa de una partícula es constante.

- **El tiempo es uniforme y homogéneo.**

Se dice que el tiempo *absoluto* es *uniforme* en una referencia, si todos los instantes son equivalentes, y *homogéneo,* si todos los puntos del espacio son equivalentes.

- **Simultaneidad absoluta.**

Entendida la simultaneidad del tiempo como: *si dos acontecimientos son simultáneos en una referencia, lo son en todas las referencias.*

- **Las magnitudes vectoriales cumplen su álgebra.**

Y, en concreto, las leyes distributiva y conmutativa con inversión de signo.

---

[260] Goldstein, H. C. y J. Poole Safko: *Mecánica Clásica*, Addison-Wesley, Lectura, 1994. También:
French, A. P. *La mecánica de Newton* (M.I.T. Serie de Física introductoria), W. W. Norton & Company, New York, 1971.
Appell, P.: *Traité de Mécanique Rationnelle*, Gauthier-Villars, París, 1909.
Bruhat, G.: *Mécanique*, Masson & Cie, París, 1955.

- **Carácter determinista**.

El estado de un sistema mecánico en un instante dado, definido por las posiciones y velocidades de las partículas, determina unívocamente el movimiento ulterior del sistema.

- **Carácter infinitesimal de la partícula material mínima**.

Es una característica de la Mecánica Clásica no relativista la no cuantización de sus distribuciones materiales.

- **Propagación de las interacciones.**

No se asigna una velocidad máxima para la propagación de las interacciones, pudiendo esta velocidad ser infinita teóricamente (hipótesis no-relativista). No obstante, se constata mediante la observación que esa velocidad es finita y concreta.

- **Simetría**

En las leyes físicas la naturaleza se muestra con estructuras simétricas o regulares. Las simetrías pueden ser sencillas o pueden ser de naturaleza abstracta, y estar subyacentes a la realidad sensible.

- **Conservación**

Determinadas magnitudes físicas, como la masa-energía, las cargas, la cantidad de movimiento lineal y angular, entre otras, mantienen valores constantes en sus procesos naturales. Este criterio puede entenderse asociado al de simetría.

Sin embargo, para desarrollar una Teoría General de la Mecánica, y una dinámica diferenciada de sistemas acelerados por rotación, incluiremos otras nuevas abstracciones y modelos idealizados, específicos para la mecánica rotacional de **interacciones dinámicas**[261]. Para el desarrollo de nuestro

[261] Barceló, G.: *On the equivalence principle.* 61° Congreso Internacional de Astronáutica, Praga, CZ. Copyright ©2010 por Advanced Dynamics

razonamiento, hemos establecido ya nuevas definiciones conceptuales (Ver también 0.1; 2.1.2 y 4.5.2), para ***Interacción dinámica*** (Ver epígrafe 0.3); ***Inercia rotacional*** (ver epígrafes 2.2.2 y 4.4); ***Acoplamiento*** (ver epígrafe 0.1); ***Acoplamiento de movimientos*** (ver epígrafes 0.1; 2.2.3 y 4.5.2); y ***Acoplamiento de velocidades*** (Ver epígrafes 0.1; 2.8 y 4.3.0).

Podemos recordar que la materia, en todos sus procesos y manifestaciones, se expresa mediante acciones reciprocas. Esta interpretación de la naturaleza tiene un carácter eminentemente dinámico, de tal forma que lo que realmente se observa, no son los fenómenos en sí mismos, sino sus diversos tipos de interacciones.

Y también nuevos conceptos, como:

> **Rotación constante**: Dícese del movimiento de rotación de un sistema, o un cuerpo, cuando tiene dos puntos que se mantienen en el mismo estado dinámico en el tiempo (ver también 4.3.0 y 4.7). En este supuesto, el sistema está en un estado de *constante rotación sobre un eje fijo.*
>
> A partir del concepto de inercia rotacional, es fácil deducir un modelo dinámico basado en constante rotación.[262]
>
> Contrasta este concepto con el eje de *rotación variable* propuesto por Poinsot.

S.A. publicado por el Instituto Americano de Aeronáutica y Astronáutica, Inc.
http://dinamicafundacion.com/blogs/media/ON_THE_EQUIVALENCE_PRINCIPLE.pdf

[262] Barceló, G.: *Analysis of Dynamics Field Systems Accelerated by Rotation. Dynamics of non-inertial systems.* Congress DeMSET-2011, Miami. EE.UU.
http://dinamicafundacion.com/blogs/media/DeMSET_2011_GBarcelo.pdf

Equilibrio dinámico: Estado alcanzado por los cuerpos dotados de *momento angular,* cuando son sometidos a una par constante externo y no coaxial, generando un movimiento recurrente. Si el eje de rotación inicial coincide con un eje de simetría del cuerpo, el primer par externo puede ser instantáneo, y no necesariamente constante, manteniendo la rotación alrededor de este eje principal de inercia indefinidamente debido a la *inercia rotacional.* (Ver también 4.2).

Reacciones inerciales: Variación del estado dinámico de un sistema en rotación, generado por la existencia de *momento angular* en el mismo, (ver también 2.5.0; 2.8; 2.9; 3.; 4.4 y 4.5.2).

Estabilidad dinámica: Capacidad de un cuerpo para mantener constante su situación de equilibrio dinámico, especialmente en situaciones en las que se puede producir un cambio en su estado.

Es una característica de la masa inercial, que provoca un efecto estabilizador sobre los cuerpos dotados de *momento angular*, debido a su *inercia rotacional.*

Movimiento de orbitación: Movimiento de precesión de un cuerpo, con rotación intrínseca, como resultado del acoplamiento de su velocidad de traslación, con un campo de velocidades no homogéneo generado por un segundo momento no coaxial, (ver también 2.9 y 3.0).

En caso de que no esté presente la velocidad de traslación, la reacción dinámica será una nueva rotación, simultánea con la ya existente.

Campo inercial: Campo de magnitudes dinámicas, por ejemplo, de aceleraciones anisótropas generado en un cuerpo en rotación, cuando es sometido a un momento no-coaxial, (ver también 3.5.0. y 3.5.1).

En este caso, identificamos el campo inercial como un campo de torsión, generador de fuerzas inerciales, creadas por el propio movimiento de rotación.

Movimiento inercial: Movimiento generado sin la necesidad de una acción o fuerza externa (ver también 1.1; 3.5 y 3.5.0).

Punto Material equipado con masa inercial y orientación: A la abstracción idealizada del "punto" de la Mecánica Clásica, se agregan las reacciones inerciales debidas a su situación solidaria con el resto del sistema (Ver también Punto orientado en 2.8).

En mecánica, es asignada al "punto" idealizado una "cantidad de masa". En nuestro caso, además de esta cualidad cuantitativa, podemos añadir la cualidad "inercial" de la naturaleza de esta masa, que limita y condiciona su libertad dinámica.

Su orientación determinará la dirección y sentido de su naturaleza inercial; el *punto orientado* será identificado por una tríada adicional de vectores ortogonales unitarios. En un sistema de referencia cartesiano, cada punto orientado de un sistema rígido, dispondrá de nueve grados de libertad espaciales, aparte del tiempo.

Al establecer las reacciones inerciales que se generan, cuando un campo de velocidades no homogéneo aparece, habrá de tenerse en cuenta la inercia y la orientación de cada punto y, siendo un sólido rígido, su reacción solidaria, determinando campos inerciales de velocidades y aceleraciones en el cuerpo. Este último, en Mecánica

Clásica se identificaría con un campo de fuerzas inerciales o ficticias.

Este modelo idealizado, es necesario para determinar el comportamiento de un punto del cuerpo rígido, sometido a dos o más rotaciones no coaxiales simultáneas. (Ver también 2.1.0; 2.1.2. y 2.8).

5.0.1- Axiomas dinámicos

Iniciábamos este texto con una definición de la *dinámica* (Ver epígrafe 0). Para desarrollar esta disciplina y describir la evolución en el tiempo de los sistemas físicos, enunciamos los siguientes axiomas en el ámbito de la *Teoría General de la Mecánica:*

Primer axioma:

Toda masa tendera a mantener su estado dinámico, salvo que alguna acción externa lo modifique.

Hemos definido como **Inercia** esta cualidad de la masa que se manifiesta en todos sus estado dinámicos.

Segundo axioma:

El comportamiento dinámico de la masa está definido por los campos de magnitudes dinámicas que inciden en cada punto másico.

Tercer axioma:

El comportamiento dinámico de la masa quedará definido por la composición algebraica de ciertos campos de magnitudes dinámicas que inciden en cada punto másico de la misma.

El movimiento final resultante se determina por la composición de los movimientos generados por cada uno de los campos incidentes que efectivamente se acoplan.

No obstante, no todos los campos que inciden sobre un punto másico podrán acoplarse en un nuevo campo resultante. Por lo tanto, en un cuerpo másico se pueden observar simultáneamente distintos movimientos concurrentes, debidos a campos dinámicos que no se acoplan.

Cuarto axioma:

Si un sistema dinámico en equilibrio es perturbado por una acción externa, evolucionará para contrarrestar dicha perturbación, alcanzando un nuevo estado de equilibrio dinámico.

Quinto axioma:

Para explicar los cambios de las magnitudes dinámicas, no es necesaria la aplicación de otras magnitudes ficticias, aparentes o virtuales.

Sexto axioma:

El estado dinámico previo del móvil, determina su comportamiento posterior.

No pueden obviarse los antecedentes dinámicos, para determinar la posterior evolución del móvil.

Séptimo axioma:

En mecánica, ciertas magnitudes físicas evolucionan con valores extremos.

También es conocido este axioma como ***Principio de mínima acción,*** o ***Principio de acción estacionaria***.

No obstante, al aplicar este axioma propuesto por William Rowan Hamilton, deberán haberse tenido en cuenta los axiomas anteriores.

A partir de estos axiomas, podemos estructurar toda la mecánica. La Mecánica Analítica puede deducirse de estos axiomas, como ya razonó Hamilton, y por tanto, también, la Mecánica Newtoniana. Pero es necesario tener en cuenta, al aplicar el séptimo axioma, que el comportamiento del móvil será diferente si dispone de un movimiento de rotación propio previo. Por ello, proponemos a continuación, como ya explicaremos, un estudio diferenciado de los cuerpos sometidos a rotaciones, en el entendimiento de que la dinámica rotacional es claramente distinta a la dinámica traslacional.

Ya sugerimos en el epígrafe 2.3 que el análisis de la mecánica analítica, ha sido holístico, en cualquiera de sus formulaciones.

En nuestra opinión, no pueden desarrollarse modelos matemáticos basados en la integración total y global del movimiento que se analiza. En su deducción es necesario incluir todos los parámetros que influyen en ese comportamiento, y razonar las supuestas causas de ese resultado. Deben ser consideradas las interdependencias o posibles interrelaciones, que generan esa trayectoria concreta, y comprobar con la experimentación y la prueba, el modelo matemático obtenido.

Con estas afirmaciones no sugerimos aplicar el reduccionismo científico a la mecánica, ni que un sistema complejo pueda ser explicado mediante una simple reducción del mismo a las partes que lo componen.

Proponemos que el desarrollo matemático que se deduzca, tenga en cuenta todas las variables posibles, para que la ecuación del movimiento resultante, sea fiel reflejo de la realidad contrastable. Por tanto, y aunque los sistemas funcionen como conjunto, su comportamiento real solo podrá ser fielmente trasladado a una formulación que tenga en cuenta la respuesta inercial de la materia.

5.0.2- Estructura lógica

A partir de los principios enunciados en el epígrafe 5.0, de los axiomas del epígrafe anterior y de los conceptos referidos en el epígrafe 5.0.0, podemos desarrollar la estructura lógica de la dinámica, diferenciando entre:

- **Dinámica de sistemas inerciales**
- **Dinámica de sistemas acelerados o no inerciales**

La **Dinámica de sistemas inerciales** incluiría la dinámica newtoniana, y todas las formulaciones dinámicas de la Mecánica

Clásica, y seria plenamente válida para móviles con velocidad uniforme. Es una dinámica consagrada que no requiere ser hoy complementada.

Como resultado lógico de los axiomas enunciados, se postulan una serie de principios, que sustentan la Mecánica Clásica. En la actualidad, esta disciplina científica se asienta sobre los siguientes principios, que no desarrollamos, pues nos remitiríamos a lo ya consagrado por la Mecánica Clásica:

- **Principio de la relatividad de galileo.**

- **Principios de la mecánica newtoniana.**
  La formulación de la mecánica de Newton se basa en los principios de Definición de la Masa, de Acción y Reacción y de la Inercia.

- **Principio de los desplazamientos virtuales y de definición de la Masa.**
  Para el desarrollo de la formulación lagrangiana.

- **Principio de la mínima acción.**
  Para el desarrollo de la formulación hamiltoniana.

Entendemos que sus enunciados deben ser plenamente respetados, por lo que no es posible aplicar estos principios y sus leyes a móviles acelerados, pues en esos casos nos encontraremos con un desarrollo conceptualmente equivocado.

Por el contrario, en el supuesto de móviles sometidos a aceleraciones, estamos obligados a desarrollar una **Dinámica de sistemas no inerciales**. Para este fin, es posible concebir una **TEORÍA GENERAL DE INTERACCIONES DINÁMICAS (TGID).**

5.1- Teoría General de Interacciones Dinámicas (TGID)

Nuestra propuesta dinámica se basa también, en este caso, en los principios ya mencionados, de conservación de cantidades mensurables: **cantidad de movimiento, masa total y energía total,** así como en los conceptos idealizados también referidos a lo largo del texto, y especialmente en el epígrafe anterior.

Entendemos que es posible desarrollar distintas dinámicas no inerciales, por ejemplo, en función de la geometría del móvil o de otros parámetros que pudieran influir en el comportamiento del móvil.

Como un supuesto concreto de dinámica no inercial, **hemos desarrollado una estructura de conocimiento específica para cuerpos con simetría axial, sometidos a aceleraciones no coáxicas**. A continuación exponemos, dentro de la TEORÍA GENERAL DE INTERACCIONES DINÁMICAS (TGID), nuestra propuesta de una dinámica específica para móviles con simetría, al menos axial, en condiciones no inerciales, que hemos venido en denominar como **TEORÍA DE INTERACCIONES DINÁMICAS (TID).**

5.2- Teoría de Interacciones Dinámicas (TID)

La dinámica rotacional de sistemas no inerciales exige un análisis específico y diferenciado. No obstante, dentro de ella, el caso más claro es el de los cuerpos con simetría axial sometidos a rotación sobre un eje principal de simetría.

Nos vamos a referir a continuación exclusivamente a la dinámica de cuerpos con simetría axial y en rotación. Podemos recordar lo escrito por el ingeniero y colaborador, Arturo Rodriguez:

Buscamos un modelo matemático que codifique el comportamiento observado en objetos con simetría axial que son sometidos simultáneamente a dos pares de fuerzas no coaxiales.

Para ello vamos a partir del análisis descrito en los textos del Doctor Barceló para la distribución de velocidades y aceleraciones que se generan en el seno de un cuerpo con simetría axial. A continuación postularemos un modelo que deberá ser equivalente y compatible con dicho análisis, pero desde el punto de vista de la Teoría Clásica de Campos.

Creemos conveniente postular la Teoría de Interacciones Dinámicas dentro del marco de la Teoría de Campos por varias razones:

- *Se podrá obtener un conjunto estructurado de ecuaciones cuya resolución nos permitirá calcular, de forma sencilla, la trayectoria de las partículas que constituyen el sólido rígido.*

- *Permitirá la incorporación de las características del objeto (forma geométrica, densidad del material) en el modelo matemático que describe el comportamiento dinámico del cuerpo.*

  Facilitará el estudio de las simetrías y de las transformaciones que dejen invariantes las ecuaciones de la dinámica, pudiéndose así enunciar un principio de relatividad rotacional.

- *Las ecuaciones que describen la dinámica serán válidas para cualquier sistema de referencia inercial.*

- *El concepto de campo evita intrínsecamente la posibilidad de una 'acción a distancia'. Podemos decir que los campos de velocidades se "transmiten" entre los puntos del espacio (aquellos ocupados por partículas materiales) hacia sus partículas vecinas más próximas, mediante su "interacción" mutua, que en este caso estará definida por las aceleraciones que se generan por la distribución no homogénea del campo de velocidades. Se trata por lo tanto de una "interacción" no solo de carácter físico, sino también geométrico - el ejemplo más significativo de un campo con carácter geométrico es el campo gravitatorio, según fue formulado en la Teoría de la Relatividad General, donde el campo se asocia a la métrica-.*[263]

Tras la observación de la naturaleza y teniendo en cuenta las deducciones obtenidas, a partir de los principios enunciados, hemos llegado a la conclusión de que la aplicación sucesiva de momentos no-coaxiales, sobre un sólido rígido, puede llegar a generar los siguientes resultados:

1. **Distribuciones de velocidades y aceleraciones no homogéneas en el cuerpo.**

2. **Coexistencia de rotaciones no-coaxiales.**

3. **Acoplamiento de la distribución de velocidades resultante de los pares o momentos posteriores, con el movimiento de traslación del centro de masas del cuerpo.**

Estas hipótesis son criterios diferenciales de la *Teoría de Interacciones Dinámicas*, que pueden ser, y han sido, confirmados con pruebas experimentales.

Partimos de la hipótesis inicial de que, en el supuesto de rotaciones no coaxiales simultáneas, se producen en el seno del cuerpo sólido rígido, campos de velocidades no homogéneos. Estos campos con distribuciones no homogéneas, al variar temporalmente, generan campos de aceleraciones también

---

[263] Rodríguez, A.: *Teoría de interacciones dinámicas: rotación - Orbitación.* 2010. Informe para Advanced Dynamics.

anisótropos. Ya hemos dicho, que estos campos pueden interpretarse como campos de *fuerzas inerciales*, creados en el espacio por efecto de rotaciones no coaxiales simultáneas.

Por tanto, los momentos externos que generan en los sistemas másicos, rotaciones en el espacio, deducimos que originan *reacciones inerciales*. En Mecánica Clásica, esas *fuerzas inerciales* constituyen un capítulo específico de acciones ficticias o aparentes, que no está estructurado con el resto de la disciplina, y que se incorporan artificialmente para poder interpretar los resultados observados.

El acoplamiento dinámico de los mencionados campos, crea estados dinámicos diferenciados, que podemos definir como *interacciones dinámicas*.

Nuestro objetivo es definir las leyes del comportamiento dinámico de los cuerpos sólidos rígidos en general, y especialmente cuando se someten a múltiples rotaciones simultáneas.

A partir de estas hipótesis dinámicas, pueden obtenerse múltiples deducciones discriminantes, que determinan axiomas diferenciados. Estos axiomas nos permiten proponer la teoría dinámica rotacional de interacciones que ha sido deducida.

5.3- Principios y axiomas de la dinámica rotacional

Cuando un sistema con simetría axial se encuentra en un estado de *constante rotación* sobre un eje fijo, podremos observar un insospechado comportamiento, debido a que los efectos de una nueva rotación no coaxial se acoplan con el movimiento de traslación.

Basados en las conjeturas de Miguel Catalán, hemos desarrollado las hipótesis no-Newtonianas en dinámica rotacional mencionadas, cuya formulación matemática, nos permite el diseño de un programa de simulación, para determinar el comportamiento dinámico de los cuerpos en el espacio. La conciliación de este programa de simulación con la realidad, nos permitió concebir un modelo físico-matemático de interacciones dinámicas y, en consecuencia, proponer los axiomas de dinámica rotacional no inercial y las leyes naturales resultantes de comportamiento.

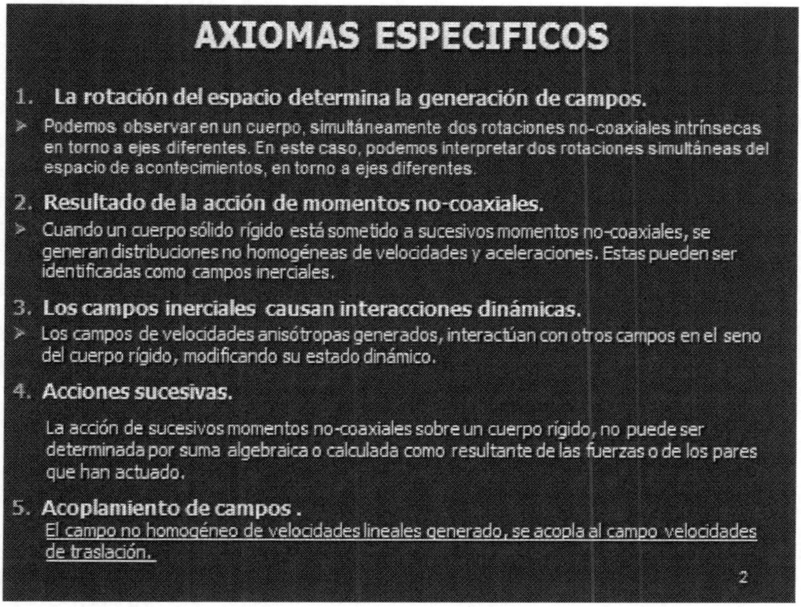

Figura 5.3. Axiomas específicos de dinámica rotacional

La dinámica rotacional de sistemas no inerciales con simetría axial se basa también en las hipótesis de reacciones inerciales referidas, y en los principios de conservación de magnitudes mensurables ya expresados (ver epígrafe 5.0), tales como **el momento, la masa total y la energía total** (Ver figura 5.2), y los nuevos conceptos ya referidos en el epígrafe 5.0.0, como: *Inercia rotacional*; *Interacción dinámica; Acoplamiento de velocidades o Rotación constante*.

Tomando como punto de partida esos principios de conservación de magnitudes mensurables, y las mencionadas hipótesis deducidas de la observación de las reacciones inerciales que se producen en la naturaleza, hemos podido establecer nuevos axiomas para la dinámica rotacional[264]. En la figura 5.3, se relacionan los axiomas específicos de esta dinámica rotacional para móviles con simetría, al menos axial, en condiciones no inerciales, que hemos denominado como **TEORÍA DE INTERACCIONES DINÁMICAS (TID):**

1. **La rotación del espacio determina la generación de campos.**

   Desde un punto de vista relativista, una rotación intrínseca puede interpretarse como un elemento móvil fijo, más un giro del espacio de acontecimientos que lo contiene. En un cuerpo dado, pueden generarse simultáneamente rotaciones intrínsecas no-coaxiales, en torno a diferentes ejes. Podemos observar en un cuerpo, simultáneamente dos rotaciones no-coaxiales intrínsecas en torno a ejes diferentes. En este caso, podemos interpretar dos rotaciones simultáneas del espacio de acontecimientos, en torno a ejes diferentes. *La rotación del espacio determina la generación de campos de velocidades y aceleraciones.*

2. **Resultado de la acción de momentos no-coaxiales**

   Rotaciones simultáneas del espacio no coaxiales, generan campos dinámicos anisótropos.

---

[264] Barceló, G.: *Analysis of Dynamics Field Systems Accelerated by Rotation. Dynamics of non-inertial systems.* DeMSET-2011 Congress, Miami.
http://dinamicafundacion.com/blogs/media/DeMSET_2011_GBarcelo.pdf
Y también Barceló, G.: *Un Mundo en rotación*, Editorial Marcombo Barcelona, 2008, pág. 293

Este axioma también pueden ser enunciado de esta manera: *Cuando un cuerpo sólido rígido está sometido a sucesivos momentos no-coaxiales, se generan distribuciones no homogéneas de velocidades y aceleraciones.* Estas pueden ser identificadas como campos inerciales.

3. Los campos inerciales causan interacciones dinámicas

Los campos de velocidades anisótropas generados, interactúan con otros campos en el seno del cuerpo rígido, modificando su estado dinámico. Por ejemplo, *el campo no homogéneo de velocidades lineales generado por el segundo momento, se acopla al campo velocidades de traslación.*

4. Acciones sucesivas

La acción de sucesivos momentos no-coaxiales sobre un cuerpo rígido, no puede ser determinada por suma algebraica o calculada como resultante de las fuerzas o de los pares que han actuado.

5. Acoplamiento de campos

Pueden acoplarse campos de velocidades generados por pares, con campos de velocidades de traslación.
Cuando un sólido con rotación intrínseca y velocidad de traslación, es sometido a un nuevo momento externo no-coaxial, el campo de velocidades generado, se acopla al campo de velocidades de traslación.

Este axioma nos reitera la imposibilidad del uso del álgebra vectorial para resolver estos fenómenos.

Entendemos que el comportamiento inercial de la masa del cuerpo sólido rígido, cuando es expuesto a estos movimientos, no había sido estudiado hasta la fecha, suficientemente a fondo.[265]

El primer axioma caracteriza la dinámica rotacional, distinguiéndola de la traslacional. En esta, solo tendremos en el seno del móvil los campos de velocidades que generen las acciones que actúen, acoplándose estos campos en otro resultante de forma no discriminante. En cambio, en el momento que dispongamos de rotación inicial, podemos deducir nuevos campos de velocidades de traslación, mediante la aplicación de la ecuación 2.7.

El segundo axioma nos expresa que rotaciones no coaxiales simultáneas del espacio, generan campos anisótropos de magnitudes dinámicas.

El tercer axioma especifica los dos formulados anteriormente: en el supuesto de cuerpos dotados con rotación intrínseca, cuando son estimulados por nuevos pares no-coaxiales, se generan nuevos campos anisótropos, que pueden interactuar con otros campos ya existentes en el seno del cuerpo rígido, modificando su estado dinámico final.

El cuarto axioma enuncia la no discriminación en el acoplamiento de velocidades, en contraposición a los criterios admitidos en la Mecánica Clásica desde Poinsot. [266]

---

[265] Barceló, G.: *Analysis of Dynamics Field Systems Accelerated by Rotation. Dynamics of non-inertial systems.* Congress DeMSET-2011, Miami. EE.UU.
http://dinamicafundacion.com/blogs/media/DeMSET_2011_GBarcelo.pdf

[266] Poinsot, L.: *Théorie Nouvelle de la Rotation des corps*, 1834, referida por Gilbert: *Problème de la rotación d'un corps Solide autour d'un punto fixe*, Annales de la Société Scientifique de Bruxelles, 1878, pág. 258 y por Barceló, G.: *El vuelo del Bumerán*. Ed. Marcombo: Barcelona, 2006.
http://www.dinamicafundacion.com/

El quinto axioma nos recuerda la imposibilidad de la utilización del álgebra vectorial en estos fenómenos.

A partir de estos axiomas, pueden ser inferidas leyes de comportamiento de cuerpos sometidos a momentos sucesivos no-coaxiales, así como leyes de comportamiento de la dinámica rotacional de interacciones dinámicas, para sistemas acelerados.

A partir de estas declaraciones generales, podríamos enunciar un nuevo postulado confirmado por las pruebas experimentales:

Postulado de la acción de sucesivos pares no-coaxiales:

Al someter a un cuerpo rígido a dos giros sucesivos no coáxicos, el campo de velocidades de traslación se acopla con el campo de velocidades inerciales generado por el segundo momento no-coaxial, obligando a que el centro de masas del móvil modifique su trayectoria, sin que una fuerza externa se haya aplicado en esa dirección.

5.4- Ecuación de movimiento

Continuamos el análisis iniciado en el epígrafe 4.1.0. Consideremos una sección o disco (figura 4.0), infinitamente delgado y plano de radio δ, que experimenta un par $\overrightarrow{\boldsymbol{M}}$ cuyo eje coincide con el de simetría del disco (eje Z). Si este par es instantáneo, genera una velocidad angular constante ω. Un segundo par $\overrightarrow{\boldsymbol{M}'}$, no coaxial con el anterior, generará un nuevo estado dinámico, definido en Mecánica Clásica como *efecto giroscópico* y que se atribuye a un supuesto *momento giroscópico o de interacción* $\overrightarrow{\boldsymbol{D}}$. Conforme al Principio de Conservación del Movimiento, podemos interpretar el *momento de interacción* $\overrightarrow{\boldsymbol{D}}$

como equivalente al efecto del par externo $\overrightarrow{\boldsymbol{M}'}$. Repetiremos (ver 4.5) el análisis deductivo que nos permitirá llegar a la definición del modelo matemático propuesto: suponiendo un móvil en el espacio con una velocidad inicial de traslación $\vec{V}_0$ en su centro de gravedad, sometido a un momento instantáneo $\overrightarrow{\boldsymbol{M}}$ en torno a un eje principal de inercia, que generará, a causa de su *inercia rotacional*, un movimiento de *giro constante* con velocidad ω. Supondremos también que el móvil tiene un momento de inercia I alrededor de este eje de rotación y, por consiguiente, tiene un momento angular constante $\vec{L}$. Cuando se somete a un nuevo impulso no coaxial $\overrightarrow{\boldsymbol{M}'}$, y debido a la distribución específica de las velocidades y aceleraciones generadas en el cuerpo sólido rígido de revolución en rotación (véase la figura 4.10), estimulado para realizar sucesivas rotaciones intrínsecas en torno a diferentes ejes, se generará una *reacción inercial*, que definimos como un *campo de interacción dinámica* $\vec{D}$, equivalente a un par de interacción (par giroscópico).

Este campo de *interacción dinámica* será perpendicular a $\overrightarrow{\boldsymbol{M}'}$. Basados en el **principio de conservación de la cantidad de movimiento**,[267] podemos interpretar la *interacción dinámica* $\vec{D}$, equivalente al efecto del par externo $\overrightarrow{\boldsymbol{M}'}$, y como el par que genera el segundo giro que observamos, que no es coaxial con el primero. Por lo tanto

$$|\overrightarrow{\boldsymbol{M}'}| \equiv |\overrightarrow{\boldsymbol{D}}| \qquad (5.1).$$

Si el par $\overrightarrow{M'}$ es constante en el tiempo, mantiene su acción sobre el cuerpo. No obstante, el mencionado momento de interacción dinámica, ya dijimos en el epígrafe 2.2.6 que fue cuantificado por

[267] Mach, E.: *Die Mechanik en ihrer Entwicklung historisch-kritisch dargestellt*, Leipzig, Brockhaus, 1883.8ª edición, 1921. Mencionado en G. Barceló, *Un mundo en rotación,* Ed. Marcombo: Barcelona, 2008.

Jouffret, formulación que fue reiterada mediante distintos métodos en la Mecánica Clásica, con la ecuación siguiente:[268]

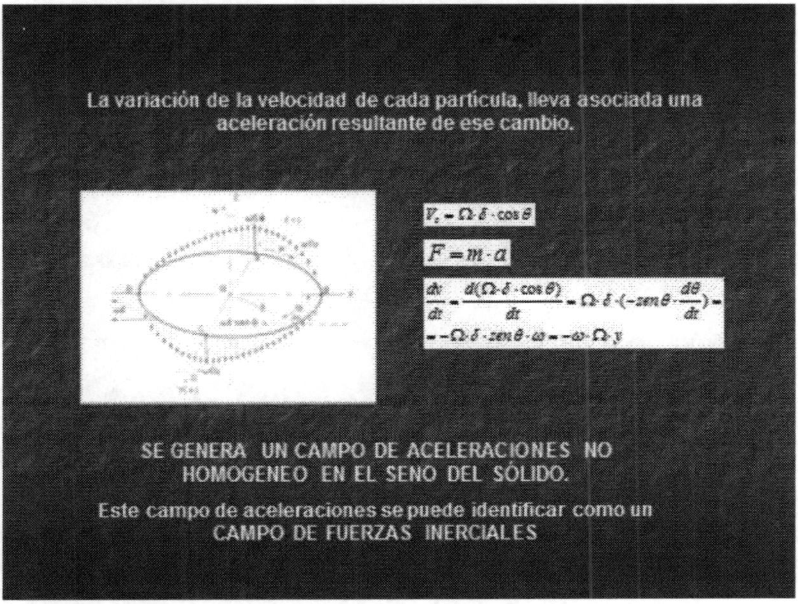

Figura 5.4. Campos dinámicos en el seno del móvil

$$\vec{D} = I \cdot \vec{\omega} \times \vec{\Omega} \tag{5.2}$$

Ya referida en el epígrafe 4.1.0 y en la ecuación 4.12. Por lo tanto, ambos poseen el mismo módulo que determinamos con la ecuación:

$$|D| = I\ |\Omega|\ |\omega| \tag{5.3}$$

El movimiento de rotación de velocidad angular Ω generado, lo es alrededor de un eje perpendicular al referido nuevo par $\vec{M}'$ y no sobre el propio eje del par. Por tanto, podemos inferir que el campo generado en el sistema rotante, por el nuevo par no coaxial $\vec{M}'$, que actúa sobre un cuerpo ya en rotación, con

[268] Belda Villena, E.: *Mecánica.* Página. 396. Ed. Vizcaína SA. 1958

velocidad angular ω y momento de inercia I sobre su eje de rotación (y por tanto con momento angular $\vec{L}$), obliga al cuerpo a realizar un movimiento de precesión, con la velocidad angular Ω, definida por el cociente escalar de la ecuación (4.27).

La velocidad de precesión Ω puede ser observada simultáneamente con la velocidad angular ω, que permanecerá constante en el seno del cuerpo (Ver figura 5.4). Por lo tanto, en lugar de la hipótesis discriminante de Poinsot[269], por la cual se supone que los momentos angulares se acoplan entre sí, y de forma diferenciada al acoplamiento de los momentos de traslación, propongo que, para el movimiento traslacional, la hipótesis de que (tercer axioma**) el campo de velocidades de traslación se acopla con el campo anisótropo de velocidades inerciales generado por el segundo momento no-coaxial**, forzando al centro de masas del disco a modificar su trayectoria, sin que ninguna fuerza externa haya sido aplicada en tal sentido. Por lo tanto, obtenemos un movimiento orbital Ω, simultáneo al de rotación intrínseca del cuerpo, de velocidad angular constante ω. Ha sido generado un **movimiento orbital, simultáneo con la rotación intrínseca constante del móvil,** pudiendo observar ambos movimientos. Este nuevo movimiento orbital ha sido originado por un momento no coaxial, y queda definido por que **el vector de velocidad de rotación** ω, se mantiene constante en módulo, dirección y sentido.

El nuevo par externo $\overrightarrow{M'}$, que por ejemplo, podemos suponer que actúa a lo largo del eje X (Figuras 5.5 y 5.6), generará una rotación alrededor del eje Z, de modo que si el vector de

[269] Poinsot, L.: *Théorie Nouvelle de la Rotation des corps*, 1834, referido por Gilbert: *Problème de la Rotation d'un corps Solide Autour d'un point*. Annales de la Société Scientifique de Bruxelles, 1878, pág. 258, y por Barceló, G.: *El vuelo del Bumerán,* pág. 121. Ed. Marcombo: Barcelona, 2006.
http://www.dinamicafundacion.com/

translación inicial $\vec{V}_0$ se encuentra en el plano XY, la velocidad resultante $\vec{v}$ permanecerá en ese plano después de la rotación.

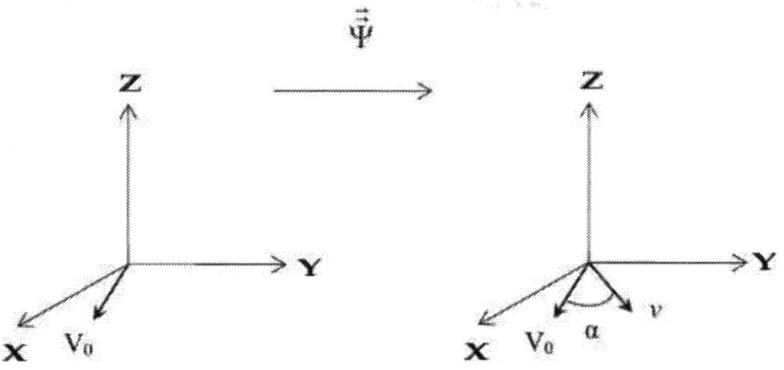

Figura 5.5. Sistema de coordenadas que muestran la aplicación del operador rotacional $\vec{\Psi}$, que transforma la velocidad $\vec{V}_0$, mediante un desplazamiento angular α, en la velocidad $\vec{v}$, ambos vectores están en el mismo plano (el plano XY en este ejemplo). Ese plano también debe contener al par que actúa $\overrightarrow{M'}$.

Esta rotación puede ser descrita por la matriz de rotación espacial $\vec{\Psi}$:

$$\begin{pmatrix} cos\alpha & -sin\alpha & 0 \\ sin\alpha & cos\alpha & 0 \\ 0 & 0 & 1 \end{pmatrix} \tag{5.4}$$

Y, en nuestro supuesto, generará una rotación del vector de translación $\vec{V}_0$ en el plano XY. Dado que ninguna otra fuerza externa que pueda modificar su movimiento traslacional actúa sobre el sólido, su momento lineal cinético permanecerá constante, y por lo tanto su velocidad de traslación permanecerá también constante.

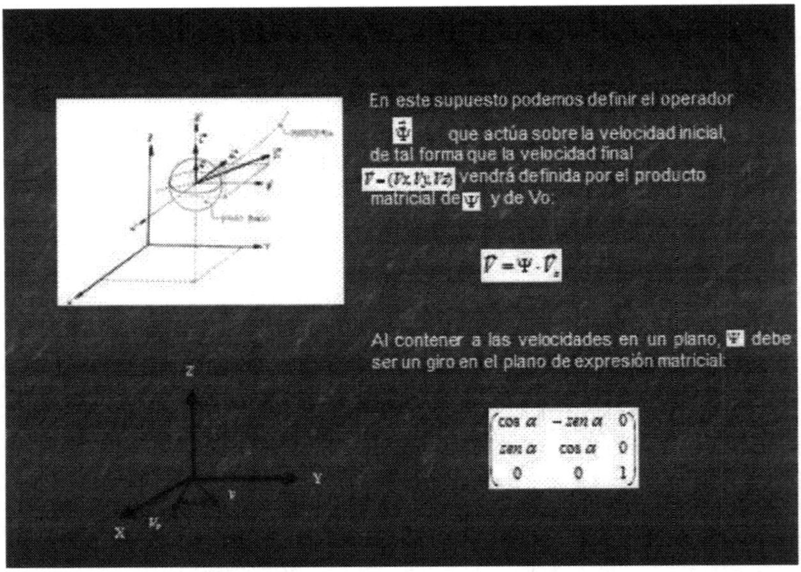

Figura 5.6. *Operador de rotación* $\vec{\vec{\Psi}}$

Sin embargo, si aceptamos que el campo de velocidad traslacional se acopla con el campo de velocidad tangencial no homogéneo creado por la acción del par $\overrightarrow{\boldsymbol{M}'}$ (tercer axioma), podemos determinar el nuevo estado dinámico del cuerpo. En esta hipótesis, la ecuación del movimiento estará determinada por la velocidad de traslación del centro de masa del cuerpo, que no ha variado en su magnitud y, por tanto, será igual a la velocidad de translación inicial del cuerpo sometido a la rotación espacial mencionado anteriormente:

$$\vec{v} = \vec{\vec{\Psi}} \cdot \vec{V}_0. \tag{5.5}$$

El acoplamiento sin discriminación propuesto en nuestras hipótesis debe ser, por tanto, identificado como una rotación espacial del vector de velocidad de traslación, y entonces:

$$\vec{v} = \begin{pmatrix} \cos\alpha & -\sin\alpha & 0 \\ \sin\alpha & \cos\alpha & 0 \\ 0 & 0 & 1 \end{pmatrix} \vec{V}_0 . \qquad (5.6)$$

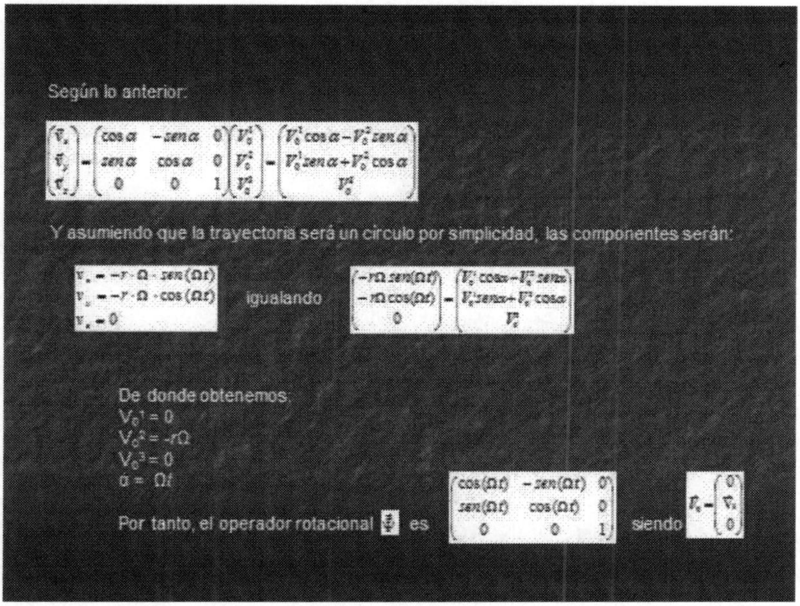

Figura 5.7. Deducción de la ecuación del movimiento 5.5.

Por tanto, podemos obtener:

$$\begin{pmatrix} \boldsymbol{V_x} \\ \boldsymbol{V_y} \\ \boldsymbol{V_z} \end{pmatrix} = \begin{pmatrix} \boldsymbol{cos\alpha} & \boldsymbol{-sin\alpha} & \boldsymbol{0} \\ \boldsymbol{sin\alpha} & \boldsymbol{cos\alpha} & \boldsymbol{0} \\ \boldsymbol{0} & \boldsymbol{0} & \boldsymbol{1} \end{pmatrix} \begin{pmatrix} \boldsymbol{V_{0x}} \\ \boldsymbol{V_{0y}} \\ \boldsymbol{V_{0z}} \end{pmatrix} = \begin{pmatrix} \boldsymbol{V_{0x}cos\alpha - V_{0y}sin\alpha} \\ \boldsymbol{V_{0x}sin\alpha + V_{0y}cos\alpha} \\ \boldsymbol{V_{0z}} \end{pmatrix} \qquad (5.7)$$

Sin embargo, supondremos que la nueva trayectoria será el arco de un círculo.

Y los componentes de la velocidad serán:

$$v_x = -\delta \cdot \Omega \cdot sen\,(\Omega t)$$
$$v_y = -\delta \cdot \Omega \cdot \cos\,(\Omega t)$$
$$v_z = 0 \qquad (5.8)$$

Tenemos:

$$\begin{pmatrix} -\delta\Omega.\,sen\,(\Omega t) \\ -\delta\Omega\cos\,(\Omega t) \\ 0 \end{pmatrix} = \begin{pmatrix} V_0^1\cos\alpha - V_0^2 sen\alpha \\ V_0^1 sen\alpha + V_0^2\cos\alpha \\ V_0^3 \end{pmatrix} \qquad (5.9)$$

A partir de la cual podemos obtener:

$$V_{0x} = 0$$

$$V_{0y} = -\delta\,\Omega. \qquad (5.10)$$

$$V_{0z} = 0$$

Sin embargo, como: $\alpha = \Omega\, t$ (5.11)

Por lo tanto el operador rotacional $\vec{\vec{\Psi}}$ es en nuestro caso:

$$\vec{\vec{\Psi}} = \begin{pmatrix} \cos\,(\Omega.t) & -sen\,(\Omega.t) & 0 \\ sen\,(\Omega.t) & \cos\,(\Omega.t) & 0 \\ 0 & 0 & 1 \end{pmatrix} \qquad (5.12)$$

Y (Ver figura 5.7):

$$\vec{V}_0 = \begin{pmatrix} 0 \\ \vec{V}_0 \\ 0 \end{pmatrix} \qquad (5.13)$$

Y, según la ecuación (4.27):

$$\alpha = M'\,t/\,I\,\omega \qquad (5.14)$$

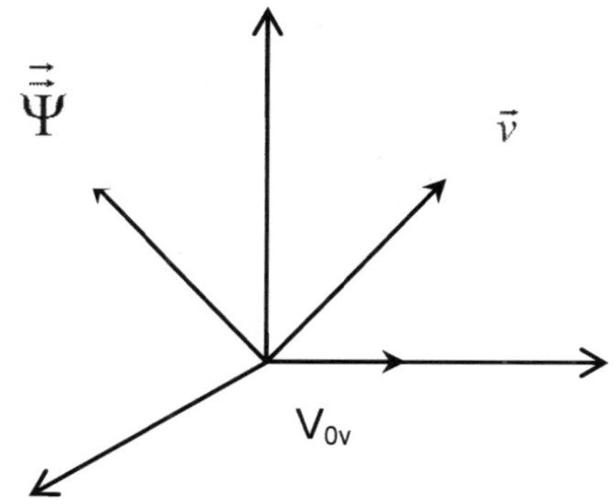

Figura 5.8. El operador de rotación $\vec{\vec{\Psi}}$ será perpendicular a las sucesivas velocidades $\vec{v}$, todas de igual modulo y tangentes a la trayectoria del móvil.

La ecuación del movimiento finalmente resulta así:

$$\vec{v} = \vec{\vec{\Psi}} \; \vec{V}_0 = \begin{pmatrix} \cos M' t/I\omega & -\operatorname{sen} M' t/I\omega & 0 \\ \operatorname{sen} M' t/I\omega & \cos M' t/I\omega & 0 \\ 0 & 0 & 1 \end{pmatrix} \vec{V}_0 \qquad (5.15)$$

Con un desplazamiento angular, el operador rotacional $\vec{\vec{\Psi}}$, transforma la velocidad inicial $\vec{V}_0$ en la velocidad $\vec{v}$, ambas situadas en el mismo plano. Encontramos que el operador rotacional $\vec{\vec{\Psi}}$ es perpendicular a la velocidad (ver figura 5.8), y función de seno o coseno de Ωt, lo que indica claramente la relación entre la velocidad angular Ω de la órbita, el par $\vec{M}'$ y la velocidad angular inicial ω. Así pues, hemos obtenido una simple relación matemática entre la velocidad angular inicial del cuerpo, y su velocidad de traslación $\vec{v}$.

La ecuación (5.15) es una ***ecuación general de movimiento para cuerpos*** dotados de momento angular, cuando son sometidos a sucesivos pares no coaxiales. **Es la ecuación general de movimiento de sistemas no inerciales con simetría**

axial. En esta ecuación, el operador rotacional $\vec{\vec{\Psi}}$ es una matriz que transforma la velocidad inicial, por medio de una rotación, en la velocidad que corresponde a cada uno de los sucesivos estados dinámicos.

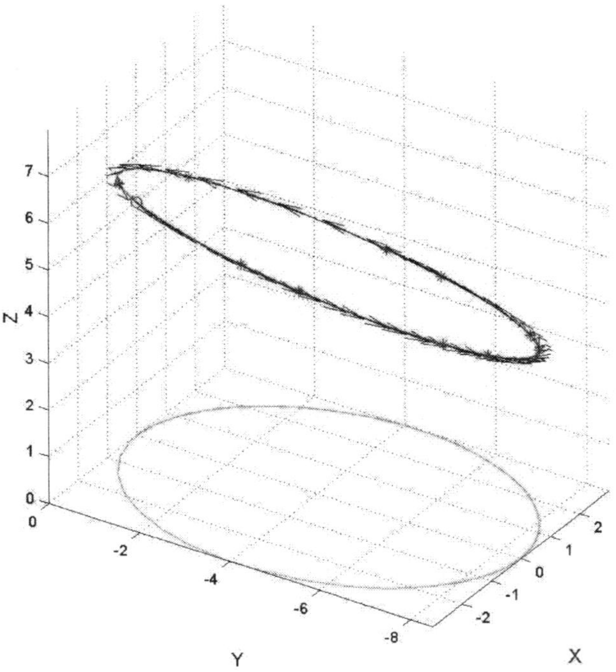

Figura 5.9. Trayectoria del centro de masa, simulada por computadora, de un objeto en movimiento, que tiene rotación intrínseca y simultáneamente está sometido a un par externo no coaxial con su momento angular intrínseco, cuando tanto el momento aplicado y la velocidad de traslación del objeto en movimiento son constantes. En esta simulación, la velocidad tangencial es de 5 m/s.

A partir de la ecuación $\vec{v} = \vec{\vec{\Psi}} \quad \vec{V}_0$, podemos determinar la superficie en la que todas las posibles trayectorias del cuerpo sólido con rotación intrínseca ω podrían estar presentes, cuando varíen simultáneamente como parámetros esa velocidad o el tiempo. Así como la superficie de trayectorias para diferentes velocidades $\vec{V}_0$, cuando estas no tengan un valor constante, sino también función de otra variable.

En resumen, este modelo matemático simplificado implica que sería posible que los cuerpos en movimiento, sometidos a sucesivos pares no coaxiales, iniciarían un movimiento orbital (Fig. 5.1), como resultado de interacciones dinámicas inerciales tales que, manteniendo constante el momento angular inicial y el segundo par, su centro de masas mantendrá una órbita cerrada, como se ilustra en la figura 5.9, sin requerir ninguna fuerza centrípeta externa.

Así, podemos asociar efectos dinámicos a la velocidad y una clara correlación matemática entre rotación y traslación. Este acoplamiento matemático nos permite identificar una relación física entre las transferencias de energía rotacional cinética a energía cinética de traslación, y viceversa.

5.4.0- Movimiento orbital

Es necesario un cambio de mentalidad en el análisis del comportamiento dinámico de los cuerpos sometidos a aceleraciones por rotación. En estos casos, es pues necesario un enfoque diferente, pues no podemos emplear los mismos axiomas y leyes aplicados a los sistemas inerciales (5.3. Cuarto axioma).
De conformidad con las hipótesis dinámica propuestas, como ya hemos referido, hemos simulado el movimiento tridimensional de un objeto, con velocidad de traslación, momento angular intrínseco y, simultáneamente, sometido a un par no coaxial externo, y hemos obtenido trayectorias abiertas o cerradas claramente definidas. La ecuación deducida del movimiento [Eq.

(5.15)] predice correctamente la trayectoria observada en el modelo experimental para los mismos parámetros (Fig. 5.9).[270]

Así, podemos inferir que el campo generado en la rotación del espacio por un nuevo par no coaxial $\vec{M'}$, en un móvil con movimiento de rotación, y con momento de inercia I alrededor de este eje de rotación y, por lo tanto, con un momento angular previo $\vec{L}$, obliga al móvil a adquirir una velocidad de precesión Ω.

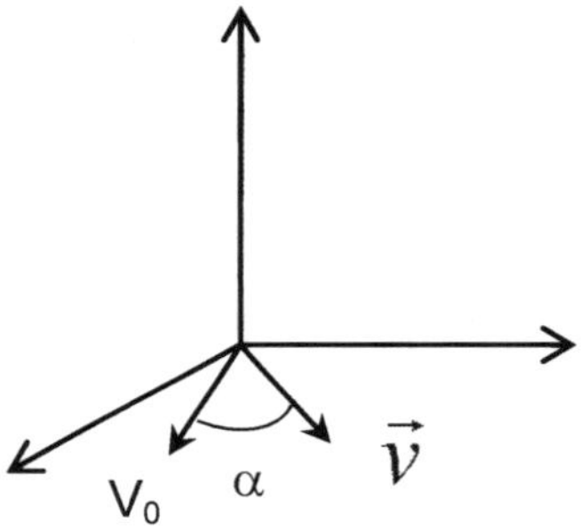

Figura 5.10. Ambos vectores de velocidad $\vec{V}_0$ y $\vec{v}$ estarán situados siempre en un mismo plano, en este ejemplo en el plano XY, si el momento es constante.

La velocidad angular Ω puede ser observada al mismo tiempo que la velocidad angular inicial *ω*, que permanece constante en el cuerpo. Esa velocidad de precesión se acopla, en caso de existir, a la velocidad de traslación del centro de masas $\vec{V}_0$, generando un *movimiento orbital*.[271] De esta forma, la trayectoria del móvil quedará definida por las sucesivas velocidades del cuerpo $\vec{v}$,

---

[270] Barceló, G.: *Analysis of Dynamics Fields in No inertial Systems*, World Journal of Mechanics, Vol. 2, nº 3, 2012, págs. 175-180. doi:10.4236/ Http://www.scirp.org/journal/wjm wjm.2012.23021

[271] Barceló, G.: *Analysis of Dynamics Fields Systems Accelerated by Rotation*, Congress DeMSET-2011, Miami. http://dinamicafundacion.com/blogs/media/DeMSET_2011_GBarcelo.pdf

determinada por el producto matricial del operador rotacional $\vec{\vec{\Psi}}$,

con el vector de velocidad inicial $\vec{V}_0$, dando como resultado la ecuación general de movimiento para cuerpos con momento angular, cuando están sometidos a sucesivos pares no-coaxiales.

Tanto $\vec{V}_0$, como las sucesivas velocidades de traslación, como ya hemos indicado, estarán en un mismo plano, como se ilustra en la figura 5.10, lo cual supone una rotación del vector de velocidad $\vec{v}$, en el plano de la acción dinámica, mantenimiento su módulo constante. En esta ecuación, el operador rotacional $\vec{\vec{\Psi}}$, es la matriz que transforma la velocidad inicial en la que corresponde a cada uno de los sucesivos estados dinámicos, por medio de la siguiente rotación:

$$\vec{\vec{\Psi}} = f(M'/ L t)= f(M'/(I\ \Omega\ t) \qquad (5.16)$$

Como tal, podemos observar cómo el operador rotacional $\vec{\vec{\Psi}}$, es

una función del segundo par externo que actúa $\vec{M'}$ y del tiempo t. Existe una clara relación entre la velocidad angular Ω de

orbitación, el par externo $\vec{M'}$ y la velocidad angular inicial ω (ecuación 5.16).

5.5- Paradigma Físico-Matemático

Las hipótesis de partida, así como la formulación matemática inferida, fueron confirmadas con una larga serie de pruebas experimentales (véase el capítulo 3) y también con un modelo físico-matemático de simulación de este comportamiento (véase epígrafe 5.6.).

Fueron diseñados prototipos, para la realización de las pruebas experimentales. Estas pruebas confirmaron las hipótesis dinámica propuestas en la teoría. Como se indicó, otros investigadores han llevado a cabo otras pruebas con resultados igualmente positivos. A partir de la ecuación de movimiento obtenida, fue desarrollado un programa informático de simulación del comportamiento dinámico, coherente con la teoría.

Somos de la opinión de que numerosos ejemplos pueden ofrecerse para probar estas hipótesis dinámicas que nos permitirían interpretar muchos supuestos de la naturaleza, que hasta la fecha no han sido plenamente comprendidos y, más concretamente, para confirmar que la trayectoria orbital de un sólido rígido exige la existencia de una rotación intrínseca del móvil.[272]

La *Teoría de Interacciones Dinámicas* que se propone, justifica cómo un sólido rígido con rotación intrínseca, al estar sujeto a un nuevo momento externo no-coaxial, genera una trayectoria orbital. Si el momento externo y la velocidad de traslación se mantienen constantes, el movimiento será recurrente en un trazado cerrado.

En el supuesto de cuerpos sólidos rígidos con simetría axial o de revolución, la acción de un momento externo no-coaxial puede generar un *equilibrio dinámico.*

En caso de cuerpos con simetría axial, podemos proponer una serie de leyes específicas: Las leyes son coherentes con el modelo matemático descrito donde la *inercia rotacional* permite un constante y equilibrado movimiento de rotación intrínseca, y en donde no se produce acoplamiento de rotaciones no coaxiales.

---

[272] Barceló, G.: *Un Mundo en Rotación*, Editorial Marcombo Barcelona, 2008, pág. 101. http://www.dinamicafundacion.com/

Basado en los precedentes mencionados anteriormente y siguiendo el comportamiento de los cuerpos sólidos rígidos con simetría axial que giran alrededor de un eje con un punto de apoyo, en un campo de fuerzas en el espacio, podemos proponer leyes que, en nuestra opinión, justifican mejor el comportamiento de los cuerpos con simetría axial dotados con giro propio alrededor de un eje principal de su elipsoide de inercia.

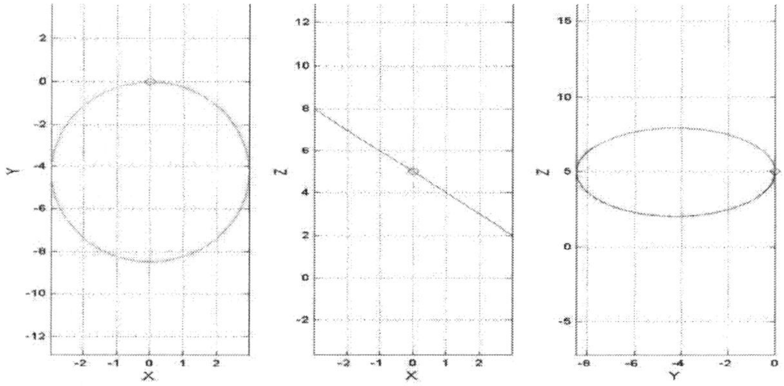

Figura 5.11. Proyecciones sobre diferentes planos de coordenadas, de la simulación de la trayectoria de la figura 5.9.

Todo ello nos permite concebir leyes generales para los cuerpos con simetría axial, en el espacio y sin ligaduras, para interpretar el comportamiento de los cuerpos con momento angular, y aplicables también al caso de un cuerpo sometido a ligaduras, como sería el caso de un punto de apoyo, con o sin deslizamiento.[273]

Estas leyes pueden ser consultadas en la referencia anterior. En el capítulo 6 del tomo II, reiteraremos el enunciado de estas leyes, y nos referiremos más ampliamente a las mismas.

---

[273] Barceló, G.: *Theory of Dynamic Interactions: Laws of Motion*. World Journal of Mechanics, 3, 328-338. (2013) http://dx.doi.org/10.4236/wjm.2013.39036

5.6- Simulación matemática.

Hemos investigado cómo responden los móviles, al ser sometidos a distintas aceleraciones simultáneas o sucesivas, cuando les son aplicadas rotaciones no coaxiales. En otras palabras, hemos investigado el movimiento de un giróscopo, de un trompo, o de un bumerán para determinar si este podía ser descrito por la Mecánica Clásica, o correspondía realmente a leyes de la naturaleza todavía no formuladas.

Como ya hemos expresado, los experimentos iniciales me indujeron a establecer unas hipótesis dinámicas diferenciadas, concibiendo un *mundo imaginario*[274], en el que podíamos afirmar que si un objeto en traslación, con velocidad constante, era sometido a rotaciones no coaxiales, mantendría una trayectoria cerrada (es decir, movimiento orbital), si la acción externa se mantenía constante en el tiempo, sin requerir una fuerza centrípeta[275], conservando su rotación intrínseca sobre su eje inicial. Mediante simulación numérica, confirmámos que, conforme a nuestras hipótesis, el objeto trazaba una trayectoria cerrada, similar a la órbita de un cuerpo en el espacio, sometido a una fuerza centrípeta. Sin embargo, ningún tipo de fuerza centrípeta[276] existía en nuestra simulación.

---

[274] Barceló, G.: *El Vuelo del bumerán*, Marcombo, Barcelona, 2006, pág. 98.

[275] Newton, I.: *Principia*, Im. Du Chasteller, París, Proposición 2: *Fuerza centrípeta*. 1757.

[276] Hall, R.: *Newton on the calculation of central forces,* Annals of Science, 13: 62-71, 1957.

Por lo tanto, teníamos el desafío de reproducir tal trayectoria experimentalmente y con simulaciones matemáticas.[277]

De conformidad con las hipótesis dinámicas enunciadas, fueron deducidas las posibles trayectorias, sobre la base de las especificaciones del epígrafe anterior, en un estudio de simulación matemática realizado por el profesor Delfín Silió del E.T.S.I.I. de la Universidad de Cantabria. Los resultados que se muestran a continuación corresponden a cuatro diferentes simulaciones realizadas en el estudio citado, para el caso de **no coincidencia espacial entre el eje del momento angular del cuerpo y el del par externo que actúa posteriormente.**

PRIMERA SIMULACIÓN.
Condiciones de la simulación:
Velocidad tangencial 5 m/s y par constante, perpendicular en todo momento al vector velocidad tangencial. Puede observarse en las figuras 5.9 y 5.11, y en la animación *5 0 1ª Simulación:* http://advanceddynamics.net/wp-content/uploads/2014/02/simulacion.mp4, un trazado cerrado y plano del móvil, el par que actúa puede ser gravitacional o un par generado por un campo gravitacional y otro magnético, simultáneamente.

En estos casos, y de acuerdo con la simulación matemática realizada, se obtiene un cambio de la trayectoria del centro de gravedad del móvil, sin la acción de fuerzas externas sobre este. Este modelo matemático coincide con las verdaderas trayectorias obtenidas en las pruebas experimentales. Las hipótesis dinámicas iniciales parecían coincidir con el verdadero comportamiento inercial de los cuerpos en dinámica rotacional.

---

[277] Barceló, G.: *Analysis of Dynamics Fields in No inertial Systems*, World Journal of Mechanics, Vol. 2, nº 3, 2012, págs. 175-180. doi:10.4236/ Http://www.scirp.org/journal/wjm wjm.2012.23021

SEGUNDA SIMULACIÓN.

Condiciones de la simulación:

- Velocidad tangencial de 5 m/s.
- Un par perpendicular al vector de velocidad tangencial, de módulo constante, durante los 5 primeros segundos en un sentido y en sentido opuesto durante los siguientes 5 segundos.

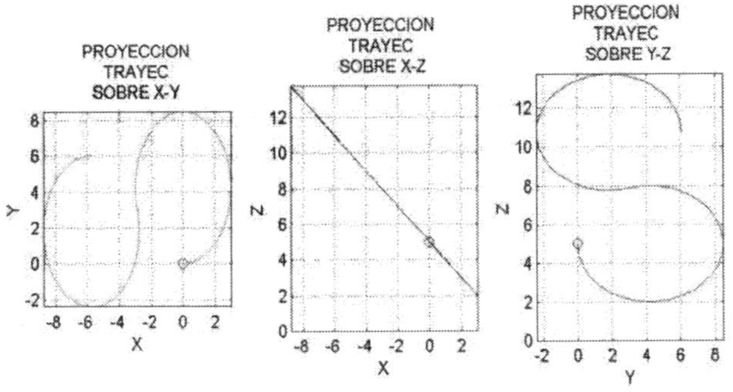

Figura 5.12. Proyecciones sobre diferentes planos de coordenadas, de la simulación de la trayectoria de la figura 5.13, según los parámetros de la segunda simulación.

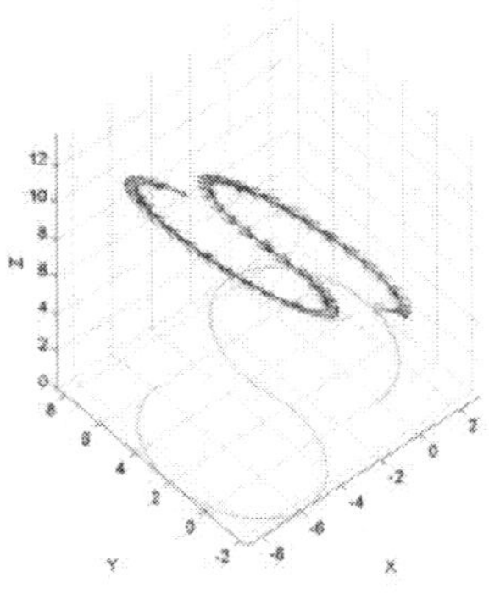

Figura 5.13. Trayectoria del centro de masas, simulada por computadora, de un objeto en movimiento, con rotación intrínseca y simultáneamente sometido a un par externo no coaxial con su momento angular intrínseco, según los parámetros de la segunda simulación.

En este caso, ver figuras 5.12 y 5.13, y animación *5 1 2ª Simulación:* http://advanceddynamics.net/wp-content/uploads/2014/02/512 Simulaci n w.mp4, la trayectoria resultante en la simulación matemática no es cerrada, ya que el par que actúa cambia su sentido cada 5 segundos.

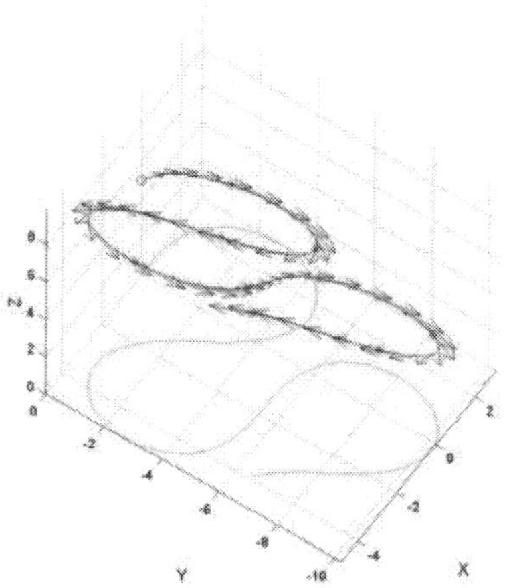

Figura 5.14. Trayectoria simulada por computadora del centro de masas de un objeto en movimiento, que tiene rotación intrínseca y simultáneamente está sometido a un par externo no coaxial con su momento angular intrínseca, según los parámetros de la tercera simulación.

Esta simulación correspondería a las pruebas realizadas con el prototipo II del submarino, con su centro de gravedad de posición variable, dotado de dos depósitos de agua situados en la proa y la popa, respectivamente, y una bomba de trasvase de líquidos, que describimos en el epígrafe 3.3.1.

Cambiando el sentido del par gravitacional, pero manteniéndolo siempre perpendicular a la trayectoria, se generará una traza equivalente a la indicada en el gráfico 5.13. Existe pues coincidencia entre el comportamiento dinámico observado y el resultado del modelo matemático de simulación.

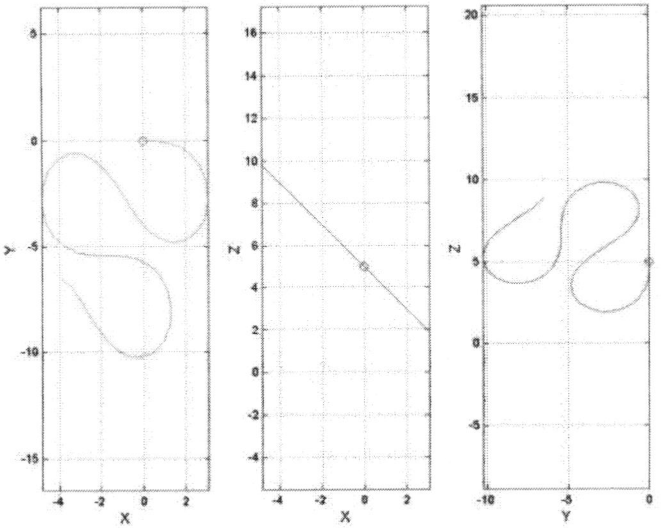

Figura 5.15 Proyecciones sobre diferentes planos de coordenadas, de la trayectoria de la figura 5.14.

TERCERA SIMULACIÓN.

Condiciones de la simulación:

Velocidad tangencial 5 m/s. y par instantáneo perpendicular al vector de velocidad tangencial, variando conforme a la ley sinusoidal de amplitud 2 m de ancho y período 2 segundos.

En este supuesto el par, ver figuras 5.14 y 5.15, además de variar en sentido, variará en magnitud, según la indicada ley, dando de nuevo una trayectoria sinusoidal.

CUARTA SIMULACIÓN.

Condiciones de simulación:

- Velocidad tangencial variable según la ley V = 5 + 0,2*t (m/s).
- Par constante, perpendicular en todo momento al vector de velocidad tangencial.

En este caso, la ruta del móvil está representada para una velocidad tangencial variable, conforme a la indicada ley. La trayectoria resultante no es cerrada, en ese caso, como puede observarse en la figuras 5.16 y 5.17, pues responde a una órbita espiral. Cuando el cuerpo esté sometido una velocidad decelerada constante, la trayectoria será una espiral decreciente.

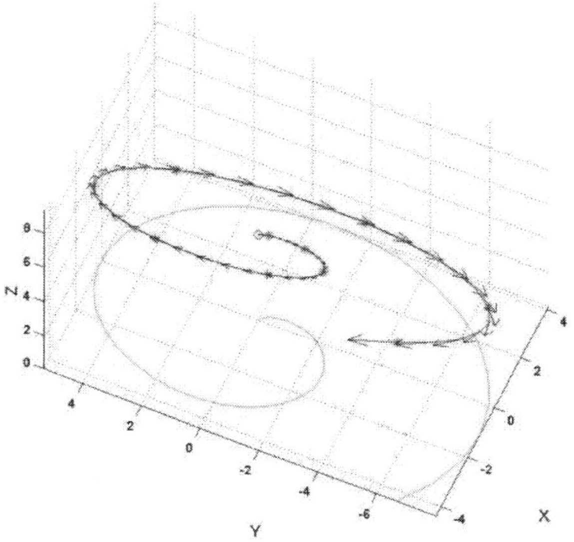

Figura 5.16. Trayectoria obtenida por computadora, conforme a los parámetros de la cuarta simulación. Trayectoria del centro de masas de un objeto en movimiento, en el caso hipotético de que el momento aplicado sea constante, pero la velocidad lineal de traslación es variable.

Se advierte como en este caso, y como en todos los descritos, la trayectoria obtenida es plana, siempre que se mantenga sin variación espacial el momento externo que actúa. La trayectoria resultante estará siempre en el plano definido por la velocidad lineal inicial y el par actuante. Pueden observarse numerosos comportamientos dinámicos en la naturaleza que coinciden con estas trayectorias simuladas.

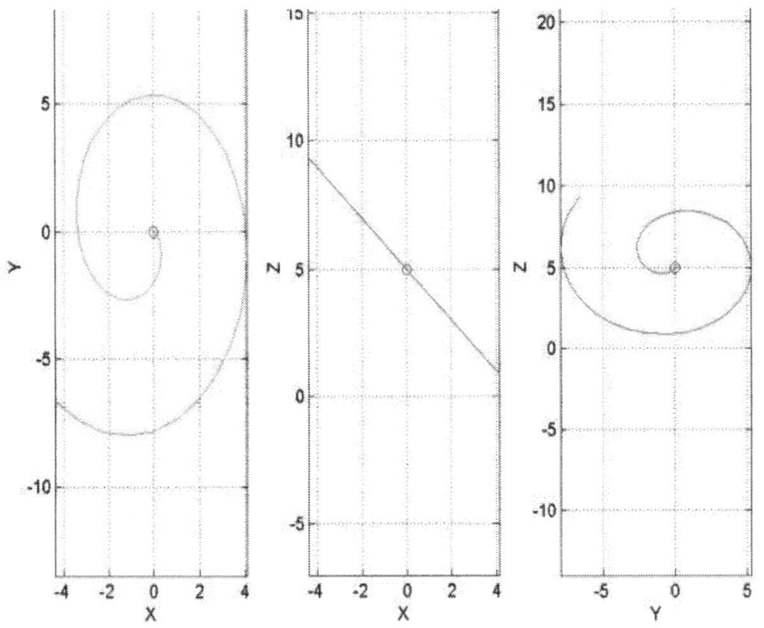

Figura 5.17. Proyecciones sobre los diferentes planos de coordenadas, de la trayectoria simulada de la figura 5.16.

En el tomo II nos referiremos a estos ejemplos, y los describiremos ampliamente.

5.7- En la búsqueda de un nuevo canon

Es consustancial con la ciencia el cuestionar toda afirmación previa. No podemos, ni hemos tratado de impugnar los argumentos que se esgrimen en la Mecánica Clásica en favor de su legitimidad como teoría científica, pero si tenemos que valorar su ámbito de aplicación, ya que, la misma reconoce que se limita a móviles en condiciones inerciales. Su extensión a otros estados dinámicos es un grave descuido que puede generar errores y deducciones equivocadas.

Al advertir ciertas pautas o regularidades percibidas en los cuerpos con rotación y simetría axial, estas las hemos incorporado a una nueva forma de ...*ver y explicar el mundo.*[278] Hemos iniciado la construcción de una nueva estructura del conocimiento, proponiendo una TEORÍA GENERAL DE LA MECÁNICA, que pueda incorporar a los sistemas inerciales y a los acelerados, sugiriendo reservar una ***Teoría General de Interacciones Dinámicas*** para estos.

También hemos propuesto una ***Teoría de Interacciones Dinámicas***, como nuevo paradigma para sistemas dinámicos con simetría axial no inerciales, que creemos permite una mejor explicación y una más exacta predicción del comportamiento de los móviles en tales supuestos.

En este texto nos hemos referido a un móvil sometido a dos pares sucesivos no coaxiales, pero nuestra argumentación puede extenderse a un número indefinido de pares no coaxiales simultáneos o sucesivos, aplicados. El primer par generará una rotación del cuerpo sobre el eje del par, pero los sucesivos pares no coaxiales generarán las reacciones inerciales previstas en nuestras hipótesis dinámicas.

Por otro lado, entendemos que es necesario disponer de una cierta sensibilidad hacia los fenómenos rotacionales, y no partir de una mentalidad traslacional. Por ejemplo, si observamos que en un móvil se genera un campo no homogéneo de velocidades, deducimos que la variación temporal de la velocidad habrá generado también un campo de aceleraciones, pero para entender los fenómenos dinámicos que se producen, este nuevo campo de aceleraciones, no debe interpretarse como un campo de *fuerzas ficticias.*

---

[278] Russell. B. *El conocimiento humano: su alcance y sus limitaciones.* Madrid. Taurus pp.163 y ss. (1959).

El incorporar en estos casos, supuestas fuerzas ficticias, supone una analogía innecesaria. Entendemos que debe deducirse la verdadera naturaleza del fenómeno observado: ***un campo de aceleraciones, resultante de un campo variable de velocidades.***

A lo largo de nuestro estudio, hemos intentado ser totalmente respetuosos con la metodología de la ciencia y con el método científico, por lo que entendemos que nuestra propuesta no puede plantear problema alguno de demarcación, dentro de la filosofía de la ciencia. Nuestra propuesta es fácilmente contrastable empíricamente, y para su difusión se han realizado videos con experimentos que pueden ser fácilmente repetidos y confirmados.

Desearíamos que esta propuesta, racional, lógica y probada experimentalmente, genere un debate científico y que, a pesar de su grado de innovación, cristalice en un nuevo consenso sobre mecánica rotacional, ya que proporciona una explicación científica de los fenómenos no inerciales acelerados, y especialmente, de los sometidos a aceleraciones por rotación.

Estimamos que la TID proporciona una descripción adecuada de la naturaleza, que puede ser aplicada en numerosos supuestos científicos y tecnológicos, por lo que sugerimos, **constituye un nuevo paradigma de la mecánica, aplicable a móviles no deformables sometidos a aceleraciones**.

5.8- Coherencia con la Mecánica Clásica

Esta nueva clasificación del conocimiento mecánico y este nuevo paradigma que exponemos, la ***Teoría de Interacciones Dinámicas,*** es plenamente coherente con la visión actual de esta disciplina, y en el entendimiento de que su generalización, la

TGDI se refiere expresamente a sistemas móviles no inerciales, o situados en espacios de referencia no inerciales.

En el epígrafe 7.8 nos referiremos a su consistencia con las leyes de Kepler del movimiento de los planetas, así como con las leyes del movimiento y universales de gravitación de Newton. Entendemos que no se plantean contradicción entre ellas y nuestra teoría, pues de la TEORÍA GENERAL DE LA MECÁNICA que se propone pueden desarrollarse, como ya hemos indicado, las formulaciones de la Mecánica Clásica y las leyes de Newton, que constituirían la *dinámica de sistemas inerciales,* aplicable a móviles con velocidad uniforme, o cero. Pero también de ella puede deducirse la TID, para sistemas acelerados.

No obstante, cuando Euler intenta interpretar las leyes de Newton y desea aplicarlas a sistemas o cuerpos en el espacio, entendemos que atribuye criterios inerciales, a supuestos no inerciales, obteniendo unas ecuaciones de movimiento que no reflejan el comportamiento real de la naturaleza. Por tanto, nosotros si planteamos esa discrepancia concreta a esas ecuaciones de la Mecánica Clásica.

Debe entenderse que nuestro desacuerdo con el modelo clásico es sustancialmente conceptual, ya que ambos modelos pueden determinar trayectorias análogas o, incluso, idénticas. El paradigma newtoniano determinará una órbita alrededor de una masa atractiva, pero una órbita semejante puede obtenerse con nuestra propuesta de interacciones dinámicas.

Pero en el caso de un móvil con rotación intrínseca, sometido a un par no coaxial, el modelo newtoniano no detecta ninguna perturbación para la trayectoria, y en cambio, la TID calcula una órbita definida por el acoplamiento de campos de velocidades. Este sería el caso de las llamadas *anomalías en la dinámica de las sondas espaciales Pioneer,*[279] a las que nos referiremos con más detalle en el Tomo II, capítulo noveno.

Figura 5.18. Portada de la revista Global journal of science frontier research: a physics & space science (Junio 2016), que incorpora los artículos: Dynamic Interaction: A New Concept of Confinement, y The Dance of the Spinning Top, sobre aplicaciones tecnológicas de la TID.[280]

Esta coherencia puede extenderse también a la dinámica relativista. No obstante, en el capítulo 12, también del Tomo II,

---

[279] Barceló, G.: *Anomalies of the Pioneer space probes, (Pioneer Anomaly).* (*Anomalías dinámicas en las sondas Pioneer),* RSEF's 2005 biennial, the summary of which was published in the biennial's *Summary Book,* http://dinamicafundacion.com/wp-content/uploads/2014/02/ANOMAL%C3%8DAS-DIN%C3%81MICAS-EN-LAS-SONDAS-PIONEER1.pdf
http://www.sociencia.com/fisica/teoria-interacciones-dinamicas-justificacion.htm

[280] https://globaljournals.org/GJSFR_Volume16/E-Journal_GJSFR_(A)_Vol_16_Issue_3.pdf

propondremos unos *Comentarios a la teoría de la relatividad*[281], en los que incluimos ciertas salvedades que deberían ser tenidas en cuenta al enunciar una dinámica relativista rotacional para sistemas no inerciales.

También en el Tomo II y en el epígrafe 7.8, comentaremos como la TID justifica otros fenómenos confirmados por la observación, pero que no pueden ser resueltos con las leyes de Newton o no pueden ser previstos en la Mecánica Clásica. Incluso trataremos de las numerosas aplicaciones tecnológicas[282] de esta teoría dinámica. Por ejemplo, el confinamiento dinámico en reactores nucleares de fusión para la generación de energía eléctrica limpia[283]/[284], que se describe en dos artículos publicados (ver portada en figura 5.18), o el tratamiento del comportamiento de tifones y huracanes[285].

---

[281] Barceló, G.: *On Motion, its Relativity and the Equivalence Principle.* Journal of Modern Physics. Vol.5 No.17, November 14, 2014. DOI: 10.4236/jmp.2014.517180
http://www.scirp.org/Journal/PaperInformation.aspx?PaperID=51422#.VHB0jzSG_To
http://dx.doi.org/10.4236/jmp.2014.517180

[282] Barceló, G.: *Technological Applications of the New Theory of Dynamic Interactions. Global Journal of Researches in Engineering: Mechanical and Mechanics Engineering-G*, Volume 13, Issue 5, 2013.
https://globaljournals.org/GJRE_Volume13/E-Journal_GJRE_(G)_Vol_13_Issue_5.pdf

[283] Barceló, G.: *Dynamic interaction confinement*, World Journal of Nuclear Science and Technology (WJNST), en su número: Vol.4 No.4, October 2014:
http://www.scirp.org/journal/PaperInformation.aspx?paperID=51026&
http://dx.doi.org/10.4236/wjnst.2014.44031

[284] Barceló, G.: *Dynamic Interaction: A New Concept of Confinement.* Global journal of science frontier research: a physics & space science (Junio 2016).
https://globaljournals.org/GJSFR_Volume16/E-Journal_GJSFR_(A)_Vol_16_Issue_3.pdf

[285] Barceló, G.: *Dynamic Interactions in the Atmosphere.* Atmospheric and Climate Sciences. Vol.4 No.5, November 20, 2014.
DOI: 10.4236/acs.2014.45073.

Deseamos terminar este capítulo recordando un párrafo de la introducción de la tesis doctoral de Miguel Catalán[286]: *Cualquier estudio, por pequeño que sea, aunque a primera vista parezca de interés mediocre, creemos debe ser publicado para que otro investigador, de más inteligencia o de más suerte*, [lo pueda utilizar]. *Por eso yo, que he laborado con gran constancia durante algún tiempo, presento aquí el modesto fruto de mi trabajo, en la seguridad de que él, en sí, no significa nada.*

---

http://www.scirp.org/Journal/PaperInformation.aspx?PaperID=51584#.VHB4YTSG_To
http://dx.doi.org/10.4236/acs.2014.45073

[286] Catalán, Miguel: *Espectroquímica del Magnesio. Nuevas líneas en su espectro y en el de la plata*, Tesis doctoral juzgada el 22 de junio de 1917, recibiendo la calificación de sobresaliente.

EPÍLOGO AL TOMO I

Conjeturas

Ya expresamos en el epígrafe 0.1 como la aporía de la orbitación y la rotación, y la observación del equilibrio dinámico del universo nos generaron dudas sobre la mecánica rotacional aceptada, pues no parecía compadecerse ese secular equilibrio dinámico, con una física newtoniana en la que las fuerzas generan movimientos de traslación constantemente acelerados. El equilibrio que podemos observar en nuestro universo, y su dinámica, no parecía conciliarse con la estructura conceptual de la Mecánica Clásica.

Incoherencia

Con estas dudas, y con las conjeturas que Miguel Catalán nos había trasladado, iniciamos hace ya más de sesenta años, nuestras especulaciones sobre la incoherencia del paradigma dinámico ortodoxo.

Las limitaciones de la mecánica newtoniana han sido conocidas desde hace siglos, por ejemplo, en ingeniería se ha venido proponiendo que, aunque las leyes de Newton se refieren a sistemas en marcos inerciales, los posibles errores de una indebida generalización, podían ser asumidos en los cálculos habituales. Este argumento sigue siendo plenamente valido, pero a lo largo de este texto, hemos podido advertir como los errores que nacen de esa indebida generalización, no son solo errores de cálculo, pueden generarse errores conceptuales, que determinan comportamientos predictivos equivocados, como es el caso que nos ocupa para los cuerpos con momento angular intrínseco.

Por ello, entendemos que la aplicación de la mecánica newtoniana a sistemas móviles en marcos no inerciales, dando resultados conceptualmente equivocados, no superaría una auditoria de idoneidad.

Identificación de errores

Es difícil de entender que hasta la fecha, no se hubiese identificado el verdadero comportamiento de los cuerpos sometidos a múltiples rotaciones no coáxicas, y se les haya asignado una formulación matemáticamente irresoluble, incluso en mecánica analítica, que ya hace pensar que difícilmente la naturaleza pueda comportarse de esa forma: **sin un resultado predictivo resoluble exacto.** Tras nuestros análisis, hemos advertido la inconsistencia de las ecuaciones admitidas de Newton-Euler, en su aplicación a cuerpos sometidos a diversas rotaciones no coáxicas.

Tampoco se entiende que en los últimos ciento cincuenta años no haya sido revisado el método aproximado de resolución de estas ecuaciones, sugerido por Sofía Kovalévskaya, y que le permitió obtener el premio Bordin, convocado por la Academia de Ciencias de París, en 1888. Se aplica todavía hoy para estas ecuaciones irresolubles, en la era de los ordenadores, la solución numérica propuesta por ella, y su procedimiento aproximado de cálculo basado en un supuesto desarrollo conceptual.

Observación de la naturaleza

Pero también causa asombro comprobar que ese procedimiento de cálculo aceptado, determina una trayectoria, para estos cuerpos, que no coincide en absoluto con el que en la naturaleza puede ser observado. Esta falta de coherencia entre el resultado de las formulas aplicadas, y la verdadera trayectoria que es observada, nos hace pensar que en todos estos años, no se han realizado pruebas experimentales o comprobaciones para confirmar si esos algoritmos respondían a la realidad, o si eran simples estructuras matemáticas, ajenas a la autenticidad de la naturaleza.

La Decana del C.O.I.I.M., Maria Tersa Estevan entrega a Gabriel Barceló, en presencia del secretario del colegio Galo Gutiérrez, la Mención Honorífica a la trayectoria personal, por su vida profesional en el mundo de la ingeniería, de la investigación y del servicio público. [287]

Por tanto, reiteramos que es necesario una profunda auditoria de procedimientos, e incluso, una revisión de los enunciados de la Mecánica Clásica, y de la mecánica analítica, para estos

---

[287] Revista TESLA, nº10. Verano 2016. Revista del Colegio Oficial y de la Asociación de Ingenieros Industriales de Madrid (COAIN). Cronica del homenaje celebrado el 16 de junio de 2016 en Madrid. http://portal.coiim.es/uploads/files/b3cacc732a5f692f7e0a8844a8a823b32f3d6003.pdf

supuestos no inerciales, con el fin de que los resultados de sus ecuaciones se ajusten a la realidad observable en la naturaleza de móviles en movimiento, sometidos a aceleraciones.

Nuevas hipótesis

Guiados por nuestra curiosidad, y por las inquietudes que nuestro profesor Miguel A. Catalán nos generó, hemos intentado en estos últimos sesenta años, buscar explicaciones a nuestras dudas y aporías, intentando transformar nuestro bagaje conjetural, en una estructura lógica de conocimiento, con el fin de mejor comprender el comportamiento de la naturaleza, poder explicarlo fielmente, e incluso, disponer de los instrumentos matemáticos que nos permitan su predicción. También, el lograr aplicar estos nuevos conocimientos en otras áreas de la ciencia o incluso, poder crear nuevos recursos tecnológicos basados en estas percepciones.

Para ello, fue necesario observar el singular comportamiento de la materia al ser sometida a sucesivas aceleraciones por rotación, no coaxiales, e inferir su verdadero comportamiento en condiciones no inerciales.

A partir de determinados ejemplos dinámicos y en base a una nueva interpretación del comportamiento de los cuerpos dotados con momento angular intrínseco, cuando son sometidos a sucesivos pares no coaxiales, hemos desarrollado nuevas hipótesis dinámicas, que nos permiten llegar a la conclusión de que es posible crear un nuevo modelo matemático, aplicable a la dinámica de campos de rotación.

Este nuevo modelo nos permite justificar comportamientos dinámicos naturales, que hasta ahora no habían sido suficientemente entendidos. Con este nuevo modelo conceptual, los nuevos resultados para determinados casos se obtienen a partir de una nueva interpretación de la composición de los movimientos originados por momentos externos.[288]

Nuestro proyecto de investigación nació de la observación física, de la búsqueda de una dinámica para sistemas acelerados y de la reflexión sobre la validez de los modelos matemáticos clásicos que aceptan aplicar el álgebra vectorial a las magnitudes angulares:

- El modelo matemático para el desarrollo de las ecuaciones de movimiento clásicas admite el álgebra vectorial, a pesar de que las magnitudes dinámicas rotacionales no son ni conmutativas ni asociativas.
- En la Mecánica Clásica se admite desde Poinsot, el principio discriminante de no superposición entre los movimientos de traslación y de rotación, y de que los efectos de las fuerzas no se acoplan con los efectos de los pares, sin que este razonamiento hubiese sido comprobado experimentalmente.

Nuevas deducciones

Insatisfechos con los criterios de la dinámica rotacional convencional, intentábamos buscar nuevos enfoques para determinar la ecuación del movimiento de los sistemas acelerados y mejor comprender y explicar su comportamiento. Tras un primer análisis, llegamos a la convicción de que:

---

[288] Research Blog: *Extensive report on the investigations of Gabriel Barceló.* March, 2016. Global Journal of Researches in Engineering. El reportaje incluye los nuevos resultados científicos y tecnológicos obtenidos mediante la Teoría de Interacciones Dinámicas. http://blog.gjre.org/2016/03/behaviour-of-rotational-bodies.html

- Cuando un cuerpo sólido rígido con rotación intrínseca es sometido a un momento externo no coáxico, se generan *interacciones dinámicas* que producen una variación del comportamiento dinámico del cuerpo, no previsto en la Mecánica Clásica.
- Los cuerpos sólidos con momento angular intrínseco y cantidad de movimiento, cuando son sometidos a un nuevo momento no coaxial con su rotación, cambian su trayectoria conforme a una regularidad definida.

Nueva ecuación del movimiento

En base a los axiomas propuestos en este proceso deductivo, obtuvimos una nueva formulación para el movimiento de sistemas acelerados.

Esta nueva ecuación del movimiento permite conocer el verdadero comportamiento real de la naturaleza para sistemas no inerciales. Puede entenderse como una realización científica que justifica y predice el comportamiento dinámico de sistemas acelerados. Proporciona nuevos modelos de comportamiento, solucionando problemas dinámicos. En su desarrollo hemos generado nuevos conceptos científicos, idóneos y necesarios.

Esta nueva concepción de la dinámica, exige una sensibilidad interpretativa de los fenómenos rotatorios, a los que no pueden ser aplicados los criterios de la dinámica de traslaciones. Posiblemente corresponda a ese necesario *cambio sutil de perspectiva, algo que todos hemos olvidado...*[289], al que se refería Penrose (ver epígrafe 0.3.1)

---

[289] Penrose, R. R.: *El camino a la realidad: Una guía completa a las leyes del universo*, Vintage Books, Nueva Y 2004. Londres, 2.005 y Ed. Debate, 2.006

Por otro lado, y como ya hemos expresado, esta nueva estructura lógica no entendemos que este en conflicto con la Mecánica Clásica, pues ambas se refieren a áreas de conocimiento claramente diferenciado.

Pruebas experimentales

Esta nueva estructura lógica fue contrastada con pruebas experimentales y modelos de simulación por ordenador. Obteniendo una plena coherencia entre los resultados de las simulaciones y la observación de los resultados de las evidencias empíricas.

Estas pruebas fueron realizadas por el equipo investigador de Advanced Dynamics, pero también por terceras personas independientes, que diseñaron sus propios prototipos de comprobación experimental.

Comprobación y falsación

Entendemos que, en cualquier caso, de forma independiente es necesaria la comprobación y falsación de nuestra teoría, como alternativa a ese otro paradigma clásico, existiendo entre ambos una clara discrepancia conceptual. Sugerimos que es necesario revisar este nicho de conocimiento, con una nueva mentalidad, que prescinda de ideas preconcebidas de un escenario traslacional, y acepte la realidad rotacional de la materia y de nuestro entorno. Esa ha sido la razón principal que nos ha inducido a estableces unos axiomas más generales para analizar la dinámica de los cuerpos sometidos a aceleraciones y, especialmente a aceleraciones por rotaciones, y proponer una mecánica para sistemas no inerciales.

Sistemas no inerciales

La Mecánica Clásica ha sido formulada para referencias inerciales, y no explica y no se refiere a sistemas en rotación. Sin embargo, es posible la concepción de una mecánica válida para cualquier supuesto, si incluimos las reacciones inerciales y definimos una dinámica inercial de campos. De esta manera los fenómenos inerciales quedarían estructurados de forma racional, e incorporados a una mecánica unificada.

Con el fin de incorporar los fenómenos inerciales a la estructura de conocimiento de la física, es necesario analizar el movimiento en coordenadas no holónomas y las reacciones axiales que se producen. Entendemos que la Mecánica Clásica basada en coordenadas holónomas y reacciones polares, sólo representa un punto de vista limitado y parcial de la naturaleza.

La generalización que se propone no expresa que la Mecánica Clásica esté obsoleta o equivocada, pero sí que es limitada y parcial, ya que sólo se refiere a sistemas inerciales. Podemos ser más ambiciosos y buscar leyes dinámicas más generales, que regulen el comportamiento de los cuerpos en movimiento por rotaciones, o sometidos a múltiples rotaciones no coaxiales.

La Teoría de Interacciones Dinámicas generaliza el concepto de par giroscópico y otros conceptos de los fenómenos inerciales, y los incorpora a una nueva estructura unificada de dinámica rotacional no inercial.[290]

---

[290] Research Blog: *Extensive report on the investigations of Gabriel Barceló.* March, 2016. Global Journal of Researches in Engineering. El reportaje incluye los nuevos resultados científicos y tecnológicos obtenidos mediante la Teoría de Interacciones Dinámicas. http://blog.gjre.org/2016/03/behaviour-of-rotational-bodies.html

Nuevo paradigma

En este texto se ha propuesto una nueva teoría mecánica para los cuerpos sometidos a aceleraciones. Incluso exponiendo su contenido, y recordando cómo ha sido gestionado este nuevo nicho de conocimiento científico.

Tras este proceso de deducción e inferencia, hemos construido una estructura del conocimiento para sistemas no inerciales, que incorpora una demostración causal de los fenómenos acelerados, sin haber conocido hasta la fecha, como ya hemos expresado, refutación o antítesis a nuestra argumentación. Mediante una meditada gestión de este conocimiento, y a partir del enunciado de axiomas y principios, hemos estructurado una tesis final, que denominamos **TEORÍA DE INTERACCIONES DINÁMICAS, (TID**).

Entendemos que la teoría aporta una clara explicación científica y satisfactoria de los fenómenos rotacionales de cuerpos con simetría axial. Por su clara diferencia con los paradigmas existentes, esta teoría puede entenderse como una *cosmovisión*[291] o una nueva visión del mundo físico, que nos permite superar una imagen traslacional del entorno. Nos traslada a la realidad de un universo en rotación, modificando nuestras percepciones, conceptuaciones y valoraciones de nuestro contexto, y la manera en que en física debe percibirse e interpretarse la naturaleza.

Nuevas investigaciones

La nueva clasificación que proponemos en el capítulo V, para la Mecánica, permite imaginar nuevas áreas de exploración,

[291] Wittgenstein, Ludwig: *Tractatus logico-philosophicus.* Valencia: Tirant lo Blanch. 2016 Se refiere exactamente al concepto: *Weltanschauung.*

indagación e investigación de sistemas acelerados, y por tanto, el desarrollo de una nueva dinámica de móviles en condiciones no inerciales. En este texto, y en el segundo tomo, exponemos una teoría dinámica concreta para móviles con simetría axial, por lo que otras muchas opciones de investigación y desarrollo todavía son posibles.

Pero tenemos que ser conscientes de que las nuevas leyes dinámicas de sistemas no inerciales no son *estrictas*, entendiendo aquí este concepto en el sentido de que serán aplicables según el estado dinámico previo del móvil, por lo que se podrán representar mediante secuencias lógicas informatizables, pero no mediante ecuaciones únicas.

Segunda parte

En el tomo II nos referiremos más detalladamente a los patrones y regularidades observadas en el movimiento de los cuerpos con rotación y simetría axial, que nos permiten definir unas leyes dinámicas que deducimos de la Teoría de Interacciones Dinámicas, y que entendemos permiten una mejor predicción y explicación del comportamiento de los sistemas no inerciales.

También, nos referiremos a los múltiples ejemplos que pueden ser observados en la naturaleza de este comportamiento característico, y sugerir cómo, de un par inicial instantáneo, puede generarse un movimiento en constante rotación, sin límite temporal, pero nuevos momentos no coaxiales posteriores, generarán sistemas en equilibrio dinámico perpetuo. Analizaremos en el Tomo II, con detenimiento, la aplicación de esta teoría a la dinámica de los sistemas planetarios, a las galaxias y a la dinámica del universo.

También nos referiremos en el tomo II, a las múltiples aplicaciones de estas nuevas hipótesis dinámicas, en el ámbito científico y tecnológico.

Por último para terminar este volumen, recordaremos a Albert Einstein: *Los años de búsqueda en la oscuridad de una verdad que uno siente pero que no puede expresar, el deseo intenso y la alternancia de confianza y desazón, hasta que uno encuentra el camino a la claridad y comprensión, sólo son familiares a aquél que los ha experimentado.*[292]

---

[292] Einstein, Albert: *The Origins of the General Theory of Relativity (Los Orígenes de la Teoría General de la Relatividad),* conferencia impartida en la Fundación George A. Gibson, en la Universidad de Glasgow, el 20 de junio de 1933. Publicada por Jackson, Wylie and co. Glasgow, 1933. http://einsteinsworld.com/WEIL-189-Einstein-Cambridge-1933-On-The-Origins-Of-General-Relativity.htm

AGRADECIMIENTOS

Este libro ha sido redactado a partir de distintos textos preparados por el autor desde 1980, por lo que desea agradecer el apoyo y la colaboración recibida en este proyecto, a lo largo de estos años. Fue redactado en lengua inglesa, y posteriormente traducido al español con la colaboración de Almudena Martin.
Una mención especial merecen los miembros de Advanced Dynamics C.B., y en concreto: Alejandro Álvarez, Julio Cano, y Francisco Dalby, y también a los que constituyeron, con los anteriores, el Consejo de Administración de Advanced Dynamics S.A.: Ramón Gómez Olea (1932-2016), Pablo González, y Enrique López Ayllón, todos los cuales han apoyado estos trabajos y estudios. También por permitir la utilización de informes, documentos y pruebas experimentales propiedad de Advanced Dynamics C. B., en la redacción de estos textos, ampliando el agradecimiento a todos los comuneros de Advanced Dynamics C. B. y a los patronos de Dinámica Fundación, que aparecen en el respectivo portal de Internet.
Especial agradecimiento merecen Francisco Dalby, Joaquín del Castillo, Mariano Puerto y Almudena Martin, por su labor de apoyo y colaboración, y revisión de este texto, sugiriendo ideas y comentarios.

ANEJO I

BIBLIOGRAFIA CONSULTADA POR EL AUTOR

Abel, I. G., Plunk, G. G., Wang, E., Barnes, M., Cowley, S. C., Dorland, W. and Schekochihin, A. A. *Multiscale Gyrokinetics for Rotating Tokamak Plasmas: Fluctuations, Transport and Energy Flows.* iv: 1209.4782v4 [physics.plasm-ph] 2 December 2013.

Aecio de Bizancio: *Placita philosophorum.* Refer by: Burnet, John Early Greek Philosophy, London and Edinburgh: A. and C. Black, 1892.

Aguirre, Anthony: *La Teoría MOND no es una idea descabellada*, en Investigación y Ciencia, octubre 2002.

Agulló, J.; Borrás, M.; Cardona, S.; Martínez, J.; Pérez-Vidal, L.; Queralt, J.; Vidal-Ribas, J.; Viñas, C.; Vivancos, J.; *Mecánica. Cinemática;* Centre publicacions D'Abast. 1981.

Al-Idrisi, Muhammad: *El Libro de Roger.* Refer by Harley, John Brian and Woodward, David (1992). *The History of Cartography*, Volume 2. Oxford University Press y por Carney Gies, Frances*: Al-Idrisi y el Libro de Roger.* Revista digital trimestral de la Fundación Pública Andaluza: El legado andalusí, nº 47, 2012.

Alfagrano: *Elementos de Astronomía. Libros del Saber de Astronomía.* Ordenado por Alfonso X El Sabio. Accesible en Biblioteca Virtual Miguel de Cervantes: Burgos, 1278. Referido por Fernández de Navarrete, Martín: Disertación sobre la historia de la náutica y de las ciencias matemáticas, Editorial Maxtor, 1846.

Alfvén, H. *Cosmical Eletrodynamics* (The international series of monographs on physics). Clarendon Press, 1950. http://ia600703.us.archive.org/23/items/CosmicalElectrodynamics/Alfven-CosmicalElectrodynamics.pdf

Alonso, Luis: *Fundamentos. Sobre orígenes y cuestiones no resueltas.* Investigación y Ciencia, mayo, 2006.

Altman, S. L.: *¿Hamilton, Grassmann, Rodrigues, y el Escándalo de Cuaterniones -- Qué falló con uno de los descubrimientos matemáticos mayores del siglo XIX?.* Oxford, 1989.

Altman, S. L.: *Las rotaciones, Cuaterniones, y los Grupos Dobles*, Oxford, 1986.

Alonso de Pablo, J. A. and Sánchez Almeida, J.: *La rotación y el transporte de momento en plasmas astrofísicos y de laboratorio*. RdF 27-4 Octubre-Diciembre2013.

Álvarez, A. et al.: *Mathematical model on rotational dynamics.* First International congress on Maths, I. and A. UP Madrid. ETSICCP: 2007.

Anderson, John D. Philip A. Laing, Eunice L. Lau, Michael Martin Nieto y Slava G. Turyshev: *The non-concluded investigation for solving the anomaly of the Pioneers.* (https://planetary.org May 10th, 2005)

Appell, P.: *Traité de Mécanique Rationnelle*, Gauthier- Villars, Paris, 1909. Reissue1941.

Aristoteles. *De Coelho.* Venecia, 1549.

Arnold, V.I.: *Classical Mechanics. Mathematical methods.* Springer-Verlag, New York, (1989).

Arnold, V.I.: *Mecánica Clásica. Métodos Matemáticos*; Ed. Paraninfo, S.A. Madrid, 1983.

Arquímedes: *Arenario.* Tratados II, Editorial Gredos, Madrid, 2011.

Artigas, M.: *Filosofía de la ciencia experimental*, Ed. Eunsa, Pamplona, 1990

Asimov, Isaac: *La relatividad del error*, Editorial Planeta, Barcelona, 1988.

Asimov, Isaac: *Momentos Estelares de la Ciencia*, Alianza Editorial, México, c1959

Atkins, P. W.: *Quanta a handbook of concepts.* Sec. edition. Oxford University Press. Oxford 1991

Azarquiel: *Libros del Saber de Astronomía*. Ordenado por Alfonso X El Sabio. Accesible en Biblioteca Virtual Miguel de Cervantes: Burgos, 1278. Also Editorial Maxtor, 1863 (5 tomos), reeditado en 2011.

Bailly, Jean: *Histoire de l'astronomie ancienne,* 1775.

Bastero, J.M. & Casellas, J.: *Curso de Mecánica;* Ed. EUNSA. 1987.

Barrow, John D.: *Origin of the Universe*, Basic Books, Science Masters S., USA, 1994.

Baum, Lauris y Frampton, Paul H.: *Entropy of Contracting Universe in Cyclic Cosmology*. Mod. Phys. Lett. A23:33-36, 2008

Brahe, Tycho: *Astronomicaum epistolarum liber*, Letter to Rothman-Uranienburg, 1602.

Beer, F. P. y E. Russell Johnston Jr.: *Mecánica Vectorial para Ingenieros: Dinámica*. Ed. McGraw-Hill. New York, 1993.

Belda Villena, E.: *Mecánica*. Ed. Vizcaína SA. 1958.

Bell, T.: *Los Grandes Matemáticos.* Nueva York, 1965.

Bellman, R.: *Introducción al Análisis Matricial*, Editorial Reverté, Barcelona, MCMLXV.

Bencze, William J.: *Gyroscope spin axis direction control for the gravity probe B satellite*, December, 1996

Berkeley, George: *Treatise Concerning the Principles of Human Knowledge*, Dublín, 1710, and *Principios del Conocimiento Humano,* Biblioteca de filosofía, Ediciones Folio SA, Barcelona, 2002.

Bittencourt, J. A.: *Fundamentals of plasma physics*. Springer (2004). ISBN 9780387209753.

Bloch, A. M., J. E., Marsden, & Zenkov, D. V.: *Non holonomic Dynamics*, Notices of the American Mathematical Society, vol. 52, March 2005, 324333.

Blokhintsev, D.: *Las consideraciones filosóficas de la física moderna*. Ed. Mir, 1952.

Bohnenberger, J.: *Tübinger Blütterfür Naturwissenschaft und Arzneikunde*, 1817.

Borowitz, Sidney and Bornstein, Lawrence A.: A Contemporary View of Elementary Physics. McGraw-Hill Inc., US; International edition, 1968.

Brizard, A. J. and Hahm, T. S.: *Foundations of Nonlinear Gyrokinetic Theory.* Reviews of Modern Physics, 79. 2007

Bruhat, G.: *Mécanique*, Masson & Cie, París, 1955.

Bruno, G.: *La Cena de le Ceneri.* Londres 1584. Ed. Wagner, París, 1994.

Bruno, G.: *Acrotismus camoeracensis,* Nápoles, 1879.

Bruno, G.: *Sobre el Universo infinito y los Mundos*, Ediciones Orbis S.A., Argentina, 1981 (Traducción de Ángel J. Cappelletti).

Bruno, G.: *Expulsión de la Bestia Triunfante*, Editorial Alfaguara, Madrid, 1986

Buchman S., Quinn T., Keiser G. M., Gill D. and. Sumner T. J.: *Charge Measurement and Control for the Gravity Probe Gyroscopes,* Rev. Sci Instruments, Vol. 66, No. 1 Part 1, January 1995.

Bürguer, W.: *The Flight of the Boomerang.* Scientific American (Research and Sience), (304). 2002.

Camenen, Y., Peeters, A. G., Angioni, C., Casson, F. J., Hornsby, W. A., Snodin, A. P. and Strintzi, D.: *Physical Review Letters,* 102 125001. 2009.

Cartan, É.: *Sur les variétés à connexion affine, et la théorie de la relativité généralisée (première partie) (Suite)*, Annales Scientifiques de l'École Normale Supérieure 41, (1924),

Cartan, E.: *Sur une généralisation de la noción de courbure de Riemann et les espaces à la torsión. C. R. Acad. Sci.* (París) 174, 593-595 (1922).

Carpentier, J.: Radix, J.C.; Bonuvet, J.; Bonnevalle, G.; *Navigation par inertie.* Ed. Dunod. París, 1962.

Cassirer, Ernst: *Filosofía de la Ilustración,* Fondo de Cultura Económica, Madrid, 1993.

Casson, F. J., Peeters, A. G., Camenen, Y., Angioni, C., Hornsby, W. A., Snodin, A. P., Strintzi, D. and Szepesi, G.: (2009) *Physics of Plasmas,* 16 092303

Casson, F. J., Peeters, A. G., Angioni, C., Camenen, Y., Hornsby, W. A., Snodin, A. P. and Szepesi, G.: (2010) *Physics of Plasmas,* 17 102305.

Catalán, M. A. & León, A: *La órbita de los átomos fundamentales*, en ASEFQ, 21, 162 y 165 de 1923, W. y en: Física y Química (séptimo curso), Madrid, 1945.

Catalán, Miguel A. & León, Andrés: *Física Y Química*, séptimo curso, 1945.

Catalán, Miguel A.: *Ejercicios Prácticos de Química.* Zaragoza, 1919.

Cellarius, Andreas: *Harmonia Macrocosmica*, Amsterdam, 1661.

Cellarius, Andreas: *Atlas Coelestis seu Harmonia Macrocosmica*, 1661.

Chamorro Belmont, Alberto: *Concepción Física Contemporánea del Universo*, Universidad del País Vasco, 2001.

Chen, Francis F. *Introduction to Plasma Physics and Controlled Fusion: Plasma Physics. Springer* (1984). ISBN 9780306413322.

Clanet C, Hersen F, Bocquet L *Secrets of successful stone-skipping.* (January 2004). *Nature* 427 (6969): 29. doi:10.1038/427029a. PMID 14702075.

Clayton, Donald D.: *Principles of Stellar Evolution and Nucleosynthesis.* McGraw-Hill, New York (1968); reissued by University of Chicago Press (1983).

Cleómedes: *Sobre el Movimiento Circular de los Cuerpos Celestes.* Refer by VARELA, Claudio R.: Cleómedes: *La procesión circular de los cuerpos celestes*,

Cohen, B. Bernard: *Birth of a new Physics.* 1960, LoC 60-5918, Science Study Series S10, Anchor Books, Doubleday.

Cohen, B.: *La revolución newtoniana y la transformación de las ideas científicas.* Alianza Editorial. Madrid, 1983.

Copérnico, Nicolás: *Revolutionibus orbium coelestium*, 1543, Nuremberg, edit. Johannes Petreyo. Ed. Tecnos, Madrid, 1987.

Coriolis, Gaspard Gustave de: *Sur les équations du mouvement relatif des systèmes de corps*, en J. de l'Ecole royale polytechnique, 15, París, 1835.

Cornelius, L.: *Principles of varational Mechanics.* New York: Courier Dover Publications. 1986. ISBN 0-486-65067-7.

Cornwell, J.F.: *Group Theory in Physics,* Academic Press. London, UK, 1988

Corral A., Ossó, A. and Llebot, J.E. (2010): *Scaling of tropical-cyclone dissipation.* Nature Physics 6, 693–696 doi:10.1038/nphys1725.

Crane, Philippe: *Origins.* Theme Scientist, NASA. 2002.

Crescas, Hasdai: *Or Adonai.* Ferrara, 1596.

D'Alembert: *Recherches sur la précession des equinoccios et sur la nutation de l'ax de la terre*, París, 1749. Academia Real de Ciencias. Reprinted in Brussels by Culture and Civilization, 1967.

D'Alembert: *Dynamique*, 2ª editión, París, 1757. Reprod. fac-sim. Sceaux J. Gabay, 1990. Vol. I (XL-272 p,)

D'Alembert: *Opusc.math* (Opuscules mathématiques ou Mémoires sur différens sujets de géométrie, de méchanique, d'optique, d'astronomie) Paris C.-A. Jombert, 1761-1780.

http://gallica.bnf.fr/ark:/12148/bpt6k62394p.

Davies, Paul: *The Mind of God*, Simon & Schuster, London, 1992. McGraw-Hill, Madrid, 1993.

De Maupertuis, Pierre-Louis Moreau.: *Accord de différentes loix de la nature qui avoient jusqu'ici paru incompatibles.* Paris, 15 Abril 1744.

Descartes, R.: *Principia Philosophiae,* 1644, édition latine. En VIII-1; traducción de Paul Picot, revisado por Descartes, *Les principes de la philosophie,* 1647. Biblioteca de Grandes Pensadores, Editorial Gredos, Madrid, 2011.

Descartes, R. *Le monde ou traité de la Lumière,* Paris, 1677. Kessinger Publishing, LLC (2009).

Digges, Thomas: *A Perfit Description of the Caelestial Orbes*, 1576.

Drake, S.: *Galileo Galilei: Dialogue Concerning the Two Chief World Systems Ptolemaic and Copernican*, University of California, Berkeley, 1953.

Dorado, M.: *Dynamics of system with spin: a new scope. Fundamentals and applications*. ADI Ser, Ed.: Madrid, 2013.

Dorado, M.: *Equation of motion of systems with internal angular momentum* – II. arXiv:physics/0603207.

Dóriga, Enrique L.: *El universo de Newton y de Einstein : introducción a la filosofía de la naturaleza*r. Edit. Herder, 1985.

Duc, J.; Bellet, D.: *Mecanique generale*. Tome 2. *Mouvements des solides. Gyroscope*, Ecole Nationale Superieure de l'Aeronautique et de l'Espace. Paris, 1982.

Duhem, P.: *De l'accélération produite par une la fuerza constante*, 2ª sesión del Congreso Internacional de Filosofía. Ginebra, 1905.

Duhem, P.: *Études sur Leonard de Vinci*, París 1909

Echegaray, J.: *Conferencias sobre Física Matemática.* Curso 1912-13. Madrid, 1913.

Eddington, A.: *El Álgebra de Clifford*, Cambridge, 1936.

Eddington, A.: *The Expanding Universe,* Cambridge University Press, 1988 (1933).

Einstein, A.: *Autobiographical Notes*; *Albert Einstein: Philosopher-Scientist*, third Ed. Volume VII, the Library of Living Philosophers, 1939. Centennial Edition, 1999, 3ª ed.

Einstein, A.: *The Foundation of the General Theory of Relativity*. Annalen der Physik 354 (7): 769. Bibcode: 1916 AnP.354.769E. doi:10.1002/andp.19163540702.

Einstein, A.: *Does the Inertia of a Body Depend upon its Energy-Content?* English translation of his original 1905 German-language paper (published as: *Ist die Trägheit eines Körpers von seinem Energieinhalt abhängig?*, in Annalen der Physik. 18:639, 1905) which appeared in the book: *The Principle of Relativity*, published in 1923 by Methuen and Company, Ltd. of London.

Einstein, A.: The Meaning of Relativity. Published November 21st 1966 by Princeton University Press.

Einstein, A.: *Über das Relativitätsprinzip und die aus demselben gezogene Folgerungen, Jahrbuch der Radioaktivitaet und Elektronik*. Traducido como: [Sobre el principio de la relatividad y las conclusiones extraídas. Las ponencias recolectadas de Albert Einstein. Vol 2: Los años de Suiza: escritos, 1900-1909, Universidad de Princeton, Princeton, NJ, 1989.] (1907). Anna Beck traductor. Esta es la primera declaración de Einstein del principio de equivalencia.

Einstein, A.: *Über die spezielle und allgemeine Relativitätstheorie*. Braunschweig F. Vieweg. traducido por Robert William Lawson. Diciembre de 1916). https://en.wikisource.org/wiki/Relativity:_The_Special_and_General_Theory.

Einstein, A. (1905): *Zur Elektrodynamik bewegter Körper*, Annalen der Physik 17: 891; Trad.: George Barker Jeffery.

Einstein, A.: *The Origins of the General Theory of Relativity,* conferencia impartida en la Fundación George A. Gibson, en la Universidad de Glasgow, el 20 de junio de 1933. Publicada por Jackson, Wylie and co. Glasgow, 1933. http://einsteinsworld.com/WEIL-189-Einstein-Cambridge-1933-On-The-Origins-Of-General-Relativity.htm

Einstein, A.: *Extracto de una conferencia en el King´s College, Londres*, 1921. Publicada en Mein Weltbild, Amsterdan, 1934.

Einstein, A.: *Sobre la teoría de la relatividad y otras contribuciones científicas*. Barcelona, Antoni Bosch, 1982, 22x14,5 cm., 159 págs

Einstein, A. y Infeld, L.: *La Evolución de la Física*, Salvat Editores; Edición: 1ª Ed (1986) Barcelona, 1995.

Energía de los huracanes. Investigación y Ciencia (Scientific American), Julio 2010. http://www.nature.com/nphys/journal/v6/n9/full/nphys1725.html

EPR Aerospace News. Aerospace press releases Jul 13th 2010. http://www.epraerospacenews.com/2010/07/13/physics-can-explain-the-behaviour-of-the-south-africa-world-cup-ball/#categories

EPR Aerospace News. 5 de Octubre, 2010. http://www.epraerospacenews.com/2010/10/05/international-astronautical-congress/

Euler, L.: *Die Entdeckungeines neuen Prinzips der Mechanik.* History of the Royal Academy of Berlin, 1750, P. 185-217

Euler, L.: *Du mouvement de rotación des corps solides autour d'un axe variable.* Histoire de l'Académie royale de Berlín. 1758.

Euler, L.: *Du mouvement de rotation d'un corps solide quelconque lorsqu`il tourne autour d'un axe mobile.* Berlin, 1760

Euler, L.: *Theoria motus corporum solidorum seu rigidorum.* Rostock, 1763. - Otras ediciones: Greifswald, 1790.

Fernández-Rañada, A.: *Física básica.* Alianza Editorial, Madrid, 1993.

Feynman, Leighton and Sands: *Lectures on Physics.* Ed. Addison-Wesley. California Technical Institute 1963.

Foucault, L.: *Recueil des travaux scientifiques de Léon Foucault,* Veuve Foucault, sa mère y J. Bertrand, secrétaire perpétuel de l'Académie des Sciences. París, Gauthier Villars, de 1878.

Foucault, L.: *Sur quelques expériences tendant un démontrer la tendance des rotaciones au parallélisme.* La Académie des Sciences de Francia, París, 26 de octubre de 1852. Comptes rendus de l'Acad. des Sc.

Foucault, L.: *Sur la tendance des axes de rotation au parallélisme.* Paris,1852.

Foucault, L.: *Sur une nouvelle démonstration expérimentale du mouvement de la Terre fondée sur la fixité du plan de rotation.* Paris, 1852.

Fowell, R.A.; Milford, R.I.; Yocum, J.F.: *Spacegraft spin stabilization using a transverse wheel for any inertia ratio*; Journal of guidance, control and dynamics, vol. 22, nº 6, November-December 1999, pp. 768-775.

French, A. P.: *Newtonian Mechanics.* The M.I.T. Introductory Physics Series, W. W. Norton & Company, New York, 1971

Friedman, L.: *What is a "New Physics*? The Planetary Society (https://planetary.org May 10th, 2005).

Galileo G.: *Dialogo sopra i due massimi sistemi del mondo Tolemaico, e Copernicianо,* 1632. Ed. Gio. Batista Landini. https://es.wikisource.org/wiki/Di%C3%A1logos_sobre_los_dos_m%C3%A1ximos_sistemas_del_mundo:_ptolem%C3%A1ico_y_copernicano

Galileo, G.: *Dialogue on the two big systems of the world.* Florence, 1632. University of California Press, 1953.

Galileo, G.: *Il Saggiatore*, 1623. Ed. Sarpe, 1984 - Volumen 35 de Los Grandes Pensadores.

Gassendi, P.: *De motu impresso a motore Translato*, Apud Ludouicum de Heuqueuille, Paris, 1642.

Gatti. H: *Giordano Bruno y la ciencia del renacimiento*, London, Cornell University Press, 1998.

Gauss, C. F.: *Theoria motus corporum coelestium in sectionibus conicis solem ambientium*1809

Gilbert, P.: *Problème de la rotación d'un corps solide autour d'un point fixe.* Annales de la Société Scientifique de Bruxelles, 1876.

Gilbert, P.: *Étude historique et critique sur le problème de la rotation d`un corps solide autour d`un point.* Annales de la Société Scientifique de Bruxelles, 1878.

Gilbert, P. and Dibner, Bern: *Étude historique et critique sur le problème de la rotation d`un corps solide autour d`un point fixe.* Bruxelles, F. Hayez, 1878.

Ginsberg, J.H.: *Advanced Engineering Dynamics.* Cambridge University Press. [1995].

Glashow, Sheldon: *Interactions*, Warner Books, New York, 1988.

Goicolea Ruigómez, J. M.: *Curso de Mecánica.* Madrid, 2001. Colegio de Ingenieros de Caminos, Canales y Puertos. http://filemon.mecanica.upm.es/mecanica.html.

Goldstein, H, and Poole, J.: *Classical Mechanics*, Addison-Wesley, Lecture, MA. 1994.

Goldstein, H. and Safko, J.: *Classical Mechanics*, Addison-Wesley, Third edition. July 2000.

Goldstein, H.: *Mecánica Clásica.* Editorial Reverté. 1994.

Greenhill, S.G.: *Gyroscopic Theory*; Chelsea Publishing Company. New York, 1966.

Greenwood, D.T.: *Classical Dynamics.* Prentice-Hall, Inc. [1977]

Griffiths, J.B.: *The Theory of Classical Dynamics.* Cambridge University Press. [1985]

Gustafson, Erik. AIP Emilio Segre. Visual Archives, Margrethe Bohr Collection *(www.aip.org/history/esva).*

Guth, Alan H.: El universo inflacionario: la búsqueda de una nueva teoría sobre los orígenes del cosmos, Editorial Debate, 1999.

Hall, R.: *Newton on the calculation of central forces,* Annals of Science 13: 62-71, 1957.

Hacyan, Shahen: *El descubrimiento del universo*, Fondo de Cultura Económica, 1986.

Hajdukovic, Dragan Slavkov*: Is dark matter an illusion created by the gravitational polarization of the quantum vacuum?* Astrophysics and Space Science, Volumen 334, No. 2, 2011.

Hamilton, William: *Theory of Systems of Rays,* Royal Irish Academy, 23 april 1827. Transactions, Volumen 23. BiblioLife, Reissu on 2010. Dublín, 1827.

Hamilton, William: *Elements of Quaternions,* Longman, 1866.

Harwood, Michael: *The Universe and Dr. Hawking*, The New York Times, 23 january 1983.

Hastenes, D. y Sobczyk, G.: *El Álgebra de Clifford y el Cálculo Geométrico,* 1984.

Hastenes, D.: *Las Álgebras de Clifford y sus Aplicaciones en la Física Matemática,* 1985.

Hastenes, D.: *Bases nuevas para Mecánicos Clásicos,* 1985.

Harald, Iro: *A Modern Approach to Classical Mechanics*. World Scientific. 2002 P. 180. ISBN 981-238-213-5.

Hawking, Stephen: *A brief history of time: from the big bang to black holes.* 1989, Bantam.

Hawking, Stephen: *Gödel and the end of physics,* Julio 20, 2002. Conferencia. http://www.hawking.org.uk/godel-and-the-end-of-physics.html

Hawking, Stephen, y Ellis, G. F. R.: *The Large Scale Structure of Space-Time*, Cambridge University Press, Cambridge, 1973.

Hawking, S. y Page, Don N.: *Operator Ordering and the Flatness of the Universe,* Print-85-0503 (Penn-State), Apr 1985, en Nucl. Phys., B264, 1986, pp. 185-196.

Hayasaka, H. & Takeuchi, S.: *Anomalous weight reduction on a gyroscope's right rotation around the vertical axis of the Earth*. Phys. rev. lett., (63), P. 2701-2704. 1989.

Hawley, John F. y Holcomb, Katherine A.: *Foundations of Modern Cosmology*, Oxford University Press, New York, 1997.

Hess, F.: *Boomerangs, aerodynamics and motion*. University of Groningen, (Holanda), 1975.

Hess, F.: *The Aerodynamics of Boomerangs.* Scientific American, 219 (5), 124-136. (1968)

Hibbeler, R.C.: *Ingeniería Mecánica. Dinámica*; Ed. Prentice Hall Hispanoamericana, S.A. 1996.

Highcock, E. G., Barnes, M., Schekochihin, A. A., Parra, F. I., Roach, C. M. and Cowley, S. C.: (2010) *Physical Review Letters,* 105 215003

Hirn, M.: *Théorie analytique élémentaire du giroscope*; Annales de l'Observatoire de París, t. IX.

Holton, G.: *Introduction to the concepts and theories of Physics.* Harvard University 1952. Ed. Reverte, 1993

Housner, G. W. and Hudson, D. E.: *Applied Mechanics Dynamics.* Ed. Van Nostrand C.I.T 1950.

Howes, G. G. et al.: (2006). *Astrophysical Gyrokinetics: Basic Equations and Linear Theory*. The Astrophysical Journal 651(1), P. 590. http://stacks.iop.org/0004-637X/651/i=1/a=590.

Hubble Edwin: *The realm of the nebulae*. Yale University Press, 1982 (1936).

Hurricane, O. A. et al. (2014): *Fuel gain exceeding unity in an inertially confined fusion implosion*. Nature. DOI: 10.1038/nature13008. Nature 506, 343–348 (20 February 2014). DOI: 10.1038/nature13008.

Ikeda, K.: *Progress in the ITER physics basis.* Nuclear Fusion, 47(6). (2007) http://stacks.iop.org/0029-5515/47/i=6/a=E01.

Ishlinsky, A.: *Orientation, gyroscopes et navigation par inertie*; Editions MIR. Moscu, 1976.

Jacobi & Abel: *Fundamenta novae theoriae functionum ellipticarum.* Königsberg, 1829.

Jammer, Max: *Concepts of Space, The History of Theories of Space in Physics*, 2ª ed., Harvard University Press, Cambridge, 1969.

Jammer, Max: *Concepts of Mass in Contemporary Physics and Philosophy*, Prince-ton, N. J., Princeton University Press, 2000.

Jouffret, E: *Théorie élémentaire des phénomènes que présentent le gyroscope, la toupie et le proyectil oblong*, Revue d'Artillerie, Berger-Levrault et Gauthier-Villars, París, 1874.

Kepler, J.: *Tertius interveniens, Opera omnia*, ed. Frisch, Frankfurt, 1870.

Kepler, J.: *Mysterium Cosmographicum,* 1621. Alianza Editorial, Madrid, 1992.

Kerr, RP (1963): *Gravitational field of a spinning mass as an example of algebraically special metrics.* Physical Review Letters 11, P. 237–238.

Kierlik, Edouard & Courty, Jean-Michel: *El arte del rebote.* Revista Investigación y Ciencia, mayo 2004.

Kistner, A.: *Historia de la física.* Edit. Labor, 1934.

Kovalévskaya, S.: *About the rotation of a solid rigid body around a fix point,* Academy of Sciences of France, Paris, 1888.

Koyré, A.: *Galilean Studies.* Paris: Hermann, 1939. Brill, 1978.

Koyré, A.: *From the Closed World to the Infinite Universe.* CreateSpace Independent Publishing Platform (April 24, 2012).

Kozyrev N.A.: *Possibility of experimental investigation of the characteristics of the time.* Time in science and philosophy, Praga, 1971.

Krisch A. D. (1979): *The spin of proton.* Scientific American.

Kragh, Helge S.: *Conceptions of Cosmos. From Myths to the Accelerating Universe: A History of Cosmology,* History of Science and Technology, University of Aarhus, Oxford University Press Inc., New York, 2007.

Krommes, J. A.: *The History and Present Status of Gyrokinetic Theory*. Princeton University, presented at International Sherwood Fusion Theory Conference. Austin, TX- 4 May 2011.

Kroupa, Pavel y Pawlowski, Marcel: *Galaxias enanas y materia oscura,* Investigación y Ciencia, Nº 414, Marzo 2011.

Kuhn, Thomas S.: *The Copernican Revolution,* Harvard University Press, Cam-bridge, 1970.

Lagrange: *Mécanique analytique.* Edición M. Bertand, París 1788.

Lagrange: *Nouvelle solution du problème du mouvement de rotation d`un corps.* París 1797.

Laithwaite, E. R.: *Engineer Through the Looking-Glass.* Royal Institution of Great Britain, Christmas lectures, 1974/75. (1980).

Laithwaite, E. R.: *The continuing story of gyroscopic magic.* Elec. rev., (197), P. 675-678. (1975)

Laithwaite, E. R.: Video: http://www.ovguide.com/eric-laithwaite-9202a8c04000641f800000000025dc71

LLoyd, Geoffrey: *Aspiraciones de la curiosidad: La comprensión del mundo en la Antigüedad.* Siglo XXI de España Edit.

Landau, L. D. and Lifshitz, E. M.: *Mechanics.* Pergamon Press. 1960, and Ed. Reverte. 1994.

Landau, L. D. and Lifshitz, E. M.: *The Classical Theory of Fields* (Course of Theoretical Physics, Vol. 2), revised 4th English ed., New York: Pergamon Press, P. 321–330. (1975). ISBN 978-0-08-018176-9.

Landis Markley, F.: *New dynamic variables for momentum-bias spacecraft*; The journal of the astronautical sciences, vol. 41, nº 4, October-December 1993, pp. 557-567.

Laplace, P. S.: *Mécanique analytique.* Paris 1853.

Laplace, P. S.: *Recherches sur plusieurs points du système du monde.* París, 1778.

Laplace, P. S.: *Theorie analytique des probabilités.* París, 1995.

Laplace, P. S.: *Traité de mécanique céleste,* t. V. París, ed. du Gouvernement. Paris, 1799 a 1825. Reissu BiblioLife, 2009.

Lawden, D. F.: *An introduction to tensor calculus, relativity and cosmology.* Edit. John Wiley & Sons, cop. 1982.

Lee, J. P., Parra, F. I. and Barnes, M. *Turbulent momentum pinch of diamagnetic flows in a tokamak.* arXiv.org > physics > arXiv:1301.4260. Plasma Science and Fusion Center, MIT, Cambridge, USA, 21 January 2013.

Legendre, A. M.: *Du mouvement de rotation d´un corps solide autour d`un point fixe. Traité des fonctions elliptiques,* Paris. 1830.

Legendre, A. M.: *Nouvelles méthodes pour la détermination des orbites des comètes*, París 1807, New édit. 1819.

Legendre, A. M.: *Traité des fonctions elliptiques et intégrales Eulériennes. Du mouvement de rotation d´un corps solide autour d`un point fixe*, París, 1826–1829.

Lhuiller, C.: *Transport properties in a spin polarized gas*, III. J. *Phys. (Fr.),* 44 (1). P.1. (1983)

Lolordo, Antinia: *Pierre Gassendi and the Birth of Early Modern Philosophy*. Cambridge University Press; Cambridge, 2007.

Lucini, M.: *Teoría de la Mecánica y sus Aplicaciones.* Escuela de Ingenieros Industriales de Madrid. 1950.

Mach, E.: *Die Mechanik en ihrer Entwicklung historisch-kritisch dargestellt,* 1883. Leipzig, 1921. F.A. Brockhaus, 1921.

Mach, E.: *The Science of Mechanics.* The Open Court Publishing Co. Universal Digital Library. https://archive.org/details/scienceofmechani005860mbp

Mc Gill, David J. y W. W. King: *Mecánica para Ingeniería: Dinámica.* Georgia, 1989.

Malkus S. and Riehl H.: *On the dynamics and energy transformations in steady-state hurricanes.* Tellus 12: 1-20. (1960).

Marinoni, Christian y Buzzi, Adeline: *A geometric measure of dark energy with pairs of galaxies*, Nature, Nº 468 25 November 2010.

Marsden, J.E. & Ratiu, T.S.: *Introduction to mechanics and symmetry.* Springer-Verlag. [1994]

Martín Gutiérrez, Almudena: *Dinámica de sistemas celestes planos y sondas espaciales.* Certamen Arquímedes, proyecto de investigación. Madrid, 2016.

Martín, Gutiérrez, Almudena: *Simulador de vuelo, viaje a Saturno (Flight simulator, trip to Saturn).* E.T.S.I. Aeronáuticos (U.P. Madrid). Proyecto de Fin de Carrera, 2015.

Martínez, Vincent J., et al. (eds.): *Historical Development of Modern Cosmology*, Astronomical Society of the Pacific Conference Series, Vol. 252, 2001.

Max B. and Günther L.: *Einstein's Theory of Relativity.* New York: Courier Dover Publications. 1962. P. 76–78. ISBN 0-486-60769-0.

Meloy Elmegreen, Debra et al.: *The Hubble Heritage Team (AURA/STScI/ NASA),* en Astronomy Picture of the Day, 21 de nov. 2004.

Méndez Pérez, J. M.: *Sofía Kovalevskaya,* Gaceta de la Real Sociedad Matemática Española. Volumen 7, número 1. Madrid, 2004.

Menéndez–Pidal, G.: *Papeles Perdidos.* Adanae. Madrid, 2.004.

Meriam, J. L.: *Dinámica.* Ed. Reverte, 1991

Meyerson, E.: *Identité et Réalité*. Paris. Ed. F. Alcan, 1926 (1906).

Mony, P.: *Le développement de la physique cartésienne* París 1938.

Mosley, Adam: *Bearing the Heavens. Tycho Brahe and the Astronomical Commentary of the Late Sixteenth Century*, Cambridge University Press, Cambridge, 2007.

Murray Gell-Mann. *El quartz y el jaguar.* Ed. Metatemas, 1995.

Nachalov, Yu V.: *Theoretical Basics of Experimental Phenomena.* http://amasci.com/freenrg/tors/tors3.html

National Hurricane Center: *Hurricane Computer Models.* http://www.nhc.noaa.gov/aboutmodels.shtml

Newton, I.: *The Mathematical Principles of Natural Philosophy*, 1687.

OAR/ERL/National Severe Storms Laboratory (NSSL)/NOAA and Center for Disaster & Extreme Event Preparedness (DEEP Center) www.deep.med.miami.edu/x472.xml

Oden, J.T. y Reddy, J.N.: *Métodos variacionales en mecánica teórica*. Pulse College. Universidad de Pekín. 1998.

Ortega y Gasset, J.: *En torno a Galileo.* Madrid, Revista de Occidente, 1956, curso que impartió en 1933 en la Universidad Central madrileña. Edición de José Lasaga Medina, Biblioteca Nueva, 2005.

Palacios, J.: *Mecánica Física,* Madrid, 1948.

Palacios, J.: *Física General,* Madrid, 1949.

Papp, Desiderio: *Historia de la física: desde Galileo hasta los umbrales del siglo XX.* Espasa Calpe, 1945.

Parra, F. I. and Barnes, M.: *Intrinsic rotation in tokamaks. Theory-* arXiv: 1407.1286v1 [physics.plasm-ph] 4 July 2014.

Parra, F. I., Barnes, M., Calvo, I. and Catto, P. J.: *Intrinsic rotation with gyrokinetic models.* Physics of Plasmas, 19(5), 056116 DOI: 10.1063/ 1.3699186. (2012). http://link.aip.org/link/?PHP/19/056116/1.

Parra, F. I., Barnes, M., Peierls, R. and Catto, P. J.: *Sources of intrinsic rotation in the low flow ordering.* Centre for Theoretical Physics, University of Oxford, Oxford, UK. Plasma Science and Fusion Center, Massachusetts Institute of Technology.

Parra, F. I. and Calvo, I.: *Phase-space Lagrangian derivation of electrostatic gyrokinetics in general geometry.* Plasma Physics and Controlled Fusion 53(4), 045001 (2011). http://stacks.iop.org/0741-3335/53/i=4/a=045001

Parra, F. I., Calvo I., Burby, J. W., Squire, J., and Qin, H.: *Equivalence of two independent calculations of the higher order guiding center Lagrangian.* arXiv: 1407.6694v1 [physics.plasm-ph] 24 July 2014.

Pasachoff, Jay M.: *A brief view of astronomy.* Edit. Saunders College, cop. 1986.

Peebles, Phillip, Edwin, James y Rhatra, Bharat: *La constante cosmológica y la energía oscura*, Reviews of Modern Physics, 75, 2003, pp. 559–606.

Peeters, A. G., Angioni, C. and Strinzi, D.: (2007) *Physical Review Letters,* 98 265003.

Penrose, R.: *Angular momentum; an approach to combinatorial space time*, en Quantum Theory and Beyond, ed. T. Bastin, Cambridge University Press, Cambridge, 1971.

Penrose, R.: *The Road to Reality: A Complete Guide to the Laws of the Universe*. London, Alfred A. Knopf, 2005.

Penrose, R. y Rindler, W.: *Spinors y espacio-tiempo*, Vol. 1, Cambridge University Press, 1984.

Perel'man, Isakov Isidorovich: *Recreative Physics,* 1919, figure 33. Foreign Languages Publishing House, Moscow. https://archive.org/details/physicsforentert035428mbp

Person, M.: *L´appareil de Bonhnenberger pour la précession des équinoxes peut servir à constater la rotation de la terre.* Paris, 1852.

Penzias, Arno Allan y Wilson, Robert Woodrow: *A Measurement of Excess Antenna Temperature at 4080 mc/s* (Effective Zenith Noise Temperature of Horn-Reflector Antenna at 4080 mc Due to Cosmic Black Body Radia-tion, Atmospheric Aborption, etc)", Astrophysical Journal, Vol. 142, Jul. 1, 1965.

Poggendorff, J. C.: *Noch ein Wort über die Fesselsche rotaciones Maschine*, Annales der Physik und Chemie.

Poincaré, H.: *Les méthodes nouvelles de la mécanique céleste* (Paris. Three volumes 1892, 1893, 1899),

Poinsot, L.: *Elements of statics.* Univ. Press, 1847. https://books.google.es/books?id=UZxPAAAAYAAJ&printsec=frontcover&hl=es&source=gbs_ge_summary_r&cad=0#v=onepage&q&f=false

Poinsot, L.: *Problème de la rotation d'un corps solide autour d`un point fixe*, Annales de la société scientifique de Bruxelles, 1878.

Poinsot, L.: *Théorie nouvelle de la rotation des corps*, 1851. Publisher Bachelier. Book from the collections of Oxford University. https://archive.org/details/thorienouvelled00poingoog

Poinsot, L.: *Connaissance des temps. Théorie nouvelle de la rotation des corps.* París 1852.

Poinsot, L.: *Statique.* París, 1851.

Poisson, S.D.: *Sur les inégalités des moyens mouvements des planètes,* 1808

Poisson, S.D.: *Sur le mouvement de rotation de la terre,* 1809

Poisson, S.D.: *Tratados de Mecánica*, 1811

Poisson, S.D.: *Mémoire sur un cas particulier du mouvement de rotation des corps solides,* Journal de l'Ecole polytechnique, 16eme cahier, 1820.

Popper, K.: *El universo abierto.* Madrid, 1986.

Popper, K.: *La Lógica de la Investigación Científica.* Madrid, 1973.

Prieto Alberca, M.: *Curso de Mecánica Racional.* Aula Documental de Investigación. [1986]

Provost, P.; Joyal, M.: *Mècanique*. Ed. Masson et Cie. 1972.

Qin, X.: Breakwell, J. V.; Parkinson, B. W.: *Science Mission Data Reduction for the Stanford Relativity Gyro Experiment.* AAS/AAIAA Astrodynamics Specialist Conference, Stowe, Vermont, August 7-10, 1989

Radix, J.C.: *Techniques Inertielles*. Ed. Masson et Cie. Paris, 1972.

Real Academia Española. *Diccionario de la Lengua Española.* Madrid. http://www.rae.es/
http://dle.rae.es/?w=diccionario

Rice, J. E. et al.: *Nuclear Fusion,* (2007) 47 1618.

Riley, W.F.; Sturges, L.D.: *Ingeniería Mecánica. Dinámica*; Editorial Reverté, S.A. 1996.

Rindler, Wolfgang: *Gödel, Einstein, Mach, Gamow, and Lanczos: Gödel's remarkable excursion into cosmology*, American Journal of Physics 77, June 2009, pp. 498–510.

Roach, C. M. et al.: *Plasma Physics and Controlled Fusion,* (2009) 51 124020.

Rohrlich, F.: *Classical charged particles.* Singapore: World Scientific. 2007. ISBN 981-270-004-8.

Rothman, A.: *Discovering the Natural Laws: The Experimental Basis of Physics.* Courier Dover Publications. ISBN 0-486-26178-6. 1989.

Routh, E. J.: *Advanced Dynamics of a system of rigid bodies*. Ed. Macmillan Co. 1905, republished in 1955 and 2005 by Dover Phoenix Edition.

Roy, M.; Vergés, M.; Freixa Janariz, J: *Mecánica. I. Cuerpos rígidos*; Ed. Marcombo. 1970.

Russell. B.: *El conocimiento humano: su alcance y sus limitaciones*. Madrid. Taurus P.163 y ss. 1959.

Sanders Robert H.: *The dark matter problem, a historical perspective*, Cambridge University Press, Cambridge, 2010.

Santaló, L.: *Geometría y física.* Revista Física, Ciencia y Microcomputación. Madrid, 1989.

Scala, J. J.: *Vectorial Analysis*. Volumen I, Edit. Síntesis. 1995.

Scheck, F.: *Mechanics. From Newton's laws to deterministic chaos*. Springer. [1996]

Schemmel, Matthias: *El origen galileano de la cosmología moderna,* Investigación y Ciencia: 'Temas: Galileo y su legado', Nº 58, 2009.

Schilp, P. A.: *Albert Einstein: Philosopher Scientist*, Cambridge University Press, Cambridge, 1970.

Schrödinger, Erwin: *La idea fundamental de la mecánica ondulatoria.* Discurso de aceptación del Premio Nobel de Física, 12 de diciembre de 1933.

Shields, Margaret C.: *Bibliography of the Writings of Albert Einstein*, en Schilp, P. A.: Albert Einstein: Philosopher Scientist.

Sears y Zemansky.: *Física General.* Madrid, 1957 & 1981.

Seely, F. B. & Ensign. E.: *Mecánica Analítica para Ingenieros.* Urbana, Ill., 1965.

Sen, A.K.: *Gyrolite Stabilization. A Breakthrough of the Seventies*; Synchrosat Limited. Canada, 1982.

Sexto, Empírico.: *Adversus mathemáticos. Adversus phisicos. Sección II. De Motu.* ed. Fabricius, Leipzig, 1718. Berlin 1842.

Shipov, Gennady: *Una Teoría sobre el vacío físico: Un nuevo paradigma.* Academia de Ciencias Rusa. Instituto Internacional de Física Teórica y Aplicada. Moscú. Editorial URSS. UR. 1998.

Sire, M.: *Note sur un appareil pouvant servir à démontrer la rotation de la terre.* Paris, 1852.

Sire, M.: *Sur la tendance des axes de rotation au parallélisme et son application à la démonstration expérimentale de la rotation terrestre.* Paris, archives des Sciences Physiques et Naturalle; nouvelle période, t. I, 1858.

Smoot, George: Wrinkles in Time, Plaza & Janés Editores, Barcelona, 1994.

Stephani, H.: *Relativity: An Introduction to Special and General Relativity.* Cambridge UK: Cambridge University Press. 2004. ISBN 0-521-01069-1.

Stommel, H. M. & Moore D.W.: *An Introduction to the Force,* Columbia University Press, New York. 1989

Tenot, A: *Gyroscopie. Théorique et Expérimentale. Application au guidage des engins, à la marine el à l'aéronautique*; Librairie Scientifique el Technique Albert Blanchard. París, 1964.

Thomson y Tait: *Treatise on Natural Philosophy.* section 243, Oxford University Press, 1867.

Thomson, W.: *Mathematical and Physical Papers*. Cambridge University Press. (6 volumes,1882–1911)

Thornton, M.: *Classical dynamics.* Harcourt College Publishers, [1995]

Toernebohm, Häkan: *A logical analysis of the theory of relativity*. Edit. Almquist and Wiksell, 1952.

Vernet, Juan: *Alfonso X y la astronomía. Tablas Astronómicas Alfonsíes*. Biblioteca Virtual Miguel de Cervantes, 2011. http://www.cervantesvirtual.com/obra/alfonso-x-y-la-astronomia/

Waltz, R. E.: Staebler, G. M., Candy, J. and Hinton, F. L.: *Physics of Plasmas,* (2007) 14 122507

Walker, G. T.: *On Boomerangs.* Philosophical Transactions of the Royal Society of London, Volume 190, 1897. 4to., pp. 23-42.

Walker, G. T.: *Boomerangs.* Nature 64, 338-340 (1 August 1901), doi: 10.1038/064338a0;

Walter, T.: Turneaure, J. P.; Buchman S.; Everitt, C. W. F.; Keiser, G. M.: *An Ultra High Vacuum Low Temperature Gyroscope Clock,* Physica B, Proceedings of the 19th International Conference on Low Temperature Physics LT-19, Ed. David S. Betts, Brighton, Sussex, P. 155 August 1990.

Wang, L. and Diamond, P. H.: *Gyrokinetic Theory of Turbulent Acceleration of Parallel Rotation in Tokamak Plasmas.* Physical Review Letters, 110, 265006 – Published on 27 June 2013. CEEE, Huazhong University of Science and Technology, Wuhan, Hubei 430074, China. WCI Center for Fusion Theory, NFRI, Gwahangno 113, Yusung-gu, Daejeon 305-333, Korea and CMTFO and CASS, University of California, San Diego, La Jolla, California 92093-0424, USA

Webster, A.G.: *The Dynamics of particles and of rigid, elastic and fluid bodies.* Worcester. Mass. 1904.http://vimeo.com/68763196

Webster, Charles: *De Paracelso a Newton: la magia en la creación de la ciencia moderna.* Edit. Fondo de cultura económica mexicano, 1988.

Weinberg, Steven: *Dreams of a Final Theory: The Search for the Fundamental Laws of Nature*, Hutchinson Radius, London, 1993.

Weitzenböck, R.: *Invarianten Theorie*, Nordhoff, Groningen, 1923.

Westfall, R.: *Isaac Newton: Una vida*. Cambridge University Press, 1993.

Weyl, H.: *Simetría*. Madrid, 1990.

Whittaker, E.: *Matemáticas en el Mundo Moderno.* Scientific American, Barcelona, 1954.

Wheeler, j.: *Neutrinos, Gravitation and Geometry.* Bolonia 1960.

Wilczek, Frank: *The Lightness of Being: Mass, Ether, and the Unification of Forces*, Basic Books, New York, 2008.

Wilkins, Daniel C.: *Topics in spinning bodies in general relativity,* Department of physics, august, 1972.

Will, Clifford and Al.: *Classical and Quantum Gravity Journal* (CQG). Volume #32, Issue #22Institute of Physics (IOP), 19 November 2015.

Willoughby E.: *A possible mechanism for the formation of hurricane rainbands.* Journal of Atmospheric Sciences 35, P. 838-848. (1978).

Wohlwill, E.: *Die Entdeckung des Beharrungs gesetzes - Eine Studie zur Geschichte der Physik.* [Separat-Abdruck como der Zeitschrift für Völkerpsychologie und Sprachwissenschaft]. Weimar: Hof-Buchdruckerei. 1884, Leipzig, 1926.

Woit, P: *Is String Theory Testable?* INFN, Rome, March, 2007.

Wolff, Christian: *Cosmología generalis*, 1730 (Edit. G. Olms, 1964).

Wolfram, Stephen: *A New Kind of Science*, Wolfram Media Inc, 2002.

Wolfson, H.: *Crescas' Critique of Aristotle: Problems of Aristotle's Physics in Jewish and Arabic philosophy.* Cambridge (Mass.), 1929.

Wooton, David: *Galileo: watcher of the skies*, Yale University Press, New Haven, 2010.

Yurchak, B. S.: *Formula for spiral cloud-rain bands of a tropical cyclone.* 28th Conference on Hurricanes and Tropical Meteorology, 1 May 2008.

ANEJO II

BIBLIOGRAFIA Y REFERENCIAS SOBRE LA TID

Alvarez Martínez, Alejandro: *Theory of dynamic interactions: innovations.* World Journal of Mechanics. Special issue: Rotational Dynamics: Theory of Dynamic Interactions. March, 2017.
http://www.scirp.org/Journal/Home.aspx?IssueID=9235#74661

Alvarez Martínez, Alejandro & Martín Gutiérrez, Almudena: *The Dance of the Spinning Top.* Global Journal of Science frontier Research: A physics & space science. GJSFR A Volume 16 Issue 3, 2016.
https://globaljournals.org/GJSFR_Volume16/E-Journal_GJSFR_(A)_Vol_16_Issue_3.pdf

Barceló Aristoy. Veronica: *A scientific legacy: Theory of Dynamics Interactions.* World Journal of Mechanics. Special issue: Rotational Dynamics: Theory of Dynamic Interactions. March, 2017.
http://www.scirp.org/Journal/Home.aspx?IssueID=9235#74661

Barceló, Gabriel: *New Paradigm in Physics, Volume I: Theory of Dynamics Interactions.* Amazon, 2017.

Barceló, Gabriel: *Un proyecto de investigación singular: Dinámica rotacional de sistemas acelerados.* Noviembre, 2016. Diario de Madrid:
http://jsanchezmingo.blogspot.com.es/2016_11_01_archive.html

Barceló, Gabriel: *Dynamic Interaction: A New Concept of Confinement.* Global Journal of Science frontier Research: A physics & space science. GJSFR A Volume 16 Issue 3, 2016.

https://globaljournals.org/GJSFR_Volume16/E-Journal_GJSFR_(A)_Vol_16_Issue_3.pdf

Barceló, G.: *Theory of Dynamic Interactions: The Flight of the Boomerang II*. Journal of Applied Mathematics and Physics, 2015, 3, pp. 545-555. Published Online May 2015 in SciRes. http://www.scirp.org/journal/jamp DOI: 10.4236/jamp.2015.35067.

Barceló, G.: *Theory of Dynamic Interactions: The Flight of the Boomerang*. Journal of Applied Mathematics and Physics, 2, 569-580, Published Online June 2014 Volume 2, Number 7: http://dx.doi.org/10.4236/jamp.2014.27063.
http://www.scirp.org/journal/jamp

Barceló, G.: *Dynamic Interaction Confinement.* World Journal of Nuclear Science and Technology Vol.4 No.4, October 29, 2014. DOI: 10.4236/wjnst.2014.44031
http://www.scirp.org/journal/PaperInformation.aspx?paperID=51026&
http://dx.doi.org/10.4236/wjnst.2014.44031

Barceló, G.: *On Motion, its Relativity and the Equivalence Principle.* Journal of Modern Physics. Vol.5 No.17, November 14, 2014. DOI: 10.4236/jmp.2014.517180
http://www.scirp.org/Journal/PaperInformation.aspx?PaperID=51422#.VHB0jzSG_To
http://dx.doi.org/10.4236/jmp.2014.517180

Barceló, G.: *Dynamic Interactions in the Atmosphere.* Atmospheric and Climate Sciences. Vol.4 No.5, November 20, 2014.
http://www.scirp.org/Journal/PaperInformation.aspx?PaperID=51584#.VHB4YTSG_To
http://dx.doi.org/10.4236/acs.2014.45073

Barceló, G.: *Technological Applications of the New Theory of Dynamic Interactions. Global Journal of Researches in Engineering: Mechanical and Mechanics Engineering-G*, Volume

13, Issue 5, 2013.
https://globaljournals.org/GJRE_Volume13/E-Journal_GJRE_(G)_Vol_13_Issue_5.pdf

Barceló, G.: *Theory of Dynamic Interactions: Laws of Motion*. World Journal of Mechanics, 3, 328-338. (2013) http://dx.doi.org/10.4236/wjm.2013.39036

Barceló, G.: *Proposal of New Criteria for Celestial Mechanics*. International Journal of Astronomy and Astrophysics, 3, 385-391. 2013. http://dx.doi/org/10.4236/ijaa.2013.34044

Barceló, G.: *Miguel Catalán y la historia de la concepción humana del cosmos*. Texto de la conferencia pronunciada con ocasión del acto de presentación del libro Imago Universi. Editorial Arpegio, Madrid, 30 de mayo de 2013.

Barceló, G.: *Imago Universi: una historia de la concepción humana del Cosmos. (A Story of the Human Conception of the Cosmos)*. Ed. Arpegio: Barcelona, 2013.
http://www.editorialarpegio.com/
http://imagouniversi.com/

Barceló, G.: *Analysis of Dynamic Fields in Non-inertial Systems*. World Journal of Mechanics, Vol. 2, No. 3, 2012, pp. 175-180. http://dx.doi.org/10.4236/wjm.2012.23021

Barceló, G.: *Theory of Dynamic Interactions. (Teoría de Interacciones Dinámicas)*. El libre pensador, 2012. http://www.ellibrepensador.com/2012/07/06/teoria-de-interacciones-dinamicas-por-gabriel-barcelo/

Barceló, G.: *La Trayectoria biográfica de Miguel Catalán y su necesaria reivindicación*. Texto de la conferencia pronunciada en el Centro de Tecnologías Físicas "Leonardo Torres Quevedo", Madrid. 31 de enero de 2012.

Barceló, G.: *Miguel A. Catalán Sañudo. Memoria Viva.* Editorial Arpegio. Barcelona, 2012.

Barceló, G.: *La gestión del conocimiento en el descubrimiento de un nuevo método científico.* Texto de la conferencia pronunciada con ocasión de la XI Semana de la Ciencia. Facultad de Ciencias Físicas, de la Universidad Complutense de Madrid, 16 de noviembre de 2011.

Barceló, G.: *Analysis of Dynamics Field Systems Accelerated by Rotation. Dynamics of non-inertial systems.* DeMSET-2011 Congress, Miami. USA.
http://dinamicafundacion.com/blogs/media/DeMSET_2011_GBarcelo.pdf

Barceló, G.: *On the Equivalence Principle* AC-10-A.2.1.1. 61st International Astronautical Congress, Prague, CZ. Copyright © 2010 by Advanced Dynamics .Published by the American Institute of Aeronautics and Astronautics, Inc.
http://dinamicafundacion.com/blogs/media/ON_THE_EQUIVALENCE_PRINCIPLE.pdf

Barceló, G.: *Miguel A. Catalán y su apasionante vida.* Texto de la conferencia pronunciada con ocasión de la X Semana de la Ciencia, Centro de Física "Miguel Antonio Catalán", CSIC. Madrid, 17 de noviembre de 2010.

Barceló, G.: *Dinámica de sistemas acelerados por rotación* XXXII Reunión Bienal de la R.S.E. de Física. Ciudad Real, septiembre 2009. http://www.advanceddynamics.net/

Barceló, G.: *El Señor Catalán.* ADANAE. Madrid, 2009.

Barceló, G.: *Un mundo en rotación.* (*A Rotating World*) 2008, Editorial Marcombo: Barcelona.
http://www.dinamicafundacion.com/

Barceló, G.: *La inquietud científica: un paso adelante en el progreso de la sociedad.* Madr+i http://www.madrimasd.org/informacionidi/noticias/noticia.asp?id=37310&tipo=g, 2008.
Y en el boletín *navarrainnova* de la Agencia Navarra de Innovación 04/12/2008

Barceló, G.: *El vuelo del bumerán. (The flight of the boomerang).* Ed. Marcombo: Barcelona, 2006.
http://www.dinamicafundacion.com/

Barceló, G.: *A new rotational dynamics of interactions for the planet Saturn.* (*Una nueva Dinámica Rotacional de Interacciones para el planeta Saturno),* 2006.
http://dinamicafundacion.com/wp-content/uploads/2014/02/UNA-NUEVA-DINAMICA-ROTACIONAL-DE-INTERACCIONES-PARA-EL-PLANETA-SATURNO.pdf

Barceló, G.: *Anomalies of the Pioneer space probes, (Pioneer Anomaly).* (*Anomalías dinámicas en las sondas Pioneer),* RSEF's 2005 XXX biennial, the summary of which was published in the biennial's *Summary Book.* http://dinamicafundacion.com/wp-content/uploads/2014/02/ANOMAL%C3%8DAS-DIN%C3%81MICAS-EN-LAS-SONDAS-PIONEER1.pdf
http://www.solociencia.com/fisica/teoria-interacciones-dinamicas-justificacion.htm

Barceló, G.: *Teoría de Interacciones Dinámicas.* 2005.
http://www.solociencia.com/fisica/teoria-interacciones-dinamicas-teoria-interacciones.htm

Bustamante, Santiago: Episodio 183: *El vuelo del bumerán (Teoría de interacciones dinámicas),* sábado 13 jun 2015 Fallo del sistema. Radio 3.
http://blog.rtve.es/fallodesistema/2015/06/puede-el-vuelo-del-bumer%C3%A1n-ocultar-claves-muy-importantes-para-entender-la-din%C3%A1mica-de-nuestro-entorno-y-comprender-el-

un.html?cid=6a014e6089cbd5970c01bb0842db3a970d#comment-6a014e6089cbd5970c01bb0842db3a970d

Cano, Julio: *Rotational dynamics: A challenge.* World Journal of Mechanics, Volume 7. Number 3, March 2017 (Special Issue on Rotational Dynamics: Theory of Dynamic Interactions). http://www.scirp.org/Journal/Home.aspx?IssueID=9235#74661

Cano, J.: *The Pendulum of Dynamic Interactions.* Journal of Applied Mathematics and Physics, Vol.3 No.9, September 2015, 1186-1198. Published Online:
DOI: 10.4236/jamp.2015.39146.
http://www.scirp.org/journal/jamp

Dalby, F. (2017) *Rolling Over into the Age of Algorithm.* World Journal of Mechanics, Volume 7, 39-42. Number 3, March 2017 (Special Issue on Rotational Dynamics: Theory of Dynamic Interactions). Doi: 10.4236/wjm.2017.73005.
http://www.scirp.org/Journal/PaperInformation.aspx?PaperID=74663

Garcia-Moliner, F. (2017) *Physico-Mathematical Models in Rotational Motions.* World Journal of Mechanics, Volume 7, 35-38. Number 3, March 2017 (Special Issue on Rotational Dynamics: Theory of Dynamic Interactions). doi: 10.4236/wjm.2017.73004.
http://www.scirp.org/Journal/PaperInformation.aspx?PaperID=74661

Gómez, F.: *Teoría de interacciones dinámicas.* Ensayos de divulgación científica y humanística, 2008. http://www.unirioja.es/ensaya/conv_encurso.html.

Martín Gutiérrez, Almudena: *The flight of the boomerang: comments.* World Journal of Mechanics, Volume 7. Number 3, March 2017 (Special Issue on Rotational Dynamics: Theory of Dynamic Interactions).

http://www.scirp.org/Journal/Home.aspx?IssueID=9235#74661

Martín Gutiérrez, Almudena: *Dinámica de sistemas celestes planos y sondas espaciales.* Certamen Arquímedes, proyecto de investigación. Madrid, 2016.

Martín Gutiérrez, Almudena. *Flight simulator, trip to Saturn. (Simulador de vuelo, viaje a Saturno).* E.T.S.I. Aeronáuticos (U.P. Madrid). Degree project. May, 2015.

Merino, J. (2017) *The Works and Days of Gabriel Barceló.* World Journal of Mechanics, Volume 7, 43-45. Number 3, March 2017 (Special Issue on Rotational Dynamics: Theory of Dynamic Interactions). Doi: 10.4236/wjm.2017.73006. http://www.scirp.org/Journal/PaperInformation.aspx?PaperID=74664

Pérez, L. A.: *New Evidence on Rotational Dynamics.* World Journal of Mechanics, Vol. 3, No. 3, 2013, pp. 174-177, doi: 10.4236/wjm.2013.33016. http://www.scirp.org/journal/wjm http://dx.doi.org/10.4236/wjm.2013.33016

Ramos, A. M: *Un problema inverso emergente en el estudio de los movimientos con rotaciones intrínsecas no coaxiales de un disco.* XX Congreso de Ecuaciones Diferenciales y Aplicaciones y X Congreso de Matemática Aplicada. Sevilla, septiembre 2007. Presentación de la ponencia del mismo nombre, siendo autores J.I. Díaz y A.M. Ramos. Dpto. de Matemática Aplicada, Facultad de Matemáticas, Universidad Complutense de Madrid, y G. Barceló. http://www.advanceddynamics.net/

Reportaje: *Nuevas claves para entender la dinámica del universo.* 2014
http://www.pandora-magazine.com/cienciaytecnologia/nuevas-claves-para-entender-la-dinamica-del-universo/

Research Blog: *Extensive report on the investigations of Gabriel Barceló.* March, 2016. Global Journal of Researches in Engineering The report incorporates the new scientific and technological advances achieved with the Theory of Dynamic Interactions.
http://blog.gire.org/2016/03/behaviour-of-rotational-bodies.html

Revista TESLA, nº10, 2016. Entrevista a Gabriel Barceló. Revista del Colegio Oficial y la Asociación de Ingenieros Industriales de Madrid (COAIN).
http://portal.coiim.es/uploads/files/b3cacc732a5f692f7e0a8844a8a823b32f3d6003.pdf

Revista TESLA, nº10, Verano 2016. Reportaje. Official Journal of the Madrid Industrial Engineers' Association and COIIM, (COAIN).
http://portal.coiim.es/uploads/files/b3cacc732a5f692f7e0a8844a8a823b32f3d6003.pdf

Para conocer una documentación más completa sobre la Teoría de Interacciones Dinámicas, por favor visite:
http://www.advanceddynamics.net/
http://www.dinamicafundacion.com/

CONGRESOS Y CONFERENCIAS:

XXX REUNION BIENAL de la R.S.E. de Física.

Orense, septiembre 2005.

Teoría de interacciones dinámicas. Modelo físico matemático alternativo en dinámica rotacional.

G. Barceló.

Anomalía de las sondas Pioneer. Teoría de interacciones dinámicas.

G. Barceló

PRIMER CONGRESO INTERNACIONAL DE MATEMÁTICAS EN INGENIERÍA Y ARQUITECTURA.

Universidad Politécnica de Madrid. Escuela Técnica Superior de Ingenieros de Caminos, Canales y Puertos.

Madrid, junio 2007

Álvarez, A. et al. *Mathematical model on rotational dynamics.*

First International congress on Maths, I. and A. UP Madrid. ETSICCP: 2007.

<u>XX CONGRESO DE ECUACIONES DIFERENCIALES Y APLICACIONES</u>
<u>X CONGRESO DE MATEMATICA APLICADA.</u>

CEDYA 2007. Sevilla, septiembre 2007.
Un problema inverso emergente en el estudio de los movimientos con rotaciones intrínsecas no coaxiales de un disco.
J.I. Díaz, A.M. Ramos (Dpto. de Matemática Aplicada, Facultad de Matemáticas, Universidad Complutense de Madrid), y G. Barceló.

<u>II CONGRESO LEEM. Laboratorio para Experimentación en Espacio y Microgravedad.</u>

Valencia, noviembre 2007.
Presentación de Advanced Dynamics en el Congreso Leem. Maria Cano.
Presentación del proyecto de investigación de Advanced Dynamics. Alejandro Álvarez.

<u>XXXII REUNION BIENAL de la R.S.E. de Física.</u>
Simposio de Astrofísica

Ciudad Real, septiembre 2009.
Dinámica de sistemas acelerados por rotación.
Gabriel Barceló Rico-Avello

61ST INTERNATIONAL ASTRONAUTICAL CONGRESS.
Praga, september 2010.
On the equivalence principle.
Gabriel Barceló Rico-Avello
AC-10-A.2.1.1. Copyright ©2010 by Advanced Dynamics S.A.
Published by the Institute of Aeronautics and Astronautics, Inc.

Instituto de Estructura de la Materia.
Centro de Física "Miguel Antonio Catalán", CSIC.
X Semana de la Ciencia.
17 de noviembre de 2010.
Miguel A. Catalán y su apasionante vida
Gabriel Barceló Rico-Avello

FACULTAD DE CIENCIAS FÍSICAS.
UNIVERSIDAD COMPLUTENSE DE MADRID
La gestión del conocimiento en el descubrimiento de un nuevo método científico.
Facultad de Ciencias Físicas, Universidad Complutense de Madrid.
XI Semana de la Ciencia,
16 de noviembre de 2011
Gabriel Barceló Rico-Avello.

DeMset2011.
INTERNATIONAL CONFERENCE ON DESIGN AND MODELING IN SCIENCE, EDUCATION, AND TECHNOLOGY: DEMSET 2011.
November 29th - December 2nd, 2011 – Orlando, Florida, USA
Analysis of dynamics fields systems accelerated by rotation. dynamics of non-inertial systems.
Gabriel Barceló Rico-Avello

CSIC

CENTRO DE TECNOLOGÍAS FÍSICAS LEONARDO TORRES QUEVEDO.
31 de enero de 2012, Madrid
La trayectoria biográfica de Miguel Catalán y su necesaria reivindicación.
Gabriel Barceló Rico-Avello

EDITORIAL MH ARPEGIO

Marcial Pons

30 de mayo 2013, Madrid.
IMAGO UNIVERSI. Una historia de la concepción humana del cosmos
Gabriel Barceló Rico-Avello

ADANAE
Asociación de Antiguos Alumnos de "Estudio"

16 de octubre de 2013. Madrid.
Los libros Memoria Viva e Imago Universi, herramientas para la enseñanza.

Gabriel Barceló Rico-Avello

AIIM ASOCIACIÓN DE INGENIEROS INDUSTRIALES DE MADRID

Colegio Oficial de
Ingenieros Industriales
de Madrid

27 de noviembre de 2013, Madrid.
IMAGO UNIVERSI: Historia de la concepción humana del universo
Gabriel Barceló Rico-Avello

Real Academia de Ingeniería

AIIM ASOCIACIÓN DE INGENIEROS INDUSTRIALES DE MADRID

15 de febrero de 2017, Madrid
REAL ACADEMIA DE LA INGENIERIA.
PRESENTACION DE LIBRO:
NEW PARADIGM IN PHYSICS
Gabriel Barceló Rico-Avello

ANEJO III

PRUEBAS EXPERIMENTALES Y VIDEOS

A lo largo de los últimos años han sido realizadas diversas pruebas experimentales con resultados plenamente satisfactorios. Estas pruebas permiten confirmar las hipótesis dinámicas sobre las que se sustenta la Teoría de Interacciones Dinámicas. Se han realizado vídeos de estas pruebas que pueden verse en los siguientes enlaces:

Theory of Dynamic Interactions_1
http://www.youtube.com/watch?v=P9hGgoL5ZGk&feature=related

Theory of Dynamic Interactions_2
http://www.youtube.com/watch?v=XzTrGEtJGXU&feature=related

Theory of Dynamic Interactions_3.avi
http://www.youtube.com/watch?v=dtMqGSU9gV4&feature=related

Theory of Dynamic Interactions_4.avi
http://www.youtube.com/watch?v=qK5mW2j2nzU&feature=related

Teoria_Interacciones_Dinamicas_1.mpg
http://www.youtube.com/watch?v=hm7mJ_MdC8Y&feature=related

Teoria_Interacciones_Dinamicas_2.mpg
http://www.youtube.com/watch?v=55UtQiQ53Ko

Teoria_Interacciones_Dinamicas_3.mpg

http://www.youtube.com/watch?v=jLTRjRJ9yhs

Teoria_Interacciones_Dinamicas_4.mpg
http://www.youtube.com/watch?v=B4i-VwBTXd4

Barceló, G.: *Theory of Dynamic Interactions.* Videos, 2002.
http://www.youtube.com/watch?v=P9hGgoL5ZGk&list=PL3E50CF6AEBEED47B
http://www.youtube.com/watch?v=XzTrGEtJGXU&list=PL3E50CF6AEBEED47B
http://www.youtube.com/watch?v=dtMqGSU9gV4&list=PL3E50CF6AEBEED47B
http://www.youtube.com/watch?v=qK5mW2j2nzU&list=PL3E50CF6AEBEED47B
http://www.youtube.com/watch?v=vSUkd4slHGQ
http://www.youtube.com/watch?v=P9hGgoL5ZGk&feature=c4-overview-vl&list=PL3E50CF6AEBEED47B

Nuevas hipótesis dinámicas
Bauluz, E.: *New Dynamic Hypotheses.* Madrid, 2011. Este video presenta experimentos realizados por Advanced Dynamics para probar y justificar la teoria
En inglés: http://www.youtube.com/watch?v=vSUkd4slHGQ
En español: http://www.youtube.com/watch?v=k177OuTj3Gg&feature=related
http://vimeo.com/62601974

Imago Universi
Sánchez Boyer J.: *Imago Universi.* Video, Madrid, 2013.
https://vimeo.com/62247544

Reflejando nuevas evidencias sobre dinámica rotacional,
Pérez, L. A.: *Reflecting New Evidence on Rotational Dynamics*, 2013. Video.
Español:
https://www.youtube.com/watch?time_continue=21&v=keFgx5hW7ig
Inglés: http://vimeo.com/68763196

El baile de la peonza.
Pérez, L. A.: *The Dance of the Spinning Top.* Video, Valladolid, 2015.
www.advanceddynamics.net/spinning-top-video/

El péndulo de interacciones dinámicas.
Pérez, L. A. *The Pendulum of Dynamic Interactions.* Video. 2015.
https://www.youtube.com/watch?v=7_ihtXU553E&feature=youtu.be
En inglés: www.advanceddynamics.net/the-pendulum-video.
https://www.dropbox.com/s/rrjb1786ub75a8h/PIDing_m.mp4?dl=0

El vuelo del Bumerán II
Sanchez Boyer J.: *The Flight of the Boomerang II*, Video. 2015
https://www.dropbox.com/s/stng5b2co1441hk/Boomerang_ENG_mini.mp4?dl=0
https://www.youtube.com/watch?v=mGfrGW5fhOg&feature=youtu.be
https://vimeo.com/129383447

ANEJO IV

GUIONES DE VIDEO

Barceló, G.: *Theory of Dynamic Interactions.* Video script. 2002. http://www.youtube.com/watch?v=P9hGgoL5ZGk&feature=c4overviewvl&list=PL3E50CF6AEBEED47B

Bauluz, E. and Barceló, G.: *New Dynamic Hypotheses.* Video script, Madrid, 2011. http://www.youtube.com/watch?v=vSUkd4slHGQ&feature=c4-overview&list=UUgDHgaGi2l2rmZNoanNbVWQ

Sanchez Boyer J. and Barceló, G.: *Imago Universi.* Video script. Madrid, 2013. http://vimeo.com/62247544.

Pérez, L. A.: *Reflecting New Evidence on Rotational Dynamics*, Video script, Valladolid, 2013. http://vimeo.com/68763196

Sanchez Boyer J. and Barceló, G.: *The Flight of the Boomerang II*, Video script. Madrid, 2015. https://www.dropbox.com/s/6h8lso3gbexck0j/Bomerang_v3_Mini.mp4?dl=0

Pérez, L. A. and Cano, J.: *The Pendulum of Dynamic Interactions.* Video script, Valladolid, 2015. www.advanceddynamics.net/the-pendulum-video.

Pérez, L. A. and Alvarez, A.: *The dance of the spinning top.* Video script, Valladolid, 2015.
www.advanceddynamics.net/spinning-top-video/

ANEJO V

ANIMACIONES

3 0 Submarino simulación
http://advanceddynamics.net/wp-content/uploads/2014/02/Submarino_simulación.mp4

3 1 Submarino Prototipo I
http://advanceddynamics.net/wp-content/uploads/2014/02/31Submarino_Prototipo_I.mp4

3 2 Submarino campo anisótropo
http://advanceddynamics.net/wp-content/uploads/2014/02/32Submarino_campo_anisotropo.mp4

3 3 Campo resultante
http://advanceddynamics.net/wp-content/uploads/2014/02/33Campo_resultante.mp4

3 4 Prototipo II
http://advanceddynamics.net/wp-content/uploads/2014/02/34Prototipo_II.mp4

3 5 Prototipo II Simulación
http://advanceddynamics.net/wp-ontent/uploads/2014/02/35Prototipo_II_Simulaci_n_.mp4

3 6 Prototipo II Navegación
http://advanceddynamics.net/wp-content/uploads/2014/02/36Prototipo_II_.mp4

3 7 Catamarán
http://advanceddynamics.net/wp-content/uploads/2014/02/37Catamar_n_.mp4

4 0 Campo velocidad traslación
http://advanceddynamics.net/wp-content/uploads/2014/02/40campo_veloc_translacion.mp4

4 1 Generación de un nuevo campo
http://advanceddynamics.net/wp-content/uploads/2014/02/41Generaci_n_de_un_nuevo_campo_.mp4

4 2 Campo resultante
http://advanceddynamics.net/wp-content/uploads/2014/02/42Campo_resultante.mp4

4 3 Acoplamiento de velocidades
http://advanceddynamics.net/wp-content/uploads/2014/02/43Acoplamiento_de_velocidades.mp4

4 4 Campo de velocidades final.
http://advanceddynamics.net/wp-content/uploads/2014/02/44campo_de_velocidades_final.mp4

5 0 1ª Simulación
http://advanceddynamics.net/wp-content/uploads/2014/02/simulacion.mp4

5 1 2ª Simulación
http://advanceddynamics.net/wp-content/uploads/2014/02/512_Simulaci_n_w.mp4

ANEJO VI

CONVENIOS Y ACUERDOS DE INVESTIGACIÓN

Acuerdos y contratos de colaboración realizados en el proyecto de investigación de sistemas dotados de momento angular intrínseco

- Julio 2000
  Fundación RETEVISIÓN, financia un informe técnico denominado "Estudio sobre las interacciones dinámicas en cuerpos dotados de momento angular". Colaboran en este acuerdo: El Centro de automatización, robótica y tecnologías de la información y de la fabricación (**CARTIF**), domiciliado en Boecillo, Valladolid, y la cátedra de Ingeniería Mecánica, de la ETSII de la Universidad de Valladolid.

- Diciembre 2002.
  Fundación Agustín de Betancourt, Escuela Técnica Superior de Ingenieros de Caminos, Canales y Puertos, de Madrid, Financiado por ADSA, desarrolla un informe técnico denominado Estudio del movimiento de un sólido rígido sometido a un momento exterior.

- Enero 2003
  Universidad de Cantabria. Dpto. Ing. Eléctrica y Energética
  Financiado por ADSA, se desarrolla un programa informático denominado: Modelo dinámico de simulación.

- Enero 2004
  Universidad de Granada. Cátedra del Departamento de Álgebra
  Financiado por ADSA, se desarrolla un dictamen denominado: Modelo matemático y dinámico de determinados cuerpos en rotación.

- Junio 2004.
  Universidad da Coruña. Facultad de Informática.

Financiado por ADSA, se desarrolla un Proyecto de investigación para la evaluación de un modelo de simulación dinámica de cuerpos en rotación

- Enero 2005.
  Universidad Nacional de La Plata. Argentina. Facultad de Ciencias Exactas Financiado por ADSA, se desarrolla un dictamen científico denominado: Formalismo de algebras de lie y representación de operadores de rotación.

- Marzo 2006
  Facultad de Matemáticas. Universidad Complutense de Madrid. Departamento de Matemática Aplicada
  Financiado por ADSA, se desarrolla un proyecto de investigación sobre: Compatibilidad de una descripción de velocidades y las ecuaciones del movimiento de un sólido rígido.

- Mayo 2007
  Universidad Complutense de Madrid. Grupo de Investigación "Modelos matemáticos en ciencia y tecnología", Instituto de Matemática Interdisciplinar
  Financiado por ADSA, se desarrolla un proyecto de actuación científica conjunto constituido por los siguientes programas de actuación:
  1. Redacción de dictamen.
  2. Participación en el *Modelling week* de la UCM sobre un tema relacionado con las hipótesis dinámicas de interacción.
  3. Convocatoria de un premio abierto a los estudiantes sobre trabajos desarrollados en relación con interacciones dinámicas

ANEJO VII

LÉXICO

Hemos utilizado en este texto los términos habituales en los libros de física. No obstante, a continuación reproducimos las definiciones de los conceptos de interés, según figuran en el Diccionario de la Lengua Española de la Real Academia Española. También han sido incorporadas definiciones de textos de autores como Newton o Mach. Se han añadido en cursiva aquellos términos o acepciones no incluidos en el Diccionario, pero si en este texto y que consideramos necesarios para una mejor interpretación del libro.[293]

Acción

1. f. Ejercicio de una potencia.
2. [f.] Efecto de hacer.

Aceleración

1. f. Acción y efecto de acelerar o acelerarse.
2. [f.] Mec. Incremento de la velocidad en la unidad de tiempo.

centrípeta

Es la componente de la aceleración perpendicular a su velocidad. *adj. Mec. Que atrae, dirige o impele hacia el centro.*

centrípeta de precesión

Es la que se produce en una interacción dinámica y por la cual adquiere un movimiento de giro el eje de rotación propia.

de las estrellas fijas, o de las fijas

[293] Este anejo de Terminología está basado en el Anejo I del libro del mismo autor: El Vuelo del Bumerán.

1. Astron. Intervalo variable en que se adelanta diariamente el paso de una estrella al del Sol por un mismo meridiano. Este intervalo toma el nombre de aceleración media y es de tres minutos y cincuenta y seis segundos cuando se relaciona con el Sol medio.

Aceleración instantánea

Incremento de la velocidad en la unidad de tiempo, debido a una nueva rotación no coaxial.

Acimut

1. m. Astron. Ángulo que con el meridiano forma el círculo vertical que pasa por un punto de la esfera celeste o del globo terráqueo.

Acopladura

1. f. Acción y efecto de acoplar.

Acoplamiento

1. m. Acción y efecto de acoplar o acoplarse.
2. [m.] Acción y efecto de ajustar una pieza.
3. [m.] Mec. Dispositivo que sirve para solidarizar dos ejes, extremo a extremo.
4. *Es la característica dinámica por la cual si varías acciones inciden sobre una masa, se produce un estado dinámico final constituido por la adición algebraica de las distintas acciones, obteniendo como resultado la composición de movimientos.*

Composición o superposición de los campos dinámicos que se suscitan en un móvil. Caso especial es el de los cuerpos sometidos a aceleraciones generadas por rotaciones no coáxicas.

de movimientos

Característica dinámica por la cual, si varias acciones actúan sobre una masa, se genera un estado dinámico final, dando como resultado la composición o superposición de movimientos.

de velocidades

Adición algebraica de los campos de vectores de velocidad, en el acoplamiento de movimientos.

Acoplar

1. tr. En carpintería y otros oficios, unir entre sí dos piezas o cuerpos de modo que ajusten exactamente.
2. [tr.] Ajustar una pieza al sitio donde deba colocarse.
6. [tr.] Fís. Agrupar dos aparatos, piezas o sistemas, de manera que su funcionamiento combinado produzca el resultado conveniente.

Álgebra

1. f. Parte de las matemáticas en la cual las operaciones aritméticas son generalizadas empleando números, letras y signos; cada letra o signo representa simbólicamente un número u otra entidad matemática. Cuando alguno de los signos representa un valor desconocido se llama incógnita.

Aporía

1. f. Fil. Dificultad lógica que presenta un problema especulativo.

Arco angular

Ver Desplazamiento angular.

Aritmética

1. f. Parte de las matemáticas que estudia los números y las operaciones hechas con ellos.

Cantidad de movimiento

Producto de la masa de un móvil por su velocidad.

Cantidad de movimiento es la medida del mismo originada conjuntamente por la velocidad y la cantidad de materia. Newton: Principia. Véase **Momento lineal**.

Campo dinámico
Campo físico de magnitudes dinámicas.

Campo inercial
Campo físico de magnitudes dinámicas, creado por el movimiento del cuerpo.
Puede ser un campo de velocidades de traslación o, un campo de aceleraciones anisótropas generado en un cuerpo en rotación, cuando es sometido a un nuevo momento no-coaxial.

Caos
1. m. Estado amorfo e indefinido que se supone anterior a la constitución del cosmos.
2. [m.]fig. Confusión, desorden.
Estado de un sistema real del que desconocemos sus leyes deterministas.

Centrípeto, ta
1. adj. Mec. Que atrae, dirige o impele hacia el centro.
2. [adj.] Mec. Véase Fuerza centrípeta.

Circular
1. intr. Andar o moverse en derredor.

Circularmente
1. adv. m. En círculo.

Coaxial
1. adj. Dícese de la figura o cuerpo, compuesto de diferentes partes cilíndricas, que tienen común su eje de simetría.

Desacoplado
Referido al estudio dinámico de fenómenos de traslación y rotación, debe entenderse como que el conjunto de ecuaciones dinámicas a plantear, así como los valores de

entrada y salida en cada uno de los casos, no guardan relación con el otro

Desacoplamiento

1. m. Acción y efecto de desacoplar.

Estado dinámico en el que no se produce acoplamiento.

Es el supuesto en el que no se produce composición de movimientos.

Desacoplar

1. tr. Separar lo que estaba acoplado.

Desplazamiento

1. m. Acción y efecto de desplazar.
2. [m.] Mar. Volumen y peso del agua que desaloja un buque, igual al espacio que ocupa en el agua su casco hasta la línea de flotación.

Desplazamiento angular

Movimiento de rotación de un cuerpo, con un ángulo determinado.

Desplazar

1. tr. Mover o sacar a una persona o cosa del lugar en que está. Ú. t. c. prnl.
2. [tr.] Mar. Desalojar el buque un volumen de agua igual al de la parte de su casco sumergida y cuyo peso es igual al peso total del buque. Se usa también hablando de cualquier otro cuerpo sumergido en un líquido.
3. prnl. Trasladarse, ir de un lugar a otro.

Desplazamiento Angular

Arco de la circunferencia recorrida por la masa puntual en su trayectoria circular.

Dinámica
f. Parte de la mecánica que trata de las leyes del movimiento en relación con las fuerzas que lo producen.
[f.]fig. Sistema de fuerzas dirigidas a un fin.

rotacional
Parte de la dinámica que trata de las leyes del movimiento de los cuerpos con momento angular, en relación con las fuerzas que lo producen.
Véase Dinámica traslacional.

traslacional
Parte de la dinámica que trata de las leyes del movimiento según una trayectoria, en relación con las fuerzas que lo producen.
Véase Dinámica rotacional

Efecto
1. m. Lo que sigue por virtud de una causa.
4. [m.] Movimiento giratorio que además del de traslación, se da a una bola, pelota, etc., al impulsarla y que la hace desviarse de su trayectoria normal.

estabilizante
Efecto inercial de la masa, que se produce en los cuerpos dotados de momento angular y que permite su estabilidad dinámica.

giroscópico.
El que dispone el giróscopo. Por extensión, reacción de los cuerpos a las interacciones dinámicas.

Equilibrio
1. [Física] Estado en que se encuentra un cuerpo cuando las fuerzas opuestas que operan sobre él se compensan y destruyen mutuamente.

Equilibrio dinámico
Véase Equilibrio dinámico estable.

Equilibrio dinámico estable

Dícese del equilibrio que alcanzan los cuerpos dotados de momento angular, cuando son sometidos a nuevos pares de acción, no generándose un movimiento acelerado.

Movimiento estable alcanzado por los cuerpos, en los supuestos previstos por la teoría de interacciones dinámicas.

Si el eje de rotación inicial coincide con un eje de simetría del cuerpo, el primer par externo puede ser instantáneo, y no necesariamente constante, manteniendo la rotación alrededor de este eje principal de inercia indefinidamente debido a la inercia rotacional.

Espacio homogéneo

Aquel espacio en el cual los puntos son indistinguibles. Es un espacio que tiene idénticas propiedades en cada uno de sus puntos: es uniforme, sin irregularidades.

Estabilidad

1. [Física] Capacidad de un cuerpo para mantenerse en una situación constante de equilibrio o permanencia (especialmente en situaciones que pueden producir un cambio en su estado).

dinámica

Capacidad de un cuerpo para mantener constante su situación de equilibrio dinámico, especialmente en situaciones en las que se puede producir un cambio en su estado.

Un sistema posee estabilidad dinámica si el movimiento del sistema produce una fuerza que se opone a ese movimiento.

Es una característica inercial de la masa por la que se produce un efecto estabilizante en los cuerpos dotados de momento angular, debido a su inercia rotacional.

Fuerza

18. [f.] Mec. Causa capaz de modificar el estado de reposo o de movimiento de un cuerpo.

7. [f.] Mec. resistencia que se opone al movimiento.

Una fuerza aplicada a un cuerpo es cualquier acción que hace que un cuerpo tienda a cambiar su estado de reposo o movimiento uniforme en línea recta. Ernst Mach, *The Sience of Mechanics.*

aceleratriz

1. Mec. La que aumenta la velocidad de un movimiento.

aparente de precesión

Dícese de aquella fuerza ficticia que resulta en un movimiento de precesión al aplicar el Principio de D´Alembert. Se trata de un concepto virtual, que resulta al aplicar un modelo físico-matemático inadecuado.

centrífuga

1. Mec. fuerza de inercia que se manifiesta en todo cuerpo cuando se le obliga a describir una trayectoria curva. Es igual y contraria a la centrípeta.

centrípeta

1. Mec. Aquella que es preciso aplicar a un cuerpo para que, venciendo la inercia, describa una trayectoria curva.

Fuerza centrípeta es aquella por la cual los cuerpos son arrastrados o impelidos o, de cualquier modo, tienden hacia un punto como centro. Newton: Principia.

ficticia

Artificio de un observador no inercial para explicar la dinámica en sistemas no inerciales, en el marco de la Mecánica clásica y comprender los comportamientos dinámicos reales no coinciden con los que resultarían de aplicar las leyes de la mecánica newtoniana, sin esas fuerzas ficticias.

de inercia

1. Mec. Resistencia que oponen los cuerpos a obedecer a la acción de las fuerzas.

impresa

Fuerza impresa es la acción ejercida sobre un cuerpo para cambiar su estado de reposo o de movimiento uniforme en línea recta. Newton: Principia.

ínsita

Fuerza ínsita es el poder de resistir por el que un cuerpo cualquiera, en cuanto está de su parte, persevera en su estado de reposo o de movimiento uniforme en línea recta. Newton: Principia. Véase Inercia.

retardatriz

1. Mec. La que disminuye la velocidad de un movimiento.

viva

1. Mec. Producto de la masa de un cuerpo por el cuadrado de su velocidad. Resulta igual al doble de la energía cinética.

Girar

1. tr. Mover circularmente algo. Ú. t. c. intr.
3. intr. Dar vueltas algo sobre un eje o en torno a un punto.

Giratorio, ria

1. adj. Que gira o se mueve alrededor.

Giro

1. m. Acción y efecto de girar.

intrínseco

Dícese del giro de un cuerpo sobre un eje principal de inercia o, al menos, sobre un eje que pasa por su centro de masas.

Por extensión, dícese del giro de un cuerpo sobre un eje situado en el mismo cuerpo.

constante
Un sistema mantiene un giro constante cuando dos puntos del sistema se mantienen en el mismo estado dinámico en el tiempo. En este supuesto el sistema se encuentra en estado de "giro constante sobre un eje fijo".

Giroscopio
1. m. Fís. Aparato ideado por Foucault en 1852, consistente en un disco circular que gira sobre un eje libre y demuestra la rotación del globo terrestre.
2. [m.] Fís. Aparato para apreciar los movimientos circulares del viento.
2. [m.] Fís. giróstato.

Giróscopo
1. m. Fís. Giroscopio.

Giróstato
1. m. Fís. Aparato constituido principalmente por un volante pesado que gira rápidamente y tiende a conservar el plano de rotación reaccionando contra cualquier fuerza que lo aparte de dicho plano.

Grupo
1. m. Pluralidad de seres o cosas que forman un conjunto, material o mentalmente considerado.
3. [m.] Mat. Conjunto de elementos que se relacionan entre sí conforme a determinadas características.

Holónomo
Enlace en el que son integrables todas las relaciones matemáticas introducidas.

Ímpetu

Véase Cantidad de movimiento.

Impredecible

1. adj. Que no se puede predecir.

Imprevisible

1. adj. Que no se puede prever.

Impulso

1. [Física] Producto de una fuerza por el tiempo durante el que actúa.

elemental

Es, en cada instante, el incremento de la cantidad de movimiento total del sistema generado por las fuerzas exteriores.

de rotación

Es, en cada instante, el incremento del momento angular.

Inclinación de la órbita

Es el ángulo entre el plano de la órbita de un planeta y la eclíptica. Puede referirse también a un satélite.

Inercia

2. [f.] Mec. Incapacidad de los cuerpos para salir del estado de reposo, para cambiar las condiciones de su movimiento o para cesar en él, sin la aplicación o intervención de alguna fuerza.

[f.] Mec. V. fuerza, momento de inercia.

Véase Fuerza de inercia.

La inercia que reside en la materia es la tendencia de todo cuerpo a resistir y perseverar en su estado de reposo o movimiento uniforme en línea recta. Ernst Mach, *The Sience of Mechanics.*

de interacción dinámica.
Es la tendencia que tienen todos los cuerpos en rotación a seguir girando en el mismo plano y sobre el mismo eje. Véase Inercia rotacional.

giroscópica
Véase Inercia de interacción dinámica. También: Rigidez en el espacio.

rotacional
1. *Incapacidad de los cuerpos en rotación para modificar su estado dinámico.*
2. *En un cuerpo en rotación, es el producto de su masa por el cuadrado de su distancia al eje de rotación. Véase momento de inercia.*
3. *Inercia del cuerpo cuando se le imprime un movimiento de rotación sobre un eje principal de inercia.*
4. *Tendencia de los cuerpos a mantener su estado dinámico de rotación alrededor de un eje.*
5. *Cantidad física de la masa, que determina la fuerza necesaria para transmitir el movimiento de rotación.*

tangencial
Inercia de un cuerpo, referida a su centro de masas y por la cual adoptara una trayectoria tangencial a la existente, si cesaran las fuerzas que actúan sobre él.

Inercial
1. adj. Fís. Perteneciente o relativo a la inercia.
2. [adj.] Fís. V. masa inercial.

Interacción
Acción que se ejerce recíprocamente entre dos o más objetos, agentes, fuerzas, funciones, etc.
Acción recíproca y efecto resultante de fuerzas u acciones externa.

dinámica
Acción recíproca y efecto resultante en los cuerpos en movimiento.

dinámica inercial
Acción recíproca y efecto resultante en los cuerpos en movimiento, debido a las reacciones dinámicas e inerciales de la masa.

Interaccionar
1. intr. Ejercer una interacción.

Interactivo, va
1. adj. Que procede por interacción.
2. [adj.] Inform. Dícese de los programas que permiten una interacción, a modo de diálogo, entre el computador y el usuario. Ú. t. c. s. m.

Invariabilidad
1. f. Cualidad de invariable.

Invariable
1. adj. Que no tiene o no puede tener variación.

Invariante
1. f. Mat. Magnitud o expresión matemática que no cambia de valor al sufrir determinadas transformaciones; por ej., la distancia entre dos puntos de un sólido que se mueve pero no se deforma.

Invariancia rotacional
Característica por la cual la materia puede alcanzar un equilibrio dinámico y energético, aparentemente inmutable y constante, en razón a su comportamiento inercial, en los cuerpos dotados de rotación intrínseca.

Invariación

1. f. Subsistencia permanente y sin variación de una cosa o en una cosa.

Isotrópico

Dícese del espacio con uniformidad en todas sus orientaciones.

Ligadura

7. [f.] fig. Sujeción con que una cosa está unida a otra.

Longitud

Magnitud física que determina la distancia, es decir, la cantidad de espacio existente entre dos punto.

Masa

9. [f.] Fís. Cantidad de materia que contiene un cuerpo.

Cantidad de materia es la medida de la misma, surgida de su densidad y tamaño conjuntamente. (Newton).

10. [f.] Fís. V. espectrómetro de masas.

gravitatoria

1. Fís. Magnitud física de que depende la atracción que cada cuerpo ejerce sobre los demás.

inercial o inerte

1. Fís. Magnitud física, propia de cada cuerpo, que se caracteriza por ser mayor o menor la fuerza requerida para imprimirle un movimiento determinado.

Magnitud física, propia de cada cuerpo, que expresa su resistencia a. modificar su estado dinámico.

molecular

1. peso molecular.

Mecánica

1. f. Parte de la física que trata del equilibrio y del movimiento de los cuerpos sometidos a cualesquiera fuerzas.
2. [f.] Aparato o resorte interior que da movimiento a un ingenio o artefacto.

celeste

1. Rama de la astronomía que estudia los movimientos de los astros por la interacción gravitatoria.

de interacciones

Aquella parte de la mecánica que estudia las interacciones dinámicas de los cuerpos.

rotacional

Aquella parte de la mecánica que estudia los cuerpos dotados de rotación.

Mecánico, ca

1. adj. Perteneciente a la mecánica. Principios mecánicos.
2. [adj.] Ejecutado por un mecanismo o máquina.
3. [adj.] fig. Aplicado a un acto, automático, hecho sin reflexión.
4. [adj.] Dícese de los agentes físicos materiales que pueden producir efectos como choques, rozaduras, erosiones, etc.
5. [adj.] Decíase de los oficios u obras que exigen más habilidad manual que intelectual.
6. [adj.] Dícese de las personas que se dedican a estos oficios. Ú. t. c. s.
7. [adj.] fig. desus. Bajo e indecoroso.
8. m. y f. Persona que profesa la mecánica.
9. [m. y f.] Persona dedicada al manejo y arreglo de las máquinas.

Momento

1. m. Porción de tiempo muy breve en relación con otra.

2. [m.] Instante, porción brevísima de tiempo.
3. [m.] Fracción de tiempo que en una serie de fracciones temporales sucesivas se singulariza por cualquier circunstancia.
4. Mec. Momento de una fuerza respecto del punto de referencia O, es el producto del vector de posición r de la partícula, desde ese punto, por la fuerza F.

angular

Magnitud que define el movimiento de rotación de los cuerpos. Es el producto de su momento de inercia por su velocidad angular de rotación. De conformidad con las leyes de conservación, el momento angular se mantiene constante, también en el caso de cualquier cuerpo celeste que orbite, a lo largo de su trayectoria.

angular intrínseco

Es el momento angular de un cuerpo en rotación, referido a su centro de masas y en un sistema de referencia concreto.

cinético

Es la suma de su momento cinético lineal, más el producto de su momento de inercia por su velocidad de rotación.

cinético lineal

Es el producto de su cantidad de movimiento por la distancia a un punto de referencia determinado.

de inercia

Mec. Suma de los productos que resultan de multiplicar la masa de cada elemento de un cuerpo por el cuadrado de su distancia a una línea fija.

de interacción dinámica

variación del estado dinámico de los cuerpos en rotación, que se genera por reacciones inerciales de la materia.

lineal

Producto de su masa m por la velocidad lineal v.
Véase cantidad de movimiento.

ortogonal de interacción dinámica

Véase momento de interacción dinámica.

Motriz

De motor.

1. adj. f. Que mueve. Causa MOTRIZ.

Movedor, ra

1. adj. Que mueve. Ú. t. c. s.

Mover

1. tr. Hacer que un cuerpo deje el lugar o espacio que ocupa y pase a ocupar otro. Ú. t. c. prnl.

Movición

1. f. fam. Acción de moverse.

Móvil

1. adj. Que puede moverse o se mueve por sí mismo. Ú. t. c. s.
2. [adj.] Que no tiene estabilidad o permanencia.
3. m. Lo que mueve material o moralmente a una cosa.
4. [m.] Fís. Cuerpo en movimiento.

Movimiento

1. m. Acción y efecto de mover o moverse.
2. [m.]Estado de los cuerpos mientras cambian de lugar o de posición.

acelerado

1. Mec. Aquél en que la velocidad aumenta en cada instante de su duración.

caótico

Movimiento de los cuerpos aparentemente confuso o desordenado ya que desconocemos su verdadera ley de comportamiento.

compuesto

1. Mec. El que resulta de la concurrencia de dos o más fuerzas en diverso sentido.

continuo

1. El que se pretende hacer durar por tiempo indefinido sin gasto de fuerza motriz.

de orbitación

Movimiento de precesión de un cuerpo, con rotación intrínseca, como resultado del acoplamiento de su velocidad de traslación, con un campo de velocidades no homogéneo generado por un segundo momento no coaxial.

En caso de que no esté presente la velocidad de traslación, la reacción dinámica será una nueva rotación, simultánea con la ya existente.

de rotación

1. Mec. Aquél en que un cuerpo se mueve alrededor de un eje.
2. Un cuerpo rígido se mueve con movimiento de rotación si las partículas que lo forman describen circunferencia con centro en el eje respecto del cual giran.
3. Es el movimiento que un cuerpo realiza alrededor de su propio eje. La duración del periodo de rotación viene determinada por la velocidad de giro.

de precesión

Es el movimiento de desplazamiento del eje de giro de los cuerpos con rotación intrínseca, que simultáneamente son sometidos a un par no coaxial. Véase Precesión.

de traslación

1. Astron. El de los astros a lo largo de sus órbitas. MOVIMIENTO de traslación de la Tierra.
2. Mec. El de los cuerpos que siguen curvas de gran radio con relación a sus propias dimensiones. MOVIMIENTO de traslación de un proyectil.

directo

1. Astron. El de traslación o el de rotación de los astros cuando se verifica en el mismo sentido que los de la Tierra, o sea en el orden de los signos del Zodiaco.

diurno

1. Astron. El de rotación aparente de la bóveda celeste, de levante a poniente, producido por el verdadero o real de la Tierra, de sentido contrario, en el término de un día sidéreo.

inercial

Movimiento generado sin la necesidad de una acción o fuerza externa.

ondulatorio

1. El que efectúa la superficie del agua, o las partículas de un medio elástico, al paso de las ondas. Hay transporte de energía, pero no de materia.

primario

1. Astron. Movimiento diurno.

propio

1. Astron. El de un astro cualquiera en su órbita o alrededor de su eje.

radial

1. Astron. El que siguen determinados astros en la dirección del rayo visual, acercándose o alejándose de la Tierra.

retardado

1. Mec. Aquél en que la velocidad va disminuyendo.

retrógrado

1. Astron. El real o aparente de un astro en sentido contrario al directo.

simple

1. Mec. El que resulta del impulso de una sola fuerza.

turbulento

1. Fís. Movimiento de un fluido en el que la presión y velocidad en cada punto fluctúan muy irregularmente.

uniforme

1. Mec. Aquél en que es igual y constante la velocidad.

uniformemente acelerado

1. Mec. Aquél en que la velocidad aumenta proporcionalmente al tiempo transcurrido.

uniformemente retardado

1. Mec. Aquél en que la velocidad disminuye proporcionalmente al tiempo transcurrido.

variado

1. Mec. Aquél en que no es constante la velocidad.

verdadero

1. Astron. El que es real y distinto del aparente de algunos astros.

Nutación

1. f. Astron. Oscilación periódica del eje de la Tierra, causada principalmente por la atracción lunar.
2. [f.] Oscilación periódica de un eje en movimiento.
7. Oscilación del eje de un cuerpo dotado de rotación propia.

Operador inercial

En el ámbito de la dinámica rotacional es el tensor que transforma el momento aplicado M´ en otro inercial D.

Operador matemático inercial

Véase Operador inercial.

Operador matemático de rotación

Es el tensor que transforma la velocidad de traslación inicial de un cuerpo, en la correspondiente a cada estado dinámico sucesivo, por medio de una rotación

Orbicular
Del lat. orbicularis.
1. adj. Redondo o circular.

Órbita
1. f. Astron. Trayectoria que, en el espacio, recorre un cuerpo sometido a la acción gravitatoria ejercida por los astros.
2. [f.] Fís. Trayectoria que recorren las partículas sometidas a campos electromagnéticos en los aceleradores de partículas.
3. [f.] Fís. Trayectoria que recorre un electrón alrededor del núcleo del átomo.

Orbitar
Movimiento de los cuerpos dotados de momento angular por el que simultáneamente rotan sobre un eje y se trasladan en una trayectoria cerrada.

Par
1. adj. Igual o semejante totalmente.

de fuerzas
1. Mec. Sistema de dos fuerzas iguales paralelas, de sentidos contrarios y aplicadas en dos puntos distintos, que crean un movimiento de rotación.

giroscópico
Aquél par que genera un efecto giroscópico.
Par de interacción dinámica

de interacción
Par inercial que se genera en un cuerpo dotado de momento angular intrínseco, cuando es sometido a un nuevo par de fuerzas no coincidente con el momento angular existente.

de interacción dinámica
Par de interacción

Paradoja
1. f. Idea extraña u opuesta a la común opinión y al sentir de los hombres.
2. [f.] Aserción inverosímil o absurda, que se presenta con apariencias de verdadera.

Paradójico, ca
1. adj. Que incluye paradoja o que usa de ella.

Precesión
1. [Física] Desplazamiento del eje de giro de un cuerpo rígido en rotación, que se origina como consecuencia de la acción de un par de fuerzas externas cuya acción cambia la dirección de su eje: el giro de una peonza va acompañado de un característico movimiento de precesión de su eje.

de los equinoccios
1. Astron. Movimiento retrógrado de los puntos equinocciales o de intersección del Ecuador con la Eclíptica, que produce el paulatino desplazamiento de los equinoccios hacia el Oeste y en virtud del cual se anticipan de año en año las épocas de los equinoccios o el principio de las estaciones.
2. Movimiento que se suscita en el eje principal de giro ante cualquier fuerza que tienda a cambiar el plano de rotación.
3. Movimiento de los cuerpos con momento angular intrínseco sometidos a otros momentos no coincidente.

Predecible
1. adj. Que puede predecirse.

Predecir
1. tr. Anunciar por revelación, ciencia o conjetura, algo que ha de suceder.

Prever

1. tr. ver con anticipación.
2. [tr.] Conocer, conjeturar por algunas señales o indicios lo que ha de suceder.
3. [tr.] Disponer o preparar medios contra futuras contingencias.

Previsible

Que puede ser previsto o entra dentro de las previsiones normales.

Punto

39. m. Mat. Elemento geométrico sin dimensiones cuya posición en el espacio es localizada mediante sus coordenadas.

Punto con masa

Abstracción física idealizada que ocupa un punto en el espacio, provisto de masa y movilidad en el tiempo.

Punto material

Véase punto con masa. (También partícula o porción de masa).

***Punto Material equipado con masa inercial* y orientación**

Punto material al que se agrega su cualidad "inercial", que limita y condiciona su libertad dinámica.

Al establecer las reacciones inerciales que se generan, cuando se suscita un campo de velocidades no homogéneo, habrá de tenerse en cuenta la inercia y la orientación de cada punto y, siendo un sólido rígido, su reacción solidaria, determinando campos inerciales de velocidades y aceleraciones en el cuerpo.

Punto orientado
La orientación del punto determinará la dirección y sentido de su naturaleza inercial; el punto orientado será identificado por una tríada adicional de vectores ortogonales unitarios. En un sistema de referencia cartesiano, cada punto orientado de un sistema rígido, dispondrá de nueve grados de libertad espaciales, aparte del tiempo.

Reacción instantánea inercial
En el supuesto de un sistema dinámico dotado de momento angular, el campo inercial de interacción dinámica creado por un nuevo momento no coaxial, se supone simultáneo a la acción.
Este es un modelo ideal, ya que las reacciones inerciales que se suscitan no son instantáneas. Existirá un régimen transitorio.

Reacciones inerciales
Variación del estado dinámico de un sistema en rotación, generado por la existencia de momento angular en el mismo.

Resistencia
1. [Mecánica] Elemento que se opone a la acción de una determinada fuerza.
2. [Mecánica] Fuerza que se opone al movimiento de una máquina y tiene que ser vencida por la potencia de ésta.

inercial
Es la interacción que genera una masa en razón de su inercia. Tendrá como magnitud las dimensiones de una fuerza.
Es la fuerza que opone toda masa cuando se intenta modificar su estado dinámico.

inercial lineal
Es la resistencia inercial de toda masa a modificar su velocidad lineal.

inercial de trayectoria
Es la resistencia inercial de toda masa a modificar su trayectoria.

inercial rotacional
Véase Resistencia rotacional

rotacional
Es la resistencia inercial de un cuerpo con momento angular.
Es la interacción que genera una masa, en razón de su inercia, cuando se intenta modificar su momento angular.

Rigidez en el espacio
Es la tendencia que tienen todos los cuerpos en rotación a seguir girando en el mismo plano y sobre el mismo eje. También: Inercia giroscópica. Véase Inercia rotacional.

Rigidez giroscópica
Véase Rigidez en el espacio.

Rodar
1. intr. Dar vueltas a un cuerpo alrededor de su eje ya sea sin mudar de lugar, como la piedra de un molino ya mudando, como la bola que corre por el suelo.
2. [intr.] Mover una cosa por medio de ruedas. RODAR un coche.
7. [intr.] Caer dando vueltas o caer resbalando por una pendiente.

Rolar
1. intr. Cád. Rodar, dar vueltas.
2. [intr.] Mar. Dar vueltas en círculo.

Rotación

1. f. Acción y efecto de rodar.
2. [f.] Mec. V. movimiento de rotación.
7. Movimiento que obliga a todos los puntos de un sólido rígido a describir arcos cuyos centros se hallan en una misma recta o eje de giro, que puede ocupar cualquier posición en el espacio.
8. Giro

constante

Dícese del movimiento de rotación de un sistema, o un cuerpo, cuando tiene dos puntos que se mantienen en el mismo estado dinámico en el tiempo. En este supuesto, el sistema está en un estado de constante rotación sobre un eje fijo.

intrínseco

1. Mec. *Aquella en que un cuerpo se mueve alrededor de un eje que pasa por su centro de masas.*

propio

Aquella que posee un cuerpo que se mueve alrededor de un eje que pasa por el mismo.

Rotar

1. intr. rodar.

Simetría

1. f. Proporción adecuada de las partes de un todo entre sí y con el todo mismo.
2. [f.] Regularidad en la disposición de las partes o puntos de un cuerpo o figura, de modo que posea un centro, un eje o un plano de simetría.
3. [f.] Biol. La que se puede distinguir, de manera ideal, en el cuerpo de una planta o de un animal respecto a un centro, un eje o un plano, de acuerdo con los cuales se disponen ordenadamente órganos o partes equivalentes.
4. [f.] Geom. V. eje de simetría.

5. Atributo por el cual, sometido un cuerpo a una determinada acción, mantiene la identidad inicial.
6. En las leyes físicas la naturaleza se muestra con estructuras simétricas o regulares. Las simetrías pueden ser sencillas o pueden ser de naturaleza abstracta, y estar subyacentes a la realidad sensible.

Sistema material
Conjunto de puntos materiales que forman un todo.

Sólido rígido
1-*Aquél sistema material continuo en el que las distancias entre los puntos que lo constituyen permanecen invariables, cualesquiera que sean las fuerzas y temperaturas a las que se someta.*
2-Sistema de masas puntuales sometidas a ligaduras holónomas de modo que las distancias entre dos puntos cualesquiera del mismo permanezcan inalterables durante el movimiento, de forma que se conserve la forma geométrica del sistema y la distribución espacial de su masa.

Superposición de movimientos
Principio de la dinámica por el cual se establece que la velocidad instantánea de un móvil y su dirección de movimiento en un instante cualquiera se pueden obtener componiendo según la regla del paralelogramo las dos componentes independientes Vx y Vy y la resultante V viene dada, en dirección, sentido y magnitud por la diagonal del paralelogramo.

Tensor de inercia
Tensor que nos definirá el comportamiento inercial del cuerpo. Determinado por una matriz donde los elementos de la diagonal son los momentos de inercia respecto de cada uno de los ejes XYZ del cuerpo y el resto de los elementos de la matriz son los productos de inercia.

Teoría de interacciones dinámicas

Teoría dinámica que determina el comportamiento de los cuerpos dotados de momento angular. Se fundamenta en la incapacidad inercial de la materia, en determinados supuestos, de adicionar vectorialmente los momentos angulares resultantes y, en general, las magnitudes angulares de los cuerpos en rotación y permite desarrollar una dinámica específica de los sólidos en rotación, sometidos a sucesivos pares de fuerzas, en los que la secuencia de acción de las fuerzas y su comportamiento no coincide exactamente con las leyes de la mecánica clásica.

Tiempo

1. m. Duración de las cosas sujetas a mudanza.

2. m. Magnitud física que permite ordenar la secuencia de lo s sucesos,
estableciendo un pasado, un presente y un futuro, y cuya un idad en el sistema internacional es el segundo.

3. m. Parte de la secuencia de los sucesos.

4. Magnitud que define la duración de los eventos y de sus intervalos. Los eventos pueden ordenarse desde el pasado hasta el presente o viceversa. Un instante es un momento de tiempo infinitesimal, un lapso de tiempo cuyo transcurso es instantáneo.

Trabajo externo

Trabajo realizado por las fuerzas solicitantes externa.

Trayectoria

1. f. Línea descrita en el espacio por un punto que se mueve y más comúnmente, curva que sigue el proyectil lanzado por un arma de fuego.
2. [f.] Geom. y Mec. Curva descrita en el plano o en el espacio por un punto móvil de acuerdo con una ley determinada.

7. [f.] Meteor. Derrota o curso que sigue el cuerpo de un huracán o tormenta giratoria.

Traza

4. [f.] Electr. Trayectoria descrita por el punto luminoso en las pantallas de rayos catódicos.
6. [f.] Geom. Intersección de una línea o de una superficie con cualquiera de los planos de proyección.

Velocidad

1. f. Ligereza o prontitud en el movimiento.
2. [f.] Espacio recorrido en la unidad de tiempo.

angular

1. En un cuerpo que gira en torno de un eje, es el ángulo descrito por cada radio en la unidad de tiempo.
2. Magnitud que define la variación del ángulo recorrido, en la unidad de tiempo, por un móvil que describe una trayectoria circular o de un sólido rígido que gira alrededor de un eje fijo.

angular propia

En un cuerpo que gira en torno de un eje principal de inercia, es el ángulo descrito por cada radio en la unidad de tiempo.

de precesión

Velocidad angular del movimiento de precesión.

de trayectoria

Velocidad de traslación del centro de gravedad de un cuerpo.

instantánea

Velocidad lineal inicial generada por un nuevo par no coaxial

lineal

Velocidad de traslación

lineal de precesión

Es la velocidad de traslación del centro de gravedad del cuerpo en su trayectoria de precesión.

resultante

Velocidad lineal final de las partículas de un móvil, sometido a dos rotaciones no coaxiales.

virtual

1. Mec. Camino que puede recorrer el punto de aplicación de una fuerza en un tiempo infinitamente pequeño.

ANEJO VIII

RELACIÓN DE OBRAS DEL MISMO AUTOR

Climatización: Sistemas de aire acondicionado y cálculo de cargas.
Premio al mejor libro técnico del COIIV, 1967. Ed. Dossat.

Modelos de Comportamiento Directivo en la Empresa Española
Asociación para el Progreso de la Dirección. 1973. ISB-978-84-7019-149-7

Planificación territorial.
En colaboración. (Colegio de Ingenieros de Caminos, Canales y Puertos). (1975).

La energía y su impacto social: breve ensayo sobre la incidencia de la energía en la evolución de la sociedad
Madrid: Index, D.L. 1976. ISBN 84-7087-164-1

El aislamiento térmico.
En colaboración. (1977) (INCE – MOPU).

La energía en la edificación: política energética y ahorro de energía
Madrid: Index, 1978. ISBN 84-7087-176-5

Ambiente físico en el habitat.
En colaboración. (1978) (El Instalador. Colegio Oficial de Arquitectos de Madrid).

Planificación y estrategia ante el desafío energético
En colaboración con Gabriel Barceló Matutano,
Madrid: Asociación para el Progreso de la Dirección, D.L. 1982. ISBN 84-7019-086-5

La administración de los tributos en los Estados Unidos de América
Instituto de Estudios Fiscales, Ministerio de Economía y Hacienda. 1982,

La energía y sus recursos. Tomo 1. Energías alternativas
Madrid: Index, 1983. ISBN 978-84-7087-234-1

Diccionario de procedimiento de gestión e inspección tributaria.
Escuela de Inspección Financiera y Tributaria. Ministerio de Economía y Hacienda. 1984,

Diccionario legislativo de procedimientos de la administración tributaria.
Gaceta Fiscal, 1984. S.LISB-978-84-398-5208-7

I. V. A. Diccionario legislativo.
En colaboración, Tres tomos. 1986. Gaceta Fiscal, S.L. ISB-978-84-86312-02-2

Manual Tributario del Ingeniero.
Colegio O I Caminos CP. ISB-978-84-691-6816-5. Desde 1989, todos los años y en colaboración con Ignacio Alonso Goicolea y Mario Barceló Aristoy

Previsión social en la empresa
En colaboración. 1991. Ed. Espasa Calpe CDN Ciencias de la Dirección, S.A. ISB-978-84-86743-28-4

Manual tributario del empresario y del profesional: cumplimiento de obligaciones de 1995
En colaboración con Guillermo Álvarez de Neyra y Mario Barceló Aristoy
Madrid: Colex, D.L. 1995. ISBN 84-7879-208-2

Regímenes fiscales especiales en el impuesto sobre sociedades: fundaciones, asociaciones, entidades parcialmente exentas e incentivos fiscales a la participación privada en actividades de interés general
En colaboración con Álvarez de Neyra y Mario Barceló Aristoy
Madrid Colex, 1996. ISBN 84-7879-243-0

Manual tributario, nuevo I.R.P.F.: el impacto del euro, nuevas retenciones
Madrid Colex, 1999. ISBN 84-7879-471-9

Responsabilidad civil del ingeniero. Documentos técnicos de instalaciones en la edificación DTIE: 17.02,
Madrid: ATECYR, 2003. ISBN 84-95010-11-9

Análisis de la Nueva Normativa por los sectores afectos
Impacto sobre la actividad inmobiliaria: la directiva europea sobre eficiencia energética de los edificios / Obra colectiva coord. Por Pedro Morón Bécquer, 2003, ISBN 84-600-9984-9, págs. 129-142

El vuelo del bumerán: modelos físicos matemáticos en dinámica rotacional: en homenaje a Miguel Catalán
Ed. Marcombo y Dinámica Fundación, 2005. ISBN 84-267-1383-1

Un mundo en rotación.
Ed. Marcombo y Dinámica Fundación, 2008. ISB-978-84-267-1490-9

El Sr. Catalán.
ADANAE y Dinámica Fundación, 2010.

Miguel A. Catalán Sañudo: Memoria viva
Editorial Arpegio, 2012.

Imago Universi: Historia de la concepción humana del universo"
Editorial Arpegio, 2013.

New Paradigm in Physics, Volume I: Theory of Dynamics Interactions.
Amazon, 2017.

! GRACIAS !

Gracias por el tiempo dedicado a la lectura de este libro: NUEVO PARADIGMA EN FÍSICA: TEORÍA DE INTERACCIONES DINÁMICAS. Si le ha gustado este texto o lo entiende de interés, le agradecería que expresara su opinión, mediante un comentario, en el Portal de AMAZON. Será muy útil pata todos, y también para otros lectores. Su apoyo o colaboración es muy importante, y nos permitirá mejorar nuestro trabajo.

Si desea tomar contacto directo, puede enviarme su mensaje a esta dirección:

gestor@advanceddynamics.net

NUEVO PARADIGMA EN FÍSICA

9 788461 774968

Made in United States
Troutdale, OR
11/03/2026

56847563R00250